U0382303

国家社科基金特别委托项目"全国生态文明先行示范区建设理论与实践研究：以湖州市为例"（16@ZH005）

生态文明先行示范区建设『湖州模式』研究

Research on the "Huzhou Model" of Ecological Civilization Construction for Demonstration Pilot Zone

曹永峰　张立钦　等著

中国社会科学出版社

图书在版编目（CIP）数据

生态文明先行示范区建设"湖州模式"研究/曹永峰等著.
—北京：中国社会科学出版社，2021.8
ISBN 978 - 7 - 5203 - 8878 - 8

Ⅰ.①生… Ⅱ.①曹… Ⅲ.①生态环境建设—研究—湖州
Ⅳ.①X321.255.3

中国版本图书馆 CIP 数据核字（2021）第 162805 号

出 版 人	赵剑英
责任编辑	刘晓红
责任校对	周晓东
责任印制	戴 宽

出　　版	中国社会科学出版社
社　　址	北京鼓楼西大街甲 158 号
邮　　编	100720
网　　址	http：//www.csspw.cn
发 行 部	010 - 84083685
门 市 部	010 - 84029450
经　　销	新华书店及其他书店

印　　刷	北京君升印刷有限公司
装　　订	廊坊市广阳区广增装订厂
版　　次	2021 年 8 月第 1 版
印　　次	2021 年 8 月第 1 次印刷

开　　本	710×1000　1/16
印　　张	20
插　　页	2
字　　数	311 千字
定　　价	108.00 元

凡购买中国社会科学出版社图书，如有质量问题请与本社营销中心联系调换
电话：010 - 84083683

序

　　人类文明经历了原始文明、农业文明、工业文明三个阶段，特别是在农业文明和工业文明发展中，科技进步，产业发展。但是忽略了生产与生活的环境友好问题，造成了资源枯竭，环境恶化，人类难以生存和持续发展。经过反思，人类必须建立生态文明制度，走向生态文明阶段。生态文明以可持续发展为核心观念，是人类为保护和建设美好生态环境而取得的物质成果、精神成果和制度成果的总和，是贯穿于经济建设、政治建设、文化建设、社会建设全过程和各方面的系统工程。

　　为了更好更快地推动生态文明建设，我国遴选了部分地区作为生态文明先行示范区，进行先行先试。湖州市基于"绿水青山就是金山银山"理念诞生地、美丽乡村发源地的优势，率先成为全国首个地市级生态文明先行示范区。随后，湖州师范学院联合湖州市政府、中国科学院地理科学与资源研究所成立中国生态文明研究院，搭建新型智库，为地方生态文明建设提供智力、技术支持和咨政服务，并由张立钦教授作为首席专家承担国家社科基金特别委托项目"生态文明先行示范区建设理论与实践研究：以湖州市为例"。湖州市生态文明先行示范区建设的生动实践和项目的理论与实践研究相互作用、相互转化、螺旋式上升。经过政产学研的联合攻关，项目成果丰硕，本书即为项目成果的汇集和结晶。

　　本书对湖州市生态文明先行示范区建设进行了深入细致的探讨，在诸多方面进行了创新。第一，深入研究领会"绿水青山就是金山银山"理念的理论，丰富了实践逻辑内涵，认为绿水青山是人类生存与发展的前提条件，既是物质前提，又作用于精神层面；揭示了"绿水

1

青山就是金山银山"理念与乡村生态经济、生态环境、生态文化、社会治理、民生福祉等方面的实践逻辑，统筹形成了"绿色发展观、绿色文化观、绿色幸福观"的"三观"生态文明价值体系。第二，阐明了立法、标准、体制"三位一体"生态文明制度体系，即通过地方立法建立"1＋X"地方法规体系、以《美丽新村建设指南》为代表的标准化体系、根据《湖州市自然资源资产负债表》制定的领导干部自然资源资产离任审计制度等一系列政策制度。第三，创新了"经济生态化、生态经济化"的"两山"转化模式，通过"生态＋"农业、"生态＋"制造业、"生态＋"服务业，高质量发展绿色生态循环农业、绿色智能制造业、生态乡村旅游业等。第四，探索了生态文明共建共享实现共同富裕的路径，创美生态环境、丰富生态文化、提高收入水平、改善公共服务、城乡融合发展，助推共同富裕。第五，形成了以美丽经济转化、生态环境优美、生态文化繁荣、乡村治理有效、农民生活富裕为内涵的美丽乡村建设"湖州模式"。

生态文明先行示范区建设取得了阶段性成果，但生态文明建设任重道远，生态环境保护修复、生态资源开发利用、生态产品价值实现、生态安全体系维护、生态文化传承弘扬、生态文明制度建设、"双碳"战略绿色发展、"两山"转化共同富裕等需要我们共同努力，在"绿水青山就是金山银山"理念指引下，遵循可持续发展原则，强化生态建设和绿色 GDP 核算，坚定不移走生态优先绿色发展道路，实现中华民族永续发展。

在此书印刷付梓之时，以此序为贺，与读者共享。

中国工程院院士　尹伟伦

2021 年 8 月 6 日

目　录

第一章

导　论

第一节　生态文明先行示范区建设中的湖州历史方位

一　生态文明先行示范区建设的背景

"生态兴则文明兴，生态衰则文明衰。"生态文明是实现人与自然和谐发展的必然要求，生态文明建设是关系中华民族永续发展的根本大计。我国环境容量有限，生态系统脆弱，污染重、损失大、风险高的生态环境状况还没有根本扭转，且独特的地理环境加剧了地区间的不平衡，这是基本国情。

自进入 21 世纪以来，我国在保持经济快速、稳定增长的同时，更加注重加强生态建设、资源节约和环境保护，积极探索科学发展之路，努力建设美丽中国，实现中华民族的永续发展。从党的十六大到党的十八大，我们党对生态文明建设的认识是一个逐步走向成熟的过程。党的十六大提出了全面建设小康社会的目标任务，并提出到 2020 年"可持续发展能力不断增强，生态环境得到改善，资源利用效率显著提高，促进人与自然的和谐，推动整个社会走上生产发展、生活富裕、生态良好的文明发展道路"。① 党的十七大报告指出"建设生态文明，基本形成节约能源资源和保护生态环境的产业结构、增长方式、消费模式"②，这是首次将建设生态文明写入党的报告。2012 年，党的十八大报告提出要"统筹推进经济建设、政治建设、文化建设、社会建设、生态文明建设"，"建设生态文明是中华民族永续发展的千年大计。必须树立和践行'绿水青山就是金山银山'的理念，坚持节约资源和保护环境的基本国策，像对待生命一样对待生态环境，统筹山水林田湖草系统治理，实行最严格的生态环境保护制度，形成绿色发展方式和生活方式，坚定走生产发展、生活富裕、生态良好的文明发展道路，建设美丽中国，为人民创造良好生产生活环境，为全球生态安全作出贡献。"③ 可见，我们党和国家对生态文明建设高度重视，已经把它提到了前所未有的战略高度。

二 全国生态文明先行示范区建设

（一）生态文明先行示范区建设的顶层设计

2013 年 12 月，国家发改委等六部委下发了《关于印发国家生态文明先行示范区建设方案（试行）的通知》，提出"把生态文明建设放在突出的战略地位，按照'五位一体'总布局要求，推动生态文明建设与经济、政治、文化、社会建设紧密结合、高度融合，以推动绿色、循环、低碳发展为基本途径，以体制机制创新激发内生动力，以培育弘扬生态文化提供有力支撑，结合自身定位推进新型工业化、新型城镇化和农业现代化，调整优化空间布局，全面促进资源节约，加大自然生态系统和环境保护力度，加快建立系统完整的生态文明制度体系，形成节约资源和保护环境的空间格局、产业结构、生产方式、

---

① 江泽民在中国共产党第十六次全国代表大会上的报告：《全面建设小康社会，开创中国特色社会主义事业新局面》，2002 年 11 月 8 日。

② 胡锦涛：《高举中国特色社会主义伟大旗帜，为夺取全面建设小康社会新胜利而奋斗——在中国共产党第十七次全国代表大会上的报告》，《人民日报》2007 年 10 月 16 日第 1 版。

③ 胡锦涛：《坚定不移沿着中国特色社会主义道路前进 为全面建成小康社会而奋斗——在中国共产党第十八次全国代表大会上的报告》，《人民日报》2012 年 11 月 9 日第 1 版。

生活方式，提高发展的质量和效益，促进生态文明建设水平明显提升。"① 全国各地开始谋划建设生态文明先行示范区，各省市先后提出了符合自身条件的指标体系及政策决策，在一定程度上推动了绿色、循环、低碳发展政策在省市级层面的落地。

2015 年 4 月 25 日，中共中央、国务院印发《关于加快推进生态文明建设的意见》②，提出了生态文明建设的目标愿景、重点任务和制度体系，成为当前和今后一个时期推动我国生态文明建设的纲领性文件。2015 年 9 月 11 日，中央政治局会议审议通过《生态文明体制改革总体方案》③，全面部署生态文明体制改革工作，细化搭建制度框架的顶层设计，进一步明确了改革的任务书、路线图，为加快推进生态文明体制改革提供了重要遵循和行动指南。

2017 年，中国共产党第十九次全国代表大会在北京召开，习近平总书记作大会报告，明确提出："我们要建设的现代化是人与自然和谐共生的现代化，既要创造更多物质财富和精神财富以满足人民日益增长的美好生活需要，也要提供更多优质生态产品以满足人民日益增长的优美生态环境需要。必须坚持节约优先、保护优先、自然恢复为主的方针，形成节约资源和保护环境的空间格局、产业结构、生产方式、生活方式，还自然以宁静、和谐、美丽。"④

（二）全国省级生态文明先行示范区

全国生态文明先行示范区建设的第一个省级先行示范区落户福建省。2014 年 4 月 9 日，《关于支持福建省深入实施生态省战略加快生态文明先行示范区建设的若干意见》发布。福建省生态文明先行示范区建设的战略定位涵盖国土空间科学开发先导区、绿色循环低碳发展

---

① 国家发改委：《关于印发国家生态文明先行示范区建设方案（试行）的通知》，发改环资〔2013〕2420 号。

② 《中共中央　国务院关于加快推进生态文明建设的意见》（中发〔2015〕12 号），2015 年 4 月 25 日。

③ 中共中央　国务院《生态文明体制改革总体方案》，人民网，2015 年 9 月 22 日，http：//env. people. com. cn/n/2015/0922/c1010 – 27616769. html。

④ 习近平：《决胜全面建成小康社会　夺取新时代中国特色社会主义伟大胜利——在中国共产党第十九次全国代表大会上的报告》，《人民日报》2017 年 10 月 28 日第 1 版。

先行区、城乡人居环境建设示范区、生态文明制度创新实验区四个方面。①

全国生态文明先行示范区建设的第二个省级示范区落户贵州省。2014 年 6 月 5 日，《贵州省生态文明先行示范区建设实施方案》发布，重点突出着力构建科学的空间开发格局、大力调整优化产业结构、推动绿色循环低碳发展、加大生态系统及环境保护力度、培育生态文化和创新体制机制。②

2014 年 10 月 29 日，《青海省生态文明先行示范区建设实施方案》获国家发改委等六部委的批复。提出主体功能布局基本形成，资源综合利用和产出率显著提高，生态文明制度先行先试取得重大成果等目标。通过实施优化空间开发格局、加大生态屏障保护和建设力度等八大任务，在落实主体功能区制度、健全自然资源资产产权制度等六个方面先行先试，努力探索生态脆弱、经济欠发达、民族共融地区生态文明建设的有效模式。③

2014 年 11 月 20 日，《江西省生态文明先行示范区建设实施方案》获得国家发改委等六部委的批复，明确重点建设中部地区绿色崛起先行区、大湖流域生态保护与科学开发典范区、生态文明体制机制创新区三个区。同时也明确了优化国土空间开发格局、调整优化产业结构、推行绿色循环低碳生产方式、加大生态建设和环境保护力度、加强生态文化建设、创新体制机制六大任务。④

---

① 《国务院关于支持福建省深入实施生态省战略加快生态文明先行示范区建设的若干意见》，国发〔2014〕12 号。

② 参见《关于印发贵州省生态文明先行示范区建设实施方案的通知》，国家发改委网站，2014 年 8 月 4 日，http：//www.ndrc.gov.cn/zcfb/zcfbtz/201408/t20140804_ 621182. html。

③ 参见青海省被列入国家首批生态文明先行示范区《青海省生态文明先行示范区建设实施方案》获批，青海省发改委网站，2014 年 11 月 13 日，http：//www.ndrc.gov.cn/dffgwdt/201411/t20141113_ 647880. html。

④ 参见国家正式批复《江西省生态文明先行示范区建设实施方案》，江西省人民政府网站，2014 年 11 月 21 日，http：//www.jiangxi.gov.cn/art/2014/11/21/art_ 18218_ 353921. html。

（三）全国地市（县）级生态文明先行示范区

湖州市成为首个全国地市级生态文明先行示范区。2014 年 5 月 30 日，经国务院同意，国家发改委、财政部、国土资源部、水利部、农业部、国家林业局六部委联合下发了《浙江省湖州市生态文明先行示范区建设方案》（发改环资〔2014〕962 号）。① 2014 年 7 月 22 日第一批先行示范区建设名单公布，55 个地区获批；2015 年 12 月 31 日第二批全国生态文明先行示范区建设名单公布，45 个地区获批（见表 1－1）。

表 1－1　　　　　　　　生态文明先行示范区建设地区

序号	所属省（市）	地区名称
1	北京市	密云县、延庆县、怀柔区
2	天津市	武清区、静海区
3	河北省	承德市、张家口市、秦皇岛市
4	京津冀协同共建地区	北京平谷、天津蓟县、河北廊坊北三县
5	山西省	芮城县、娄烦县、朔州市平鲁区、孝义市
6	内蒙古自治区	鄂尔多斯市、巴彦淖尔市、包头市、乌海市
7	辽宁省	辽河流域、抚顺大伙房水源保护、大连市、本溪满族自治县
8	吉林省	延边朝鲜族自治州、四平市、吉林市、白城市
9	黑龙江省	伊春市、五常市、牡丹江市、齐齐哈尔市
10	上海市	闵行区、崇明县、青浦区
11	江苏省	镇江市、淮河流域重点地区、南通市
12	浙江省	湖州市、杭州市、丽水市、宁波市
13	安徽省	巢湖流域、黄山市、宣城市、蚌埠市
14	山东省	临沂市、淄博市、济南市、青岛红岛经济区
15	河南省	郑州市、南阳市、许昌市、濮阳市
16	湖北省	十堰市（含神农架林区）、宜昌市、黄石市、荆州市

---

① 《湖州成为全国首个地市级生态文明先行示范区》，浙江省人民政府网，2014 年 7 月 1 日，http：//zfxxgk．zj．gov．cn/xxgk/jcms_files/jcms1/web25/site/art/2014/7/1/art_4764_973136．html。

续表

序号	所属省（市）	地区名称
17	湖南省	湘江源头区域、武陵山片区、衡阳市、宁乡县
18	广东省	梅州市、韶关市、东莞市、深圳东部湾区（盐田区、大鹏新区）
19	广西壮族自治区	玉林市、富川瑶族自治县、桂林市、马山县
20	海南省	万宁市、琼海市、儋州市
21	重庆市	渝东南武陵山区、渝东北三峡库区、大娄山生态屏障（重庆片区）
22	四川省	成都市、雅安市、川西北地区、嘉陵江流域
23	西藏自治区	山南地区、林芝地区、日喀则市
24	陕西省	西咸新区、延安市、西安浐灞生态区、神木县
25	甘肃省	甘南藏族自治州、定西市、兰州市、酒泉市
26	宁夏回族自治区	永宁县、吴忠市利通区、石嘴山市
27	新疆维吾尔自治区	昌吉州玛纳斯县、伊犁州特克斯县、昭苏县、哈巴河县、新疆生产建设兵团第一师阿拉尔市

资料来源：根据国家发改委等六部委《关于开展第一批生态文明先行示范区建设的通知》和《关于开展第二批生态文明先行示范区建设的通知》整理。

这些先行示范区的核心任务一方面是破解本地区生态文明建设的"瓶颈"制约，大胆先行先试，为地区乃至全国生态文明建设积累有益经验，树立先进典型，发挥示范引领作用；另一方面是制度创新，主要包括探索建立自然资源资产产权和用途管制制度、探索建立体现生态文明要求的领导干部评价考核体系；探索推行环境信息公开制度；探索编制自然资源资产负债表；探索环保法庭审判制度等多个领域，力争取得重大突破，形成可复制、可推广的制度。

三 湖州市生态文明先行示范区建设

生态文明先行示范区建设是一个系统工程，湖州作为全国首个地级市生态文明先行示范区，战略定位是打造绿色发展先导区、生态宜居模范区、合作交流先行区、制度创新实验区①，特别是肩负着为全国生态文明建设创造可复制、可推广经验的重大使命，更加注重培育绿色低碳循环产业体系，更加注重构建生态文明制度体系，创造生态文明建设"湖州模式"。

（一）湖州市生态文明先行示范区建设历程

湖州市历届市委、市政府高度重视生态文明建设，持续接力、精准发力，始终把生态文明建设贯穿于经济社会发展的方方面面。2007年3月27日，湖州市第六次党代会召开，提出走生态优市之路，自此以后的历次党代会一以贯之地强调要建设现代化生态型滨湖大城市。2012年，湖州市第七次党代会做出了"建设生态市、创建全国生态文明建设示范区"等部署。湖州市委七届八次全会把坚定不移践行"绿水青山就是金山银山"理念、坚持绿色发展作为重要遵循。湖州市委七届九次全会确立"生态立市"首位战略。2017年，湖州市第八次党代会沿袭这一目标定位，提出要奋力率先走向社会主义生态文明新时代，进一步增强了全市上下践行"绿水青山就是金山银山"理念的高度自觉和自信。

2016年12月，全国生态文明建设工作推进会在湖州召开，习近平总书记作出重要指示，李克强总理作出批示，时任中央政治局常委、副总理张高丽出席会议并作重要讲话，充分肯定了浙江、湖州的生态文明建设工作成效，推动了全国的生态文明建设工作。

2017年10月，湖州市顺应新时代生态文明建设需要，组建了浙江生态文明干部学院。学院由浙江省委组织部统筹指导、湖州市委负责建立，与湖州市委党校形成"校院融合、共同发展"的办学格局。学院在课程开发上以"湖州模式"为样本，构建了"生态文明建设""生态＋""美丽乡村建设""全域旅游及乡村旅游""绿色发展"等涵盖不同主题的培训课程体系。浙江生态文明干部学院通过课堂讲授和现场教学的方式，宣传好"绿水青山就是金山银山"理念和湖州生

---

① 国家发改委等六部委：《浙江省湖州市生态文明先行示范区建设方案》（发改环资〔2014〕962号）。

态文明建设示范区建设的成功经验。

2018 年 4 月，全国改善农村人居环境工作会议在安吉县召开，李克强总理对会议做出批示，胡春华副总理出席会议并作重要讲话。这是对湖州美丽乡村建设工作的肯定，也对全国美丽乡村建设起到了很好的推动作用。

专栏

李克强对全国改善农村人居环境工作会议做出重要批示

改善农村人居环境，是实施乡村振兴战略的重大任务，也是全面建成小康社会的基本要求。各地区和相关部门要全面贯彻党的十九大精神，以习近平新时代中国特色社会主义思想为指导，认真贯彻落实习近平总书记近日关于建设好生态宜居美丽乡村的重要指示，顺应广大农民过上美好生活的期待，动员各方力量尤其是调动农民自身的积极性，整合各种资源，强化政策措施，因地制宜，突出实效，扎实推进农村人居环境治理各项重点任务，通过持续努力，加快补齐突出短板，改善村容村貌，不断提升农村人居环境水平，为建设生态文明和美丽中国作出新贡献。

资料来源：《李克强对全国改善农村人居环境工作会议作出重要批示》，新华网，2018 年 4 月 26 日，http：//www. xinhuanet. com/2018 − 04/26/c＿1122749251. htm。

2020 年 3 月 30 日，习近平总书记时隔 15 年再次来到湖州安吉余村考察，习近平说，时间如梭，当年的情形历历在目，这次来看完全不一样了、美丽乡村建设在余村变成了现实。余村现在取得的成绩证明，绿色发展的路子是正确的，路子选对了就要坚持走下去。[1]

---

[1] 《时隔 15 年，习近平再到安吉县余村考察》，新华网，2020 年 3 月 31 日，http：//www. xinhuanet. com/2020 − 03/31/c＿1125791608. htm。

（二）湖州市生态文明先行示范区建设的社会反响

2018 年春末夏初，《人民日报》《光明日报》和中央电视台等 17 家中央主流媒体在重要版面集中推出了百余篇（条）报道，全方位宣传湖州生态文明建设成效，湖州生态文明先行区的事例在全国产生了良好的影响。2018 年 4 月 20 日，央视新闻联播以《浙江湖州：坚守出来的美丽》开篇，聚焦"绿水青山就是金山银山"理念的诞生地——浙江湖州。首先回顾了"绿水青山就是金山银山"理念的提出，并展示了湖州一任接着一任干，一张蓝图绘到底，"守"出来了一方美丽。粗放小企业被关停，大企业绿色改造。"绿水青山就是金山银山"理念成了湖州人坚持下去的信念。随后，《人民日报》《光明日报》《经济日报》《农民日报》以及央广《新闻和报纸摘要》等，也纷纷刊发以湖州市践行"绿水青山就是金山银山"理念、实现绿色发展为主题的报道。

湖州是个常来常新的地方，是不断创造出全国生态文明先行示范区成功建设经验的地方。中国主流媒体不断强化此方面的宣传报道，并通过媒体融合，扩大受众面，提高湖州生态文明先行示范区建设的知名度和美誉度，进而推动全国的生态文明建设。主流媒体集中宣传以后，全国各地到安吉余村考察的团队络绎不绝，最多时每天有五六十个团队、几千人的规模，主要是亲身感受"绿水青山就是金山银山"理念诞生地的魅力，考察学习习近平生态文明思想。

2020 年 8 月 15 日，"绿水青山就是金山银山"理念提出 15 周年理论研讨会在安吉召开，来自全国各个领域的权威专家，从"绿水青山就是金山银山"理念的历史脉络、哲学思考、理论内涵和实践要义进行了深入探讨，并就深化绿色发展提出意见建议。中央党校（国家行政学院）哲学部教授赵建军认为，"绿水青山就是金山银山"理念是协调推进我国经济发展和生态保护的重要方法论。浙江乡村振兴研究院首席专家顾益康表示，"绿水青山就是金山银山"理念的践行实现了经济效益、社会效益与生态效益的有机统一，成为中国特色社会主义市场经济的"硬核"。实践证明，中国特色社会主义市场经济能更有效地促进经济社会绿色转型。生态环境部环境规划院院长、中国工程院院士王金南表示，要让生态环境与劳动力、土地、资本、技术等要素一样，成为现代经济体系构建的核心生产要素，让生态产品成为老百姓美好生活品质的重要组成，使生态产品进入生产、分配、交换、消费等社会生产全过程，逐步将生态产业培育成为"第四产业"，成为推动高质量发展的新动能和新增长点。①

第二节　生态文明建设研究综述

一　生态文明的含义

对于生态的理解，有狭义和广义之分，狭义的生态单指人与自然的关系；而广义的生态不仅指人与自然的关系，而且指人与人、人与社会的关系，是自然生态与社会生态的统一。"文明"是指人类所创造的财富总和。同样对于文明的理解，也有狭义和广义之分，如谷树忠等②认为，文明特指精神财富，这是狭义的理解；广义的文明则包括物质成果和精神成果的总和。由于对"生态""文明"的理解不同，就产生了对生态文明的不尽相同的定义。

从生态文明的构成要素来定义生态文明，将生态与文明这两个概念组合起来，大体上有三种理解。①认为生态文明是调整人与自然关系的精神文明的总和。这是对生态文明概念最狭义的理解，其理论出发点是：生态特指人与自然的关系，文明特指精神文明。这一观点将生态文明等同于生态价值观、生态伦理观、生态政治意志以及公众生态意识等。②认为生态文明是调整人与自然关系的物质文明和精神文明的总和。俞可平③认为，生态文明就是人类在改造自然以造福自身的过程中，为实现人与自然之间的和谐所做的全部努力和所取得的全

① 《"绿水青山就是金山银山"理念提出 15 周年理论研讨会召开》，《人民日报》2020年 8 月 16 日第 2 版。

② 谷树忠等：《生态文明建设的科学内涵与基本路径》，《资源科学》2013 年第 35 期。

③ 俞可平：《科学发展观与生态文明》，《马克思主义与现实》2005 年第 4 期。

部成果,它表征着人与自然相互关系的进步状态。陈寿朋①认为,就其内涵而言,主要包括生态意识文明、生态制度文明和生态行为文明三个方面。③认为生态文明是调整人与自然、人与人、人与社会关系的物质成果与精神成果的总和。姜春云②指出,生态文明不只是生态、环境领域一项重大研究课题,而是人与自然、发展与环境、经济与社会、人与人之间关系协调、发展平衡、步入良性循环的理论与实践,是人类社会跨入一个新的时代的标志,是当代知识经济、生态经济和人力资本经济相互融通构成的整体性文明。马凯③认为,生态文明的核心问题是处理人与自然的关系,在空间维度上,生态文明是全球性的问题;在时间维度上,生态文明是一个动态的历史过程。这一定义的指向是与生态文明发展阶段概念的指向相通的,将生态文明定义为人类文明发展新阶段的所有物质成果与精神成果的总和。

从生态和文明两个维度来看,对生态文明的概念性界定,一种是倾向"文明",例如,卢风等(2013)④认为,生态文明是新的文明,不是工业文明的修补;另一种是倾向"生态",例如,郁庆治(2018)⑤认为,文明层面上的变革与积淀是一个相对滞后或缓慢的过程,而当下中国最为迫切的是如何把不同维度下的绿色变革认知、意愿和动力整合到一个综合性的社会进程之中。

从人类文明发展阶段角度来定义生态文明,大体上有两种观点。①认为生态文明是原始文明、农业文明、工业文明发展后的新型文明形态。持这一观点的学者较多,例如,王治河⑥认为,生态文明是人

---

① 陈寿朋:《牢固树立生态文明观念》,《北京大学学报》(哲学社会科学版)2008年第1期。

② 姜春云:《跨入生态文明新时代——关于生态文明建设若干问题的探讨》,《求是》2008年第21期。

③ 马凯:《大力推进生态文明建设》,国家行政学院进修部《推荐生态文明建设》,国家行政学院出版社2013年版,第3—15页。

④ 卢风等:《生态文明新论》,中国科技出版社2013年版,第9—16页。

⑤ 郁庆治:《生态文明及其建设的十大基础理论》,《中国特色社会主义研究》2018年第4期。

⑥ 王治河:《中国和谐主义与后现代生态文明的建构》,《马克思主义与现实》2007年第6期。

类文明的一种新的形态，是对现代工业文明的反拨和超越。在这个意义上，生态文明是一种后现代的"后工业文明"。姜春云[1]指出，生态文明是有别于任何一种文明的崭新文明形态，其产生和发展具有必然的历史演进轨迹，即人类原始文明→农耕文明→工业文明→（后工业文明）→生态文明，生态文明是在深刻反思工业化沉痛教训的基础上，人们认识和探索到的一种可持续发展理论、路径及其实践成果。生态文明是对农耕文明、工业文明的深刻变革，是人类文明质的提升和飞跃，是人类文明史的一个新的里程碑。[2]认为生态文明是人类未来文明的新特点。这种观点认为，生态文明并不是未来人类文明的全部，仅是未来文明的新特点。未来文明应是工业文明与生态文明相统一的文明。王凤才[2]认为，生态文明是未来文明发展方向，和谐论和自然观将成为主导。

20 世纪 70—80 年代，由于面临多重全球问题，工业文明必将发生转型，俄罗斯学者首先提出生态文明概念。[3] Morrison[4] 提出英语语境下的生态文明概念，并指出全球性动力机制与具体政策正促成工业文明向生态文明的转变，工业文明的自我破坏性的现实为生态转型提供必要性和条件。

西方对生态文明的认识主要有生态后现代主义、后工业社会、生态现代化、可持续发展理论等。①生态后现代主义。美国学者查伦·斯普瑞雷纳克认为，代表人类发展未来的生态后现代主义，是一个寻求超越现代性失败假设的方向，是一个重新将我们的理智建立在身心自然和地方的现实基础上的方向。美国学者莱斯特·R. 布朗指出，人类的文明已经陷入危机，必须用经济可持续发展的新道路即 B 模式，来取代现行的经济发展模式即 A 模式，从而创造新的未来。②后

---

① 姜春云：《跨入生态文明新时代——关于生态文明建设若干问题的探讨》，《求是》2008 年第 21 期。

② 王凤才：《生态文明：生态治理与绿色发展》，《学习与探索》2018 年第 6 期。

③ 娄伟：《中国生态文明建设的针对性政策体系研究》，《生态经济》2016 年第 5 期。

④ Morrison R. S., "Building an ecological civilization", *Social Anarchism：A Journal of Theory & Practice*, 2007 (38)：1 – 18.

工业社会。美国学者丹尼尔·贝尔是最早提出后工业社会的学者，他把社会划分为前工业社会、工业社会和后工业社会。后工业社会概念没有直接论述生态文明。俄罗斯学者伊诺泽姆采夫基于马克思主义理论的视角，敏锐地提出后工业社会的后经济性，并认为后工业社会的到来是共产主义基本原则的实现，后工业社会不是工业社会量的扩展，而是人类文明的一次重要的历史性转折。他还指出，生态问题的尖锐性大大降低，也是后工业主义最伟大的成就之一。③生态现代化理论。20世纪80年代，德国的马丁·耶内克、英国的阿尔伯特·威尔和约瑟夫·墨菲、荷兰的格特·斯帕加伦、马藤·哈杰尔和阿瑟·摩尔等社会科学家提出生态现代化理论，已经成为发达国家环境社会学的一个主要理论，它要求采用预防和创新原则，推动经济增长与环境退化脱钩，实现经济与环境的"双赢"。① ④可持续发展理论。1987年，联合国世界环境与发展委员会的报告《我们共同的未来》，把"既满足当代人的需要，又不对后代人满足其需要的能力构成危害的发展"定义为可持续发展，这一定义在1992年联合国环境与发展大会上得到大家的一致认可。可持续发展的内涵主要包括公平性、持续性和共同性。

从实践角度看，20世纪90年代以来，全球生态治理实践取得了堪称丰硕的成果。在国际合作领域，1992年联合国环境与发展会议把可持续发展规定为全人类共同的发展战略，通过了《里约环境与发展宣言》《21世纪议程》《气候变化框架公约》等文件。2015年9月，《变革我们的世界——2030年可持续发展议程》在联合国发展峰会上正式获得通过。2015年12月12日，巴黎气候变化大会召开，会议上通过了《巴黎协定》，承诺各方将共同应对全球气候变暖。

从国外实践看，近20多年来，发达国家加强了生态治理，已经形成了比较成熟的生态治理模式。一是加强立法。瑞士、美国、德国、欧盟等都建立了覆盖广泛的保护生态环境的法律法规体系，在环

---

① 王宏斌、王学东：《近年来学术界关于生态文明的研究综述》，《中共杭州市委党校学报》2012年第2期。

境保护法中明确"污染者付费""谁污染,谁治理"等经济原则,并将科学技术标准纳入环境立法体系。二是依靠科技。科学技术在发达国家生态治理中起到关键作用。三是推进生态民主。通过政府与企业合作机制解决具体的生态环保问题。四是完善机制。比如,普遍建立了包括水资源生态补偿、农业生态补偿、森林生态补偿等在内的生态补偿机制,其中包括政府推动的生态补偿机制。五是一些国家,如德国把生态现代化上升为国家发展目标。

发达国家的生态治理实践也有着突出的弊端和"短板"。首先,走的都是"先污染,后治理"的道路。其次,发达国家生态治理过度依赖技术线路和市场线路,导致西方发达国家并不能杜绝生态破坏和环境污染问题。最后,人类中心主义的西方生态治理并不能真正建立起人与自然的和谐关系。

发达国家生态治理实践的启示。第一,必须坚持立法先行、完善相关政策体系,推动有利于绿色循环低碳发展的科技创新和生态治理体制机制创新,鼓励和动员人人参与。第二,不能重蹈西方国家先污染后治理的覆辙。第三,不能迷信发达国家的生态治理模式。第四,必须把建设生态文明作为生态治理的目标。第五,必须加强国际合作,增强国际减排协议的法律约束力。

二 生态文明建设研究

党的十七大报告提出"基本形成节约能源资源和保护生态环境的产业结构、增长方式、消费模式。循环经济形成较大规模,可再生能源比重显著上升。主要污染物排放得到有效控制,生态环境质量明显改善"。[①] 党的十八大报告提出"建设生态文明,实质上就是要建设以资源环境承载力为基础、以自然规律为准则、以可持续发展为目标

---

① 胡锦涛:《高举中国特色社会主义伟大旗帜,为夺取全面建设小康社会新胜利而奋斗——在中国共产党第十七次全国代表大会上的报告》,《人民日报》2007年10月16日第1版。

的资源节约型、环境友好型社会。"① 党的十九大报告指出"建设生态文明是中华民族永续发展的千年大计。必须树立和践行绿水青山就是金山银山的理念，坚持节约资源和保护环境的基本国策，像对待生命一样对待生态环境，统筹山水林田湖草系统治理，实行最严格的生态环境保护制度，形成绿色发展方式和生活方式，坚定走生产发展、生活富裕、生态良好的文明发展道路，建设美丽中国，为人民创造良好生产生活环境，为全球生态安全作出贡献。"② 郇庆治（2018）③ 认为，从党的十七大、十八大和十九大报告中可以看出，"生态文明建设""建设生态文明"是我们党和我们国家关于生态文明最重要的词语。

学者对生态文明建设也进行了深入的研究。刘思华④以马克思主义原理为指导，认为生态文明建设既要开发利用自然，也要保护自然，要保持人与自然和谐统一。白杨等⑤将生态文明建设分为理论层面与实践层面两个体系，分别提出了相应的研究方向及主要指标内容，并在此基础上建立了"国内生态文明建设评估指标体系"，论证了评估指标体系的重要性评价方法，为评估我国生态文明建设水平提供了具有可操作性的理论方法依据。周生贤⑥按照价值取向、物质基础、激励与约束机制、必保底线、根本目的，将生态文明建设划分为生态伦理、生态经济、生态制度、生态安全、生态环境质量。这是首次对于生态文明建设内容从理论及实践层面给出具体的划分。张高

---

① 胡锦涛：《坚定不移沿着中国特色社会主义道路前进 为全面建成小康社会而奋斗——在中国共产党第十八次全国代表大会上的报告》，《人民日报》2012 年 11 月 9 日第 1 版。

② 习近平：《决胜全面建成小康社会 夺取新时代中国特色社会主义伟大胜利——在中国共产党第十九次全国代表大会上的报告》，《人民日报》2017 年 10 月 28 日第 1 版。

③ 郇庆治：《生态文明及其建设的十大基础理论》，《中国特色社会主义研究》2018 年第 4 期。

④ 刘思华：《对建设社会主义生态文明论的若干回忆——兼述我的"马克思主义生态文明观"》，《中国地质大学学报》（社会科学版）2008 年 4 期。

⑤ 白杨等：《我国生态文明建设及其评估体系研究进展》，《生态学报》2011 年第 31 期。

⑥ 周生贤：《中国特色生态文明建设的理论创新和实践》，《求是》2012 年第 19 期。

丽[1]认为，生态文明建设的基本思路和主要任务是：以主体功能定位为依据，加快优化国土空间开发格局；以调整优化产业结构为抓手，有效减轻经济活动对资源环境带来的压力；以全面加强资源节约为突破口，推动资源利用方式转变；以加强污染治理为着力点，切实提高生态环境质量和水平；以健全法律法规、创新体制机制为核心，加快生态文明制度建设；以促进绿色、低碳消费为重点，加快形成推进生态文明建设的良好社会氛围。秦书生[2]认为，党的十八大开启了生态文明建设的新时代，党的十八大以来党的生态文明建设思想进入丰富完善阶段，其主要内容包括：树立尊重自然、顺应自然、保护自然的生态文明理念；着力推进绿色发展；按照系统工程的思路全方位开展生态文明建设；加强生态文明制度建设。

三 生态文明先行示范区建设研究

国外相关研究并没有直接针对"生态文明先行示范区建设"的研究。1962 年美国海洋生态学家雷切尔卡森出版的《寂静的春天》一书拉开了人们对环境和经济社会可持续发展研究的序幕。但他们更多地把关注的焦点集中在工业化导致的资源环境和经济社会可持续发展的问题上。①关于城市可持续发展建设，最早的研究是霍华德的田园城市理论，他提出理想城市与自然的平衡理论概念。到了 20 世纪 70 年代，联合国教科文组织 1984 年提出"人与生物圈计划"，第一次使用生态城市规划这一概念，指出城市建设需融合技术和自然，人类活动的社会心理环境的优化，会激发人的创造力和生产力，提高物质生活水平。1987 年，生态城市科学家杨诺斯基首次提出了理想的生态城市模式，确立城市生态学基本原则，即社会、经济和自然三者之间共同进步产生有益的协同作用。②国外相关资源环境变化的研究源于能源危机引发对资源耗竭性的担忧。美国经济学家霍德林发表的经典论文《可耗竭资源的经济学》，开创了可耗竭性资源经济学的先河。此

---

① 张高丽：《大力推进生态文明努力建设美丽中国》，《求是》2013 年第 24 期。
② 秦书生：《改革开放以来中国共产党生态文明建设思想的历史演进》，《中共中央党校学报》2018 年第 4 期。

后，稳态经济理论、能源—经济—环境"3E"系统、环境使用税理论、可持续发展、清洁生产、循环经济、低碳经济等理论不断纳入资源环境管理的视野。

改革开放以来，随着区域发展不平衡问题的凸显，城市资源和环境问题引起了社会学、经济学、地理学界的广泛重视，成为社会各界重点关注的方向和领域。我国生态学家马世骏丰富和发展了中国的生态城市实证研究，提出适应中国的生态城市理论，生态城市的建设在我国的实践中奠定了理论基础。学者们探讨了区域发展中的生态环境与可持续发展问题、区域可持续发展与资源环境之间的关系等问题。邓翠华指出，中国应该将本土化的生态文明和全球性的生态文明建设结合起来，逐步推进工业文明向生态文明的转变。① 但综观国内现有的研究，研究的重点集中在资源节约与环境保护的途径、方法与策略上，缺乏从长远利益和全局战略的角度进行考虑，尤其是针对中国这样一个自然地理、人口资源、经济和社会发展差异显著的发展中大国，如何基于资源环境要素实现不同区域之间生态文明"非均衡和谐发展"，可能是建设生态文明先行示范区迫切需要解决的问题。

严耕等从2010年开始，每年运用中国省域生态文明建设评价指标体系，计算出我国31个省级区域的生态文明指数和绿色生态文明指数，并用聚类分析法将各省生态文明建设划分为均衡发展型、社会发达型、生态优势型、相对均衡型、环境优势型和低度均衡型六大类型，为研究我国省域生态文明建设情况提供了重要参考。②

2013年12月2日，国家发改委制订发布《国家生态文明先行示范区建设方案（试行）》，提出了八项主要任务、五大目标和51项具体指标。同时，建设地区可结合本地区实际和主体功能定位要求，适当增减指标，可以有申报地区的特色指标。

国家生态文明示范区建设工作主要有国家发改委等六部委牵头的

---

① 邓翠华：《论中国工业化进程中的生态文明建设》，《福建师范大学学报》（哲学社会科学版）2012年第4期。

② 严耕：《中国省域生态文明建设评价报告》，社会科学文献出版社2014年版。

"国家生态文明先行示范区"、生态环境部牵头的"国家生态文明建设示范市"等。娄伟①认为,生态环境部牵头"生态建设示范市"更为合适,建设"生态文明建设示范区"则超出了其工作及能力的范围,有跟风之嫌,而国家发改委等六部委联合推动"国家生态文明先行示范区"则较为合适。

2001年,习近平同志亲自担任福建省生态建设领导小组组长,开始了福建有史以来最大规模的生态保护工程,前瞻性地提出建设"生态省"的战略构想。此后,福建省一以贯之坚持生态省建设,取得显著成效,2014年成为全国首个生态文明先行示范区。胡卫卫等②实证分析了福建生态文明先行示范区生态效率测度及影响因素,认为人均生产总值、环境管制、技术进步和地区分布对生态效率有显著性影响。张琳杰③对贵州生态文明先行示范区建设提出建议,认为要构建绿色制度体系、投融资体系、科技创新和人才支撑体系、法制保障体系。张宜红④认为,江西省建设国家生态文明先行示范区,可以从优化国土空间开发格局、构建绿色生态体系、培育生态经济体系、增强资源保障能力等方面着手。颜清阳⑤根据井冈山市建设生态文明先行示范区的经验,得到的启示是牢固树立生态文明理念、强化政策法规监管、加强生物多样性保护、大力发展循环经济、切实加大环境污染治理力度、完善领导干部绿色政绩考核体系。杭州市在生态文明先行示范区建设中,坚持节约优先、保护优先、自然恢复为主,坚持推进绿色发展、循环发展、低碳发展,坚持发展生态经济、改善生态环

---

① 娄伟:《中国生态文明建设的针对性政策体系研究》,《生态经济》2016年第5期。
② 胡卫卫等:《福建生态文明先行示范区生态效率测度及影响因素实证分析》,《林业经济》2017年第1期。
③ 张琳杰:《贵州生态文明先行示范区建设创新路径与对策建议》,《当代经济》2017年第2期。
④ 张宜红:《江西建设国家生态文明先行示范区的路径与政策措施》,《区域经济》2015年第2期。
⑤ 颜清阳:《国家生态文明先行示范区的实践经验与启示——以井冈山市为例》,《中国井冈山干部学院学报》2017年第1期。

境、培育生态文化。① 郑栅洁②认为，宁波加快建设生态文明先行示范区，在治污还绿方面，要坚决打赢蓝天保卫战、打赢治水提升战、打赢治土攻坚战；在转型兴绿方面，要做大做强绿色产业、改造提升传统产业、培育发展节能环保产业；在保护增绿方面，要加强生态保护红线管控、积极推进生态保护修复、持续改善城乡人居环境、倡导绿色低碳生活方式；在改革促绿方面，要加强多元治理、加强制度建设、加强依法监管。

2014 年 5 月 30 日，经国务院同意六部委联合批复了《浙江省湖州市生态文明先行示范区建设方案》，战略定位是打造绿色发展先导区、生态宜居模范区、合作交流先行区、制度创新实验区。2015 年 10 月，湖州市发布了《关于大力推进"生态＋"行动的实施意见》，明确提出"生态＋"是将生态与经济紧密结合，在生态资源转化为经济产出的同时，运用生态理念改造产业环境，通过推进生态经济化与经济生态化，实现经济绿色循环低碳发展的新型发展模式；明确大力推进"生态＋"空间布局、"生态＋"现代农业、"生态＋"信息经济、"生态＋"高端装备、"生态＋"健康产业、"生态＋"休闲旅游、"生态＋"传统产业、"生态＋"循环经济、"生态＋"产业园区、"生态＋"清洁能源、"生态＋"特色文化、"生态＋"科技人才 12 个方面重点行动。2016 年 6 月，湖州市发布了《湖州市生态文明先行示范区建设条例》，这是湖州市首部实体性地方法规，也是全国首部专门就生态文明先行示范区建设进行立法的地方性法规。这部地方法规坚持规划先行，严格了生态环境保护治理标准和要求，完善了自然资源资产产权制度，健全了资源环境保护市场化机制，突出了生态文明先行示范区建设的绿色考核，强化了生态保护领域司法执法力度，拓展了公众参与生态文明建设的方式和途径，设定了违反条例规定的法律责任。

---

① 杭州市发展和改革委员会：《推进美丽杭州建设打造生态文明之都——杭州市生态文明先行示范区建设经验与思路》，《浙江经济》2016 年第 21 期。

② 郑栅洁：《加快建设国家生态文明先行示范区全力以赴打造美丽宁波升级版》，《三江论坛》2018 年第 9 期。

陈晓等①对湖州生态文明制度建设作简要评估，认为应融合政府、企业、社会组织、个人以及媒体 5 大主体的共同力量，围绕文化、产业、生活、环境、资源、科技、制度 7 大核心要素，通过组织协调、科技支撑、资金支持、宣传活动、法律监管、政策引导 6 个方面，形成相对完善的运行机制。陈伟俊②认为，湖州是习近平总书记"绿水青山就是金山银山"理念的诞生地，在这些年的探索实践中，我们深刻认识到，建设社会主义生态文明，关键是要以习近平新时代中国特色社会主义思想为引领，按照习近平总书记指明的方向一以贯之、不断推进，努力走向社会主义生态文明新时代，并认为具体要强化"六个基本"：强化生态红线的基本理念、强化生态文明的基本内涵、强化保护优先的基本原则、强化绿色发展的基本路径、强化改革创新的基本动力、强化社会共治的基本支撑。王荣德③认为，湖州市在建设生态文明先行示范区过程中，始终坚持以"绿水青山就是金山银山"理念为指导，当好"样板地、模范生"，积极探索生态文明与智慧城市协同建设的机制和路径，并提出规划协同、体系协同、目标协同、路径协同等对策。

四 简要评论

2007 年党的十七大把建设生态文明写进报告后，国内学术界对于生态文明建设的研究逐步增多。党的十八大把生态文明建设纳入中国特色社会主义"五位一体"总体布局后，相关的研究呈现百花齐放的局面。不同的学者从政治、哲学、法律、环境、社会、经济、文化等视角对生态文明建设的定义、建设内容及建设路径开展了全面和深入的讨论研究，为各级政府、组织、个人推动和参与生态文明建设提供了科学的参考依据。自党的十八大召开以来，习近平总书记关于生态

---

① 陈晓等：《关于建立湖州国家生态文明先行示范区运行机制研究》，《湖州师范学院学报》2016 年第 3 期。

② 陈伟俊：《以习近平新时代中国特色社会主义思想引领生态文明建设》，《中国党政干部论坛》2018 年第 1 期。

③ 王荣德：《新型城镇化进程中生态文明与智慧城市协同建设研究——以国家级生态文明先行示范区湖州市为样本》，《广西社会科学》2019 年第 8 期。

文明的系列新论断、新思想和新方略，逐渐形成了习近平生态文明思想，其核心思想包括坚持人与自然和谐共生、"绿水青山就是金山银山"、好生态环境是最普惠的民生福祉、山水林田湖草是生命共同体、用最严格制度最严密法治保护生态环境、共谋全球生态文明建设等。①习近平生态文明思想，是习近平新时代中国特色社会主义思想的有机组成部分。这一思想深刻回答了为什么建设生态文明、建设什么样的生态文明、怎样建设生态文明的重大理论和实践问题，进一步丰富和发展了马克思主义关于人和自然关系的思想，深化了我们党对社会主义建设规律的认识，为建设美丽中国、实现中华民族永续发展提供了根本遵循。这一思想，集中体现了我们党的历史使命、执政理念、责任担当，对新时代加强生态环境保护，推动我国生态文明建设迈入新境界，具有重大的指导意义。

生态文明体现了人与自然、人与人、人与社会的高度协调统一关系，因此，要树立统筹兼顾的发展理念，制订战略规划，加强政府责任，加强生态环保，优化产业结构，推动低碳与循环经济产业发展，建设人居环境优美、和谐、智慧的美丽中国。因此，新时期的生态文明先行示范区建设在宏观上主张经济、政治、文化、社会与生态协调发展，具体上可以表现为"生态经济、生态社会、生态环境、生态文化与生态文明制度"五个方面建设路径，五个方面相互作用、相互协调，统一于整体生态文明先行示范区建设中，最终实现区域经济高效、社会和谐、民主自由、环境健康、人居优美和文明发展的标准，以实现经济社会建设整体生态化和文明化的目标。

当前，我国在积极推动生态文明建设过程中，不仅面临人口众多，投入需求大、资源相对不足，环境承载能力较弱等社会、环境、技术及经济方面的难题与挑战，也出现了一些政策上的问题及不足。建设生态文明先行示范区是改革发展的有效路径，从生态文明的制度开始，慢慢到经济、社会、文化和环境技术领域的全面革新，引入生态理念和生态价值导向，对自然资源进行重新定位，将自然景观作为

---

① 习近平：《推动我国生态文明建设迈上新台阶》，《求是》2019 年第 3 期。

一种资源进行生态管理,逐步形成生态意识,实现生态文明建设全民参与。

实践方面,在中央政策的指引下,以及随着我们国家对生态环境保护重要性的认识不断加深,全国各地掀起了一轮生态文明建设的热潮并取得了很大进展。我国先后批准福建省、江西省、湖州市,以及两批共 102 个省、市(县、区)生态文明先行示范区建设名单,各个区域的资源禀赋存在不均衡性与差异性。我国目前生态文明建设的相关理论决策乃至技术还不能兼顾到不同区域生态文明建设的个别性特征,政策的系统化和差异化程度有待进一步加强。因此,从全国范围内推进生态文明建设需要充分考虑到不同区域之间的资源环境、要素禀赋的差异性。

总体而言,生态文明建设还是一个较新的概念和话题。21 世纪是生态文明的世纪,加快推进生态文明建设,对于生态文明先行示范区建设的理论研究及实践探索也必定会更加全面、深入。

第三节 生态文明先行示范区建设"湖州模式"形成的历程

一 积极探索阶段:从强力治污到生态市战略的提出

20 世纪八九十年代,随着乡镇企业异军突起,太湖沿岸工业蓬勃发展。随着经济的持续快速发展,环境污染问题日益突出,特别是太湖水污染非常严重,爆发了蓝藻事件。1997 年 12 月 31 日,国务院开展了一场声势浩大的"聚焦太湖零点达标行动",即"98 零点"行动,拉开了太湖生态治理的序幕,关一批、停一批、治一批、转一批,成了治理污染企业首选,湖州市 73 家企业被列入国家重点治污名单。为确保"98 零点"行动取得成功,湖州市人大常委会审议通过了《湖州市关于严格执法加强环境保护工作的决议》,市政府成立了水污染防治领导小组,印发了《湖州市太湖流域水污染防治"98零点"行动实施计划》,建立了"98 零点"行动指挥中心,由市环保、监察、工商、公安等部门组成执法小组，按预定方案对市区、长兴、德清、安吉等辖区内重点污染企业进行了突击检查。1998 年，湖州市淘汰、关闭生产工艺落后、治理无望的各类"低、小、散、乱"工业企业 200 多家，全面完成了国务院关于"98 零点"行动交给湖州市的任务，太湖水体质量明显好转，受到了国务院、省委省政府的高度表扬，得到了新闻媒体的充分肯定。

"十一五"时期，湖州市先后完成"811 环境污染整治行动"和"811 环境保护新三年行动"，完成了德清造纸行业、长兴蓄电池行业、吴兴印染砂洗行业、南浔有机玻璃行业的整治，累计实施国家太湖流域水环境综合治理项目 243 个，在浙江省率先实现建制镇污水处理设施全覆盖，首轮河道清淤全面完成，建成生活垃圾焚烧厂 3 座，水环境治理成效明显，9 条入湖河流断面水质全部达到并保持Ⅲ类水标准，全市地表水符合Ⅲ类水质标准以上的断面比例提高到 100%，成为太湖流域水质最好的区域之一。从 2003 年开始，对废弃矿山进行复绿整治，对在开矿山进行限期治理，走出了一条"政府主导，企业主体，科学规范，稳步推进"的绿色矿山建设的新路子。

1999 年，安吉县作出《关于加快实施绿色工程的决议》。2000 年，安吉又出台了《关于实施生态立县、生态经济强县的决议》。从 2001 年起，县委、县政府带领全县人民开始了探索"生态立县"之路，并将每年的 3 月 25 日定为"生态日"，在全国首开先河推出"生态日"活动。2003 年 4 月 10 日习近平同志调研安吉，要求安吉把抓特色产业和生态建设有机结合起来，深入实施"生态立县"发展战略。

2003 年，湖州市第五次党代会第一次响亮地提出了建设生态市目标，成立生态市建设领导小组，并积极探索引入"绿色 GDP"核算评价考核机制。按照生态市建设要求，2004 年 9 月 28 日，湖州市政府颁布了《湖州生态市建设规划》（湖政发〔2004〕66 号）。同时，湖州市将全国生态市的创建与全国文明城市、国家环保模范城市、国家园林城市作为一个整体，实施"四城联创"战略，提出了按照《国家级文明城市标准》《全国文明城市测评体系》《国家环保模范城标准》《国家园林城市标准》《生态市标准》要求，进行四城同步谋划同步实施。

二 创新突破阶段：率先践行"绿水青山就是金山银山"理念

2005 年 8 月 15 日，习近平同志到湖州安吉余村调研，在得知当地群众关停矿山、守护青山的情况后，首次发表了"绿水青山就是金山银山"重要讲话。"绿水青山就是金山银山"理念让湖州坚定了生态立市、协调发展的决心，率先践行"绿水青山就是金山银山"理念也由此拉开帷幕。

2007 年，湖州市提出了加快建设现代化生态型滨湖大城市的目标，进一步明确了生态建设目标与任务：加快建设"生态湖州"，努力实现人与自然的和谐发展。2007 年开始在全国率先开展绿色 GDP 核算和综合考核体系。同时，为加快建设现代化生态型滨湖大城市，制订完善了转变发展方式、加快转型升级若干规划，出台了《循环经济发展纲要》《关于建设节约型社会的实施意见》《节能降耗实施意见》《生态建设专项资金管理暂行办法》等一系列综合政策，出台了《湖州市创建国家森林城市工作总体方案》和《湖州市森林城市建设总体规划》，扎实开展国家级森林城市创建。2009 年，湖州被列为浙江省唯一的生态文明建设试点市。2012 年，湖州市第七次党代会明确提出打造"四个区"、加快建设大城市。这一阶段，湖州先后获得了国家环保模范城市、国家园林城市、全国生态文明试点市、国家森林城市等系列名片。

三 全面推进阶段：扎实推进全国生态文明先行示范区建设

2014 年 5 月 30 日，国家发改委等六部委联合下发了《浙江省湖州市生态文明先行示范区建设方案》（发改环资〔2014〕962 号），提出了努力打造绿色发展先导区、生态宜居模范区、合作交流先行区、制度创新实验区的战略定位，为全国提供可复制推广的生态建设"湖州模式"。这标志着湖州成为全国首个地市级生态文明先行示范区，也是湖州有史以来第一个国家战略，同时也充分表明了在国家层面对湖州生态文明建设的认可，是湖州生态文明建设取得的重大成果。

2015 年，在"绿水青山就是金山银山"理念诞生十周年之际，湖州承办了全国农村精神文明建设工作经验交流会和省委"绿水青山就是金山银山"理论研讨会，开展了"绿水青山就是金山银山"理念学习座谈和纪念活动，在全市上下进一步深化了对"绿水青山就是金山银山"理念和生态文明建设的规律性认识，"尊重自然顺应自然保护自然、发展和保护相统一、绿水青山就是金山银山、自然价值和自然资本、空间均衡、山水林田湖是一个生命共同体"等理念已深入干部群众心灵。

2016 年，湖州市编制完成"十三五"规划，明确了生态立市的首位战略，更加坚定地照着"绿水青山就是金山银山"路子走下去。全市上下立足实际资源禀赋，坚持因地制宜，努力探索和打通"两山"转化的通道，深化生态创建，发展生态产业，整治生态环境，培育生态文化，创新生态制度，在保护生态和发展经济中寻求最大的共赢点，实现了从靠山吃山到养山富山的转变，生态文明的前进步伐越迈越坚定、越迈越自信。全市战略性新兴产业年均保持两位数以上的增长，"美丽经济"方兴未艾，治水治气治矿治土等奋战正酣、成效明显，立法、标准、体制"三位一体"生态文明制度体系创新为全省、全国提供了"湖州样本"，并成为全国唯一一个生态县区全覆盖的国家生态市、全国唯一一个市级全域旅游示范区、全国内河水运转型发展示范区。

2016 年 12 月 2 日，全国生态文明建设工作推进会议在湖州召开，习近平总书记做出了重要指示，李克强总理做出了重要批示，副总理张高丽亲临会议并作重要讲话，多次肯定了浙江湖州的工作，指出"我们看到浙江和湖州十多年来沿着习近平总书记指明的方向前进，取得了经济发展、民生改善、生态良好的巨大成绩，感到十分高兴，深受教育启发"。并强调"要学习浙江、湖州宝贵的经验，交流各省成功的做法，进一步推进全国生态文明建设工作"。会议的成功召开，进一步增强了湖州的荣誉感、责任感和使命感，为湖州进一步做好工作指明了方向、提供了遵循。同时，也极大地提升了湖州的美誉度和影响力，标志着湖州生态文明建设已经吸引了从上到下、由内而外各方面广泛关注的目光，已经形成了许多可看、可学、可示范的样板，已经进入了一个新的发展阶段。

专栏

全国生态文明建设工作会议
习近平对生态文明建设做出重要指示，李克强做出批示

习近平总书记重要指示

生态文明建设是"五位一体"总体布局和"四个全面"战略布局的重要内容。各地区各部门要切实贯彻新发展理念，树立"绿水青山就是金山银山"的强烈意识，努力走向社会主义生态文明新时代。要深化生态文明体制改革，尽快把生态文明制度的"四梁八柱"建立起来，把生态文明建设纳入制度化、法治化轨道。要结合推进供给侧结构性改革，加快推动绿色、循环、低碳发展，形成节约资源、保护环境的生产生活方式。要加大环境督察工作力度，严肃查处违纪违法行为，着力解决生态环境方面突出问题，让人民群众不断感受到生态环境的改善。各级党委、政府及各有关方面要把生态文明建设作为一项重要任务，扎实工作、合力攻坚，坚持不懈、务求实效，切实把党中央关于生态文明建设的决策部署落到实处，为建设美丽中国、维护全球生态安全做出更大贡献。

李克强总理重要批示

生态文明建设事关经济社会发展全局和人民群众切身利益，是实现可持续发展的重要基石。近年来，各地区各部门按照党中央、国务院决策部署，采取有效措施，在推动改善生态环境方面做了大量工作，取得积极进展。希望牢固树立新发展理念，以供给侧结构性改革为主线，坚持把生态文明建设放在更加突出的位置。着力调整优化产业结构，积极发展生态环境友好型的发展新动能，坚决淘汰落后产能。着力通过深化改革完善激励约束制度体系，建立保护生态环境的长效机制。着力依法督察问责，严惩环境违法违规行为。

为。着力推进污染防治，切实抓好大气、水、土壤等重点领域污染治理。依靠全社会的共同努力，促进生态环境质量不断改善，加快建设生态文明的现代化中国。

资料来源：《习近平对生态文明建设作出重要指示，李克强作出批示》，新华网，http：//www.xinhuanet.com//politics/2016-12/02/c_1120042543.htm。

2017年4月17日，工业和信息化部正式批复同意《湖州市创建"中国制造2025"试点示范城市实施方案》，湖州由此正式成为《中国制造2025》试点示范城市。2017年8月，《湖州市"中国制造2025"试点示范城市建设的若干意见》（湖2025发〔2017〕1号）正式出台，将围绕构建新型制造业体系、推进绿色制造、推进智能制造、建设创新体系、推进制造业领域供给侧结构性改革等方面进行重点扶持。湖州将加快建立绿水青山转换为金山银山的路径机制，着力提高资源利用效率，不断提高绿色制度供给和要素保障水平，推动绿色产品、绿色工厂、绿色园区和绿色供应链全面发展，壮大绿色产业，打造可复制、可推广的绿色制造"湖州模式"。[①]

2017年6月23日，中国人民银行等国家7部委印发了《浙江省湖州市、衢州市建设绿色金融改革创新试验区总体方案》[②]，湖州市由此获批绿色金融改革创新试验区。湖州市高度重视绿色金融改革创新，2017年11月，湖州市人民政府办公室专门出台了《湖州市建设国家绿色金融改革创新实验区的若干意见》，全市每年安排绿色金融改革创新试验区建设专项资金10亿元（其中市本级5亿元），鼓励全市绿色金融改革创新。[③] 2017年9月21日，生态环保部在湖州召开

[①] 邵鼎：《湖州获批"中国制造2025"试点示范城市》，《湖州日报》2017年5月3日第1版。

[②] 中国人民银行、国家发改委、财政部等关于印发《浙江省湖州市、衢州市建设绿色金融改革创新试验区总体方案》的通知（银发〔2017〕153号），2017年6月23日。

[③] 湖州市金融办：《湖州市人民政府办公室关于湖州市建设国家绿色金融改革创新试验区的若干意见》，湖州市金融网，2017年11月17日，http://jrw.huzhou.gov.cn/html/news_view1717.htm。

全国生态文明建设现场推进会，湖州市被授予国家生态文明建设示范市，安吉县被授予"绿水青山就是金山银山"实践创新基地。① 2018年6月，湖州市制定的《绿色融资项目评价规范》《绿色融资企业评价规范》《绿色银行评价规范》《绿色金融专营机构建设规范》4项地方标准顺利通过专家审定。这是全国首批绿色金融地方标准，将为全国各地开展绿色金融标准化建设提供可复制、可推广的"湖州经验"。②

四 高质量发展阶段：打造"重要窗口"的示范样本

2020年3月30日，习近平总书记在时隔15年后再次来到湖州安吉余村考察。习近平说，这里的山水保护好，继续发展就有得天独厚的优势，生态本身就是经济，保护生态，生态就会回馈你。全面建设社会主义现代化国家，既包括城市现代化，也包括农业农村现代化。实现全面小康之后，要全面推进乡村振兴，建设更加美丽的乡村。相信余村的明天会更美好，祝乡亲们生活芝麻开花节节高！③ 习近平总书记在浙江和湖州考察时，期望浙江"努力成为新时代全面展示中国特色社会主义制度优越性的重要窗口"，期望湖州"乘势而为、乘胜前进"，这是习近平总书记对湖州的高度信任和殷切嘱咐，是湖州新时代的崇高使命。我们要始终高举习近平新时代中国特色社会主义思想伟大旗帜，牢记总书记殷殷嘱托，不折不扣把总书记的重要指示落到实处，确保中央各项决策部署在湖州落地生根、开花结果。在高质量发展阶段，湖州要打造生态文明的示范样本、绿色发展的示范样本、幸福民生的示范样本、基层治理的示范样本、政治过硬的示范样本，成为"重要窗口"的示范样本。

① 周丽燕：《2017年度中国生态文明建设十件大事发布》，人民政协网，2018年2月4日，http：//www. rmzxb. com. cn/c/2018 - 02 - 14/1961802. shtml。

② 王炜丽：《湖州制定全国首批绿色金融地方标准》，人民网，2018年6月28日，http：//zj. people. com. cn/GB/n2/2018/0628/c186327 - 31756038. html。

③ 《习近平：余村的明天会更美好》，新华网，2020年3月31日，http：//www. xinhuanet. com/politics/leaders/2020 - 03/31/c_ 1125791747. htm。

第四节　生态文明先行示范区建设"湖州模式"的基本含义

一　湖州市生态文明先行示范区建设以"绿水青山就是金山银山"理念为根本指引

湖州是"绿水青山就是金山银山"理念的诞生地。2005 年 8 月 15 日，习近平同志来到余村考察，首次发表了"既要绿水青山，又要金山银山。其实，绿水青山就是金山银山"① 的重要讲话。2006 年，习近平同志在中国人民大学发表演讲，在《浙江日报》上发表文章，系统阐述了"绿水青山"与"金山银山"之间辩证统一的关系。②

十多年来，湖州市始终按照习近平总书记当年做出的工作部署，带头走好"绿水青山就是金山银山"的路子。2017 年 3 月 1 日，中国共产党湖州市第八次代表大会召开，会议高度总结了近年来湖州市在生态文明建设方面取得的成就，一是建成城乡一体化发展，统筹城乡发展进入全面融合新阶段；二是增强城市功能，提升城市品位，智慧城市建设有序推进；三是小城镇环境综合整治，美丽城镇建设走在全省前列；四是省级美丽乡村先进县区实现全覆盖，美丽乡村建设走在前列；五是高铁、高速、太湖治理四大水利工程等重大基础设施建设不断加快；六是践行绿色发展理念，加大生态环境治理力度，成为全省首批国家生态市，实现国家生态县（区）全覆盖；七是圆满完成自然资源资产负债表编制等国家试点，初步构建起立法、标准、体制"三位一体"生态文明制度体系。第八次党代会提出继续坚持高质量建设现代化生态滨湖大城市，并提出要奋力率先走向社会主义生态文明新时代，进一步增强践行"绿水青山就是金山银山"理念的高度自

---

① 习近平：《之江新语》，浙江人民出版社 2007 年版，第 153 页。
② 习近平：《之江新语》，浙江人民出版社 2007 年版，第 186 页。

觉和自信。①

湖州作为"生态 +"绿色发展的先行地,其生态特色在于既护美绿水青山,又做大金山银山。湖州坚持以"生态 +"理念引领绿色产业发展。一是抓融合,大力发展生态旅游业。生态优势转化为旅游优势,湖州市旅游业持续快速发展。2005 年,湖州市接待国内游客1078.38 万人次,接待入境游客 10.21 万人次,全年旅游总收入65.65 亿元。2019 年,湖州市接待国内外旅游者人数 13223.5 万人次;全年旅游总收入 1529.1 亿元。二是抓促进。近年来,湖州利用良好的生态环境引进了海内外领军人才和团队 790 个,"国千""省千"人才数量位居全省前三,催生了一批新经济、新业态和新模式,涌现了智能电动汽车、新能源等一批新兴产业,涌现了智能电动汽车、新能源、生物医药等一批新兴产业,形成了地理信息、物流装备等一批新增长点。湖州先后荣获《中国制造 2025》试点示范城市、国家绿色金融改革创新试验区、国家创新型试点城市,湖州以此为载体,加快探索绿色智造和创新体系建设的"湖州模式"。三是抓倒逼。以环保倒逼落后产能的淘汰,对纺织、建材、蓄电池等 10 多个行业进行专项整治,关停"低散乱"企业 3000 余家,整治提升 1520 余家。纺织、建材两大传统产业占比由 2005 年的 50% 下降到 29.8%。开展铅酸蓄电池行业专项整治行动,225 家铅酸蓄电池企业大幅减少到 16 家,产值增加了 18 倍,税收增加了 9 倍,天能、超威两家大企业脱颖而出,成为上市公司。

二 湖州市生态文明先行示范区建设的主体内容

(一) 打造生态市

2005 年以来,湖州认真贯彻习近平总书记"绿水青山就是金山银山"理念、"要努力把湖州建设成为经济发达、精美和谐、适宜人居的现代化生态型城市"重要讲话和"一定要把南太湖建设好"的

---

① 陈伟俊同志在中国共产党湖州市第八次代表大会上的报告:《把握历史方位 加快赶超发展 为高质量建设现代化生态型滨湖大城市 高水平全面建成小康社会而努力奋斗》,中国湖州门户网,2017 年 3 月 2 日,http://www.huzhou.gov.cn/ztbd/dbcddh/dhwj/20170302/i692578.html。

重要指示精神，坚定不移地举生态旗，打生态牌，走生态路，牢固确立生态立市首位战略，先后做出建设生态市、创建全国生态文明先行示范区、打造生态样板城市等战略，围绕宜居的生态、深厚的文化、滨湖的区位等特色，充分发挥优势，做好"山、水、城、文、绿"的文章，打造"在湖州看见美丽中国"城市品牌，实施"显山、露水、添智、秀文"四大工程，"山、水、文、绿"生态景观有机结合，生态、人文、环境有效串联，城市内涵、个性凸显，城在林中、绿在城中、人在景中的国家级山水园林城市实至名归，构建生态美、人文美、形象美、产业美和和谐美"美丽中国"示范样本。

一是显山，打造高品质的城市休闲景区。启动弁山区域整体开发和毗山遗址公园建设的研究，完成梁希森林公园、西塞山、南郊旅游公路、生态慢步道等建设，中心城市绿化总面积达到4690.5万平方米，人均公园绿地面积达到16.04平方米，居全省设区市第一。2016年，梁希森林公园、仁皇山公园和长岛公园3大公园获得国家人居环境范例奖。

二是露水，营造成环成片的亲水滨河空间。深入实施"五水共治"（浙江省委十三届四次全会提出的治污水、防洪水、排涝水、保供水、抓节水的大规模治水战略部署），谋划图影和长田漾湿地公园等重点片区建设，完成了西山漾公园和龙溪港南岸景观整治等中间整治工程，建成中心城区龙溪港绿道、环太湖绿道、小梅港绿道等项目。2016年，成功创建省级节水型城市。自2014年浙江省开展"五水共治"工作以来，湖州市每年都获得优秀市称号，连续6年获得"大禹鼎"。2020年，浙江省委、省政府公布了2019年度美丽浙江建设（生态文明示范创建行动计划）工作考核优秀单位和"五水共治"（河长制）工作优秀市县，湖州市获得2019年度美丽浙江建设（生态文明示范创建行动计划）工作考核优秀单位、"大禹鼎"银鼎。①

三是添智，建设功能齐全的现代智慧网络。积极推进智慧城市建

---

① 《2019年度美丽浙江建设和"大禹鼎"表彰名单新鲜出炉快来围观》，澎湃新闻网，2020年8月15日，https：//www.thepaper.cn/newsDetail_ forward_ 8741041。

设，在智慧城市建设中，将生态文明理念全面融入城市发展，构建绿色生产方式、生活方式和消费模式。统筹城市发展的物质资源、信息资源和智力资源利用，推动物联网、云计算、大数据等新一代信息技术创新应用，实现与城市经济社会发展深度融合。

四是秀文，塑造底蕴深厚的历史文化名城。以"衣裳街区、小西街区和南浔古镇街区"三大街区修复为主线，修缮、建设了赵孟頫故居、古木博物馆、邱城遗址公园、民国文化馆、潘季驯公园、历代贤守陈列馆和铁佛寺等一大批文化展示项目，上泗安、港湖—新兴港村等5个村入选中国传统村落名录，南浔古镇荣膺5A级景区，大运河（南浔段）申遗成功，成功获得国家历史文化名城称号。"水亲、绿透、文昌、城秀"的湖州正逐步成为长三角地区乃至全国范围内的环境首善之地，成为全国目前唯一一个国家生态县区全覆盖的地级国家生态市。

（二）建设美丽乡村

美丽乡村建设是落实"绿水青山就是金山银山"理念的具体实践，既是社会主义新农村建设的精彩篇章，也是实施乡村振兴战略的重要途径。自2005年习近平同志在湖州市安吉县余村提出"绿水青山就是金山银山"理念以来，美丽乡村建设率先在湖州安吉县展开。湖州以生态文明建设为主线，让美丽乡村遍地开花。

2014年，以安吉为样板起草的浙江省地方标准《美丽乡村建设规范》发布，成为全国首个美丽乡村地方标准，并在2015年晋级为国家标准《美丽乡村建设指南》（GBT32000—2015）。美丽乡村建设"领跑"全省，截至2019年年底，全市创建省级美丽乡村示范县4个、省级美丽乡村示范乡镇26个、省级美丽乡村特色精品村84个；创建省新时代美丽乡村262个，其中精品村119个；创建美丽乡村示范带29条、市级精品村147个，市级美丽乡村实现全覆盖。深入开展农村人居环境治理"三大革命"，农村生活垃圾分类处理建制村覆盖率81.9%，农村生活污水治理受益农户率85%，农村无害化厕所覆盖率99.6%。高标准建设美丽乡村，构建"点上精致、线上美丽、全域洁净"的美丽乡村体系。形成乡村民宿、主题庄园、国际度假、生态景区、文化游憩、创意农业、婚庆旅游、养生养老、旅游商品、运动休闲十大旅游业态，美丽乡村将绿水青山的好生态与鱼米之乡的深厚传统相结合，推动美丽乡村建设向美丽乡村经营转变，德清洋家乐、安吉和长兴乡村游、吴兴和南浔农家乐、渔家乐、特色农业园蓬勃发展，涌现"景区＋农庄""生态＋文化""西式＋中式""农庄＋游购"四大乡村旅游新模式。按"依山""傍湖""沿路"等主题布局打造大竹海、太湖风情、莫干山异国风情等十条休闲农业风情线，加速将生态环境优势持续转化为发展休闲农业的经济优势。通过大力培育发展休闲旅游、高端民宿、家庭农场等生态经济，使生态资源在经济活动中的作用大幅提升，孕育了"企业＋村＋家庭农场"等多种经营模式，创造出"山上一张床，赛过城里一套房"等财富增值奇迹，实现了从"卖石头到卖风景""产业投资到生态投资"的蝶变。串点成线、连线扩面，把农业要素与旅游、文化、教育深度融合，以标准化、特色化、品牌化和规范化全力打造中国乡村旅游第一市。

坚持党建引领，开展乡村治理现代化探索创新，从"矿山"到"青山"，从"卖石头"到"卖风景"，余村的绿水青山之路，同时也是一条乡村善治之路，形成支部带村、发展强村、民主管村、依法治村、道德润村、生态美村、平安护村、清廉正村的"余村经验"。全市推广乡村治理"余村经验"，全市累计创建省善治示范村163个、市级乡村治理示范村237个。成功申报农业农村部乡村治理示范县1个、示范镇1个、示范村5个，成为全省唯一县、乡、村试点示范全覆盖的地级市，乡村治理水平继续走在全省前列。

（三）加快绿色发展

生态是湖州的最大特色，绿色是最亮底色。统筹实施"腾笼换鸟"、循环利用、"美丽蝶变"等，探索创新生态产品价值实现机制，促进生产、生活、生态良性循环。努力把生态资源变成生态资本和绿色财富，做好转化文章，形成绿色发展方式。保护和发挥生态优势，全面实施"生态＋"行动。

转变第一产业生产经营方式，做精生态农业。实施乡村振兴，培养新型农民，培育农业龙头企业、专业合作社和家庭农场等新型农业经营主体,稳定粮油,提升蚕桑,优化畜禽,做强水产,做特果蔬,壮大林茶,加快发展生态高效农业。吴兴区在国家现代农业示范区农业改革与建设试点绩效评价中获得第一名。优化第二产业结构,做强绿色工业,加快发展高端装备制造业,努力建设"智造强市"。关停并转"散低污"行业,对矿山、水泥、粉体、蓄电池、耐火材料等十多个行业,每年排定2个以上,按照绿色标准进行全行业整治,累计关停并转企业1.66万家。近十年来,通过"环评一票否决"了不符合环保要求的460个项目,涉及投资595亿元。引进"大好高"项目,培育新兴产业,引进太湖龙之梦、吉利汽车、合丰泰玻璃基板等多个百亿级项目,促进产业结构优化升级。提升第三产业层次,做优现代服务业。大力发展基于互联网的消费新模式、新业态,促进服务业发展规模化、品牌化、国际化。实施国家绿色金融改革创新试点,引导金融资本重点保障绿色项目、绿色企业、绿色产业。

（四）实现共建共享

湖州市紧紧围绕共建、共治、共享推进生态文明建设,坚持以人为本和普惠均等,努力探索和打通"两山"转化通道,以全国文明城市为龙头,城乡一体开展绿色创建行动,扩大生态公共产品的提供和服务范围,努力让美丽成为习惯、让生态成为时尚,实现了优美环境共享,生态成果共享,城乡发展共享。长期以来城乡二元结构造成了城市与乡村的"鸿沟",城里人与农村人的"待遇不平等"。随着改革的深入,湖州市打破城乡二元户籍制度,在全国率先完成户籍制度改革,实现社会基本公共服务常住人口全覆盖,让全市人民在共建共享发展中有更多获得感。2012年12月,浙江省政府批复同意湖州市户籍制度改革实施意见。"三权到人（户）、权随人（户）走",让改了户口的农民"农村利益可保留、城镇利益可享受"。2015年年初,在德清县完成户籍制度改革试点的基础上,湖州市针对城市规模适中、城乡发展差距小的特点,精心制定户籍制度改革"三年计划"时间表和"四项先行"路径图,以"农村利益可保留、城镇利益可享受"为基本原则,以"率先并轨、逐步并轨、维持现状"为基本方法,坚持以块为主、条块结合、因地制宜,逐步剥离依附在户口性质上的城乡差别公共政策。同时，实行统一城乡户口登记制度、户口迁移制度、居住证制度和相关配套行政制度"四项改革"，统筹推进，统一落实。2016 年 1 月 1 日，湖州市正式实行新调整的城乡一体社会公共服务政策，各项公共配套政策取消了户口性质差别，实现了社会基本公共服务常住人口全覆盖，城乡二元户籍制度彻底终结，群众获得感明显增强①，为浙江省全面实施户籍制度改革提供了可操作、可复制的经验和样本。湖州市户籍制度改革被评为"浙江省 2006—2016 年十大法治事件"，央视新闻专题采访湖州市户改工作，湖州全面户改的经验做法走向全国。

　　坚持生产、生活、生态"三生融合"，突出群众身边环境问题的解决，打好污染防治攻坚战。在城乡建设过程中，把绿地公园、森林氧吧、亲水河岸、休闲绿道等公共场所作为优先事项，通过增绿、留白、疏通等手段打造"5 分钟亲水见绿生活圈"，真正让"望得见山、看得见水、记得住乡愁"成为普遍形态。通过加大对农村道路、公共设施及水、电、气、网等基础设施建设的投入力度，出台一系列惠民利民政策，构建了政府支持、电商助力、需求导向的"大众创业、万众创新"新模式，让老百姓守着绿水青山就能赚来金山银山。2005—2019 年，湖州市地区生产总值年均增长 10%，城乡居民人均可支配收入年均分别增长 10.2% 和 11.3%。2020 年湖州市城镇居民人均可支配收入达到 61743 元，农村居民人均可支配收入达到 37244 元，城乡居民人均可支配收入之比为 1.66∶1，远低于同期全国平均水平（2.56∶1）和浙江省平均水平（1.96∶1）。绿水青山成了广大老百姓增收致富的"聚宝盆"，让全市人民共享了"生态红利"、分享了"绿色福利"。如今的湖州，学有所教、劳有所得、病有所医、老有所养、住有所居持续取得新进展。湖州的实践表明，在处理绿水青山与金山银山关系问题上，只要路子走对、方法得当，就能做到以保护促发展、以发展促保护。

---

　　① 《湖州市实行城乡一体化户籍制度改革》，浙江在线，2016 年 6 月 30 日，http：// zjnews. zjol. com. cn/system/2016/06/29/021207681. shtml。

三 湖州市生态文明先行示范区建设的运行机制

（一）行政推动与群众参与机制

党中央、国务院密集出台了一系列生态文明建设制度文件，逐步构建起产权清晰、多元参与、激励约束并重、系统完整的生态文明制度体系。政府部门应成为生态文明制度体系的执行者、生态文明建设的主要推动者。为更好地建设生态文明先行示范区，湖州市专门成立了生态文明建设领导小组，下设湖州市生态文明办公室，主要承担生态文明建设规划编制、政策方案出台，组织推进先行先试、宣传教育普及创建、总结推广经验，开展监督检查和考核评价以及向上争取政策支持和对外交流宣传等职能。全面深化改革，正确处理市场与政府关系，把"使市场在资源配置中起决定性作用"落到实处。积极鼓励群众参与生态文明建设，通过开展绿色社区、绿色家庭、绿色学校等绿色细胞创建，倡导节约适度、绿色低碳、文明健康的生活方式和消费模式，引导人民群众增强生态文明意识，"绿水青山就是金山银山"理念成为全市干部群众的普遍共识。

（二）系统治理与重点领域突破机制①

1. 系统治水和水环境治理机制

湖州因太湖而得名，但也曾因工业污染造成"守着太湖无水喝"的尴尬。痛定思痛，重拳出击，强力推进治太"零点行动"，全面关停太湖沿岸 5 千米内涉污企业，实现工业污水"零排放"。强化对农村生活污水的多方治理，在每个乡镇都设立污水厂，农户受益率达 95%。一是源头的污染控制机制。在污染治理方面，实施蓄电池、电镀、造纸等重污染高能耗行业整治，木业、砂洗印花等细分行业的转型升级，工业污染得到有效控制。开展农村生活污水治理，实现行政村、规划保留自然村的全覆盖。二是强力根治面源污染。大力实施生猪养殖减量、温室龟鳖清零和测土配方施肥等行动，农业面源污染得到全面控制。三是强化"五水共治"。在水利工程建设方面，推进总

---

① 陈晓等：《关于建立湖州国家生态文明先行示范区运行机制研究》，《湖州师范学院学报》2016 年第 3 期。

投资100多亿元的太嘉河、环湖河道整治、苕溪清水入湖、扩大杭嘉湖南排四大治太水利工程建设，全面实施河道清淤、堤防加固、生态修复、长效保洁等机制。加大处罚力度实行综合治理。2017年，全面实施剿灭劣 V 类水行动，将治理范围缩小到小沟、小渠、小溪、小塘等小微水体，采用"截、清、治、修"四项措施，对1752个小微水体进行了综合治理，在全省首批通过剿劣验收。四是严格落实水资源管理政策等水资源保护和水环境管理制度。建立并推行四级"河长制"，健全水环境治理机制。在环保基础设施建设方面，先后建成污水处理厂43座，生活垃圾焚烧发电厂4座。

2. 系统治理矿山和绿色矿山建设机制

按照"减点控量、治污达标、综合提升"，率先开展绿色矿业示范区建设，612家矿山企业大幅减少到56家，1.64亿吨的开采量也大幅减少到0.47亿吨，直接减少了91%，关停的556多家矿山基本得到治理，截至2019年年底，全市累计治理复绿2.1万余亩、复垦耕地3万亩，开发可建设利用土地3.8万余亩，释放了环境与经济的双重效益，形成可复制、能推广的"湖州模式"。一是规划先行。1999年，湖州市发布《湖州市矿产资源保护与开发利用规划》，首次提出"禁采区、限采区、开采区"理念，禁采区内矿山一律在规划期内关闭，矿山开发"低、小、散、乱"状况彻底改变。截至目前，湖州市先后编制了四轮规划，全面系统地对绿色矿山建设做出了详细的规划。二是规范管理制度。湖州市在2009年出台了《湖州市鼓励绿色矿山创建实施办法》，2013年出台了《湖州市市级绿色矿山管理办法》等相关政策文件，为绿色矿山建设提供政策依据。2016年，湖州又提出了绿色矿山建设的十条规定。2017年，湖州明确了"一年启动，两年攻坚，三年扫尾"矿山复绿的目标。三是提供保障机制。建立了专门研究机制、部门协调机制、工作考核机制，形成了良好的保障机制。四是制定绿色矿山标准。湖州市于2013年出台了《持证矿山洁化绿化美化标准（试行）》，2017年3月发布了地方标准《绿色矿山建设规范》（DB3305/T40—2017），绿色矿山建设和评价从此有了标准化依据。湖州被国务院列为全国绿色矿业发展示范区，已经

成为湖州亮丽的名片。

3. 大气防治长效机制

深化大气污染治理，综合施策、系统治理，打赢蓝天保卫战。重拳出击"治扬尘、治废烟、治尾气"，治霾降值，湖州市区 PM2.5 浓度均值逐年下降，2019 年全市 PM2.5 浓度下降至 32 微克/立方米，较 2013 年下降 62.4%，幅度位居浙江省各地市第一名，在浙北地区和环太湖城市中浓度最低，全市域首次达到国家二级标准要求；空气优良率为 76.7%。一是围绕"降值进位"目标，聚焦国家"气十条"工作要求，全面推进重点攻坚。突出热电企业达到清洁化排放、工业挥发性有机污染物治理、机动车日常管理和老旧车淘汰四个重点，协同推进能源结构调整、城市扬尘烟尘整治、农村废气污染控制、码头船舶污染治理四大行动，以治理成效保证空气质量改善。二是工业污染项目调控。确保完成大气环境质量限期达标规划编制和报批，规范有序推进大气污染防治工作，确保早日达到国家标准要求。结合大气污染源清单调查、动态更新和源解析等工作，进一步细化完善重点区域、重点行业、重点因子清单，切实做到精准施策、精细治理。三是协同治理。各职能部门之间的相互协同，联合起来针对大气污染重点领域展开治理，如联合起来共同监测重污染天气、与周边兄弟城市建立联动联防机制。

4. 土壤保护机制

一是强化制度建设，规划先行。湖州市先后制订《湖州市危险废物和污泥集中处置设施建设规划（2016—2020 年）》《湖州市土壤污染防治工作方案（2017—2020 年)》《湖州市土壤污染防治工作目标考核办法》，围绕"稳中向好"目标，加快建立健全土壤污染防治工作体系，严控新增污染，逐步减少存量。二是强化重金属污染防治。根据"十三五"规划减排要求，重点抓好金属表面处理行业（电镀行业除外）和熔炼行业污染整治，消除重点地区、重点行业的重金属污染风险。三是强化考核。发挥全市信息化监控平台和危废处置统一结算平台作用，确保全市工业危险废物、医疗废物处置、污泥无害化处置率分别达到 90%、100% 和 95% 以上；确保湖州市危险废弃物填埋场工程全面启动。

（三）立法—标准—体制"三位一体"生态文明制度体系

1. 地方立法

湖州市构建了"1 + N"的立法体系，其中"1"就是制定一部生态文明建设综合性地方法规，"N"就是制定一批生态文明建设领域专项地方法规。2016 年 7 月 1 日，生态文明建设的首个地方立法《湖州市生态文明先行示范区建设条例》获得通过，从此，湖州市生态文明建设纳入了法制化轨道。2016 年，湖州发布了《湖州市市容和环境卫生管理条例》，针对市容和环境卫生管理中较为突出的停车管理等 7 个方面问题进行了立法；2019 年重新修订并发布实施。2017 年，发布了《湖州市禁止销售燃放烟花爆竹规定》，2018 年发布了《湖州市电梯使用安全条例》《湖州市文明行为促进条例》，2019 年发布了《湖州市美丽乡村建设条例》《湖州市乡村旅游促进条例》，2020 年发布了《湖州市大气污染防治规定》。

2. 生态文明标准化建设

湖州市围绕生态文明建设对标准的需求状况，建立湖州生态文明标准体系。立足湖州地方特色，启动首批生态文明领域标准研制 23 项，内容涉及农村人居环境、节能环保产业等方面。2017 年湖州市发布了全国首个《生态文明标准体系编制指南》地方标准，为全市国家生态文明标准化示范区建设提供有力支撑。在全国率先构建了美丽乡村、绿色制造、绿色金融标准体系，制定发布了美丽乡村指南、绿色工厂评价、绿色融资项目评价等 57 项市级以上标准（其中，国家标准 9 项），在多个领域填补了国内标准空白。

3. 生态文明体制机制建设

自 2014 年开始，湖州市承担自然资源资产负债表编制和领导干部自然资源资产离任审计两项国家试点，经过两年的探索研究，"国家试点"工作完成，在全国率先出台了自然资源资产保护与利用绩效评价考核和领导干部自然资源资产离任审计两个办法，为全国提供了"湖州经验"。实施了"生态 +"行动、绿色发展、绿色消费、排污权有偿使用与交易、生态环境损害责任追究、环境保护公益诉讼等规定。在全省率先成立了市、县区两级法院环境资源审判庭、绿色银行，探索建立了区级环保委。湖州市的自然资源统一确权试点工作取得重要突破，得到了有关部委的肯定。

四 生态文明先行示范区建设"湖州模式"取得的成效

（一）通过环境整治，宜居宜游大花园已成型

2003 年，习近平同志做出了建设"千村示范、万村整治"工程的战略部署，湖州市积极响应，开展了乡村整治"五美三宜"工程，进而探索成为中国美丽乡村建设的发源地。随后又开展了城乡一体的环境整治，积极推进全域美丽的大景区、大花园建设。一是加大治水力度。太湖蓝藻爆发是 20 世纪 90 年代太湖流域生态环境恶化的公共性事件。1997 年，湖州市联合太湖沿岸的苏州、无锡和常州，发起了"四城同唱太湖美"，并于次年启动了太湖治理的"零点行动"。近年来，湖州市全面打好"五水共治""四级河长制"等组合拳，关停太湖沿岸 5 千米范围内不达标污染企业，完成太湖流域 13 个行业提标改造及转型升级任务，投入 3 亿元实施生活污水直排太湖的船民全体上岸工程，入太湖断面水质连续 13 年保持Ⅲ类以上。二是加强矿山治理。开展减点、控量、治污，统筹推进矿山治理。截至 2019 年，湖州全市已建成国家级绿色矿山（试点单位）8 家、省级绿色矿山 26 家，所有新建矿山全部建成绿色矿山，国家级、省级绿色矿山占全市矿山总数的 60%，实现了生态与经济的"双赢"。三是注重生态保护。全市以太湖流域治理为龙头，统筹推进区域环境治理、生态保护和产业转型升级工作，开展造林更新、森林抚育、平原绿化，优美生态产生了跨省界的"溢出"效应，为太湖流域乃至长三角地区提供了生态安全屏障。

经过多年持之以恒的环境治理，湖州城乡的生态宜居已达到一些发达国家的水平，初步建成了宜居宜业宜游的美丽大花园。安吉县获得全国首个"联合国人居奖"，长兴县获得联合国环境规划署授予的"国际花园城市"称号。南非人高天成开创的莫干山"洋家乐"，单张床位一年上缴税金最高达 14 万元，村民用"山上一张床，赛过城里一套房"来形容民宿经济的发展。

（二）通过绿色发展，"两山"转化通道已铸就

湖州市架起"绿水青山"与"金山银山"之间的转化桥梁，走出了一条产业生态化、生态产业化高度融合相互促进的发展路子。一是现代生态循环农业发展迅速。2003年4月9日，习近平同志在安吉调研时，了解到黄杜村靠生态种植白茶致富的情况，称赞道："一片叶子，富了一方百姓。"如今，黄杜村村民经营茶园4.8万余亩，产值超4亿元，人均年收入超3.6万元。湖州市农业"两区"建设、农业改革与建设、现代生态循环农业均走在全国前列，着力打造一批县区大循环、园区中循环、农业主体小循环的美丽田园样板区。全市布局建设生态循环农业示范区10个、示范主体1260家、示范点1065个，生态循环农业遍地开花，一批"稻鳖共生""稻鱼共生""农牧对接"等生态高效种养模式得到推广。二是生态旅游业成效显著。湖州市牢记习近平总书记"要把南太湖建设好"的嘱托，将太湖度假区建设成为国家级旅游度假区。先后引进建成南太湖新地标——月亮酒店、古木博物馆、民国影视城、鑫远健康城、龙之梦乐园。一度荒凉的南太湖沿线，成了人气颇旺的文创、婚庆、健康产业集聚区。德清"洋家乐"、安吉亲子游、长兴"上海村"、南浔"渔家乐"风生水起，形成以"洋式＋中式""生态＋文化""景区＋农家""农庄＋游购"四种模式为主体的乡村度假"湖州模式"，实现了美丽乡村建设向美丽乡村经营的成功转变，打响了"乡村旅游第一市"品牌。三是"绿色智造"成为新动能。湖州市认真实施"凤凰涅槃""腾笼换鸟"，一手淘汰落后产能，一手培育新兴产业。长兴县低小散的蓄电池企业一度遍地开花，年排放铅污染物高达十余吨，引发多起群体性事件。长兴县以壮士断腕的决心，关停"低、小、散"企业，引导企业走高科技的循环经济之路，铅蓄电池企业由225家减少到16家，产值提高了18倍，税收提高了9倍。湖州市以《中国制造2025》试点示范城市建设为契机，着力构建"先进装备、新能源、生物医药"＋"金属新材、现代家居、特色纺织"的"3＋3"特色工业"智能制造"体系，形成了全球最大的办公椅、童装、蓄电池、木地板、竹业生产基地。全市工业能耗强度、水耗强度仅为全国平均水平

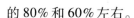

的80%和60%左右。

（三）通过制度创新，"三位一体"生态文明制度体系已搭建

湖州市努力搭建生态文明建设的"四梁八柱"，构建一整套立法、标准、体制"三位一体"生态文明制度体系。一是推进地方立法。2015年7月，湖州市获得地方立法权，就确立了"1＋N"的湖州市生态文明建设法规体系。次年施行全国首部生态文明先行示范区建设的地方性法规《湖州市生态文明先行示范区建设条例》，并在环境保护、生态产业发展、资源节约利用等方面分批颁布和实施配套法规。二是制定示范标准。湖州作为全国唯一的生态文明标准化示范区，发布了首个《生态文明标准体系编制指南》地方标准，在城乡一体、循环经济、绿色矿山、美丽公路、绿色制造等领域建立了湖州生态文明标准体系，制定发布了57项生态文明标准（其中国家标准9项），建成55个生态文明标准化示范点。三是创新生态文明建设体制机制。按照"源头预防、过程控制、损害赔偿、责任追究"的方针，湖州率先出台了领导干部自然资源资产离任审计和自然资源资产负债表编制两个办法，实施了"生态＋"行动、生态补偿、区域能评、区域环评、排污权有偿使用和交易、生态环境损害责任追究等22项政策规定，促进自然资源资产节约集约利用，保障生态环境安全。

标准化是生态文明建设"湖州模式"背后的成功利器，也是将示范区建设经验固化为可推广、可复制的国家标准之意义所在。2015年，安吉县牵头起草的《美丽乡村建设指南》国家标准诞生。2019年3月，《区域生态文明建设指南》国家标准获批立项，将用两年时间充分提炼总结湖州生态文明建设经验和做法，既有力保障全市生态文明示范区建设工作顺利完成，又能将"湖州模式"复制推广到全国。

（四）通过生态文化，全民参与氛围已营造

湖州市坚持把传承和培育生态文化作为重要支撑，将生态文明作为社会主义核心价值观的重要内容，增强干部群众的生态文明意识，推广绿色生活。一是培育生态理念。将生态文明列入干部培训的主体班次、网络教育的必修课程和学生教育的重要内容，全市党政干部参加生态文明教育培训比例和学生生态文明教育普及率均达100%，不断强化人与自然和谐的生态伦理道德观，使"绿水青山就是金山银山"理念深入人心。2015年成立中国生态文明研究院，先后承担国家社科基金特别委托项目、一般项目，在《光明日报》《经济日报》等主流媒体上发表系列理论文章。2017年成立浙江生态文明干部学院，为外地学习考察团队专门开设生态文明短训班，培训内容包括湖州市生态文明建设专题报告、案例教学和现场教学。二是弘扬生态文化。活态传承生态文化，深入挖掘溇港圩田、桑基鱼塘、丝绸文化、茶文化、竹文化等地域生态智慧，包括湖州段在内的大运河列入世界遗产名录，钱山漾文化遗址被命名为"世界丝绸之源"，桑基鱼塘被认定为全球重要农业文化遗产，太湖溇港成功入选世界灌溉工程遗产名录。建成吴兴溇港文化展示馆、南浔桑基鱼塘文化馆、德清生态文化道德馆、长兴河长制展示馆、安吉生态博物馆等生态文化场馆，吸引人们寻找生态文化之根，感受人与自然的和谐共生。三是提升生态素养。2014年湖州市发布了《湖州市民生态文明公约》，成为市民热爱绿色家园、促进和谐共生的行动指南。2015年，在习近平总书记发表"绿水青山就是金山银山"理念10周年之际，湖州市将每年的8月15日设立为"湖州生态文明日"，成为浙江省首个设立生态文明日的地级市。根据《湖州市禁止销售燃放烟花爆竹规定》，自2018年6月1日起，全市城乡全面禁止销售、燃放烟花爆竹。湖州成为全省首个烟花爆竹全域禁放的城市。春节时期再也没有此起彼伏的扰民爆竹声。禁放烟花爆竹，已成为绝大多数湖州城乡居民自觉遵守的一种新的生态文化。全市深入开展生态县区、生态乡镇、生态村居、绿色家庭等全民绿色行动，不断增强干部群众对生态文明建设的认同感、参与度，引导各类社会生态环保组织健康有序发展，努力营造政府、企业、民间组织、公众共同参与的生态文明建设大氛围。

（五）通过共建共享，生态惠民已初步实现

湖州市政府努力为百姓创造更多的生态产品，让老百姓呼吸新鲜的空气、喝上干净的水、吃上放心的食物、生活在宜居的环境，以产业兴旺来共筑金山银山，从而增强人民群众的获得感和幸福感。一是共治生活污染。生活垃圾和生活污水是城乡人居环境治理的两大顽疾。湖州市先后通过"一根管子接到底""一把扫帚扫到底""一家企业管到底",消除生活污水,完成"厕所革命",圆满解决了垃圾分类和资源化、无害化处理等问题。目前,湖州市已经实现城乡生活垃圾无害化处理全覆盖。二是共育生态产品。湖州市政府坚持顺应人民群众对生态产品的新要求,以老百姓的美好愿望作为大家追求的目标,把人民群众动员起来,以治水、治气、治矿等城乡环境突出问题为突破口,全域消灭了V类和劣V类水质,饮用水水源地水质达标率100%。老虎潭水库自2010年3月起向湖州中心城区并网供水以来,通过集中整治、实施多项生态修复,一直稳定在I类水质。全市开展治霾"318"攻坚行动,持续推进治扬尘、治废烟、治尾气,"大气十条"各项硬任务全面完成;全面淘汰10蒸吨以下高污染燃料小锅炉6614台,淘汰黄标车24267辆、老旧车10907辆;实现秸秆禁烧,利用率稳定在95%以上。湖州市积极开展"生态+电力",落实"以电代煤、以电代油、电从远方来"为核心内容的电能替代工作,以清洁电能有效优化生态环境。2019年,湖州市区环境空气质量监测结果出炉,优良率达到76.7%,生态公众满意度调查位居全省第三名。三是共筑金山银山。湖州有效推进"两山"转化,经济建设取得不俗成绩,人民收入水平快速提高,贫富差距日益较小。湖州的城镇居民人均可支配收入和农民人均可支配收入年增长速度保持为9%左右;城乡人均收入比逐渐缩小,由2005年的2.11∶1到2020年城乡居民收入比1.66∶1。湖州已全面消除家庭人均年收入低于4600元的贫困现象。

第二章

"湖州模式"的理论指导:"绿水青山就是金山银山"理念

2005 年 8 月 15 日,习近平同志到湖州市安吉县余村考察,首次提出"绿水青山就是金山银山"的科学论断。2005 年 8 月 24 日,习近平同志在《浙江日报》"之江新语"专栏发表了《绿水青山也是金山银山》的评论文章,明确提出,"我们追求人与自然的和谐,经济与社会的和谐,通俗地讲,就是既要绿水青山,又要金山银山。我省拥有良好的生态环境优势,如果能把这些生态环境优势转化为生态农业、生态工业、生态旅游等生态经济的优势,那么绿水青山也就变成了金山银山。"① 12 年后,党的十九大根据"中国特色社会主义进入了新时代,这是我国发展新的历史方位"② 这一重大判断,提出"坚持人与自然和谐共生"基本方略,强调"建设生态文明必须树立和践行绿水青山就是金山银山的理念"③,"绿水青山就是金山银山"理念成为全党意志和国家战略。

---

① 习近平:《〈浙江日报〉"之江新语"专栏》,浙江人民出版社 2007 年版,第 153 页。

② 习近平:《决胜全面建成小康社会 夺取新时代中国特色社会主义伟大胜利——在中国共产党第十九次全国代表大会上的报告》,《人民日报》2017 年 10 月 28 日第 1 版。

③ 习近平:《决胜全面建成小康社会 夺取新时代中国特色社会主义伟大胜利——在中国共产党第十九次全国代表大会上的报告》,《人民日报》2017 年 10 月 28 日第 1 版。

第一节 "绿水青山就是金山银山"
理念的提出和提升

一 "绿水青山就是金山银山"理念在湖州安吉诞生

"绿水青山就是金山银山"理念是习近平生态文明思想的重要组成部分，就其理论与实践意义而言也是其标志性成果。"绿水青山就是金山银山"理念的提出具有深刻的时代背景，植根于中国特色社会主义建设之中，集中体现了21世纪之初我国促进经济社会发展与生态文明建设协调共进的实践要求。

20世纪六七十年代以来，针对越发严重的生态环境问题，推动可持续发展成为全球战略共识。改革开放以来的中国，为尽可能地促进生产力发展、经济增长，解决人们的物质生活问题，在推进工业化、走向现代化的进程中也产生了大量生态环境问题，陷入了发展的困境。世纪之交的中国，经济社会发展的生态环境限度愈加明显，人与自然关系紧张、经济社会发展与生态环境保护的矛盾加深，人们认识到生态环境治理的重要性和紧迫性，开始推动经济增长方式从粗放型向集约型转变，开始着手解决突出生态环境问题，比如滇池、南太湖等重要水体的治理和保护。1998年"太湖治污零点行动"倒逼太湖流域产业结构调整，不少污染企业关停、搬迁，湖州市安吉县确立了"生态立县"战略、湖州市确立了"生态立市"战略。为深入贯彻落实科学发展观，2003年7月习近平同志提出实施"八八战略"，其中包括进一步发挥浙江的生态优势，创建生态省，打造"绿色浙江"。两年之后，习近平同志在安吉余村首次提出了"绿水青山就是金山银山"理念。由此可见，"绿水青山就是金山银山"理念与世界发展大势紧密联系在一起，深深植根于中国发展实际，在具体的浙江实践中得以生成。

"绿水青山就是金山银山"理念诞生于湖州市安吉县，这与习近平同志两次安吉考察调研相关，其中关于安吉如何发展的讲话精神对于我们理解"绿水青山就是金山银山"理念的理论内涵及其实践要求具有重要意义。回到那个年代，还原那段历史，重温讲话精神，是我们深入研究"绿水青山就是金山银山"理念缘起的最佳途径。

第一次安吉调研是 2003 年 4 月 9 日，习近平同志指出，"推进生态建设，打造'绿色浙江'，像安吉这样生态环境良好的地方，要把抓特色产业和生态建设有机结合起来，深入实施'生态立县'发展战略，努力在全省率先基本实现现代化。安吉最好的资源是竹子，最大的优势是环境。只有依托丰富的竹子资源和良好的生态环境，变自然资源为经济资源，变环境优势为经济优势，走经济生态化之路，安吉经济的发展才有出路。"① 这一次调研时，"八八战略"还未正式提出，可以说习近平同志安吉调研也是为"八八战略"提出做准备性、基础性的工作。从讲话内容来看，已经蕴含"绿水青山就是金山银山"理念的主要精神和基本观点，可从以下几点来理解：一是从全省战略高度来看待安吉"生态立县"战略，并对安吉发展寄予厚望，坚定了安吉实施"生态立县"战略的信心决心；二是为安吉发展指明方向，剖析安吉的优势所在，只有明确自身优势才能补短扬长，这已蕴含"生态环境优势"是"两山"转化的前提条件的这一逻辑，"两山"转化首先必须创造和拥有"绿水青山"；三是生态环境优势必须向经济发展优势转化的观点，依托资源优势和环境优势发展特色产业，推进经济生态化、生态经济化，实现"绿水青山"向"金山银山"的高效转化。到安吉县黄杜村调研时，习近平同志总结说"一片叶子富了一方百姓"，也正是对安吉利用自身优势、因地制宜种植白茶，通过发展特色产业让老百姓致富的充分肯定。

第二次安吉调研是 2005 年 8 月 15 日，习近平同志再次来到安吉调研余村民主法治村建设，当得知余村为贯彻生态立县战略陆续关停矿山、水泥厂时，他深切关心村集体经济发展和村民收入问题，"村干部汇报说为了还一片绿水青山，村里关停了矿山、水泥厂，虽然收

---

① 俞文明：《习近平在安吉调研时强调"推进生态建设、打造'绿色浙江'"》，《浙江日报》2003 年 4 月 10 日第 1 版。

入大不如从前，但我们正在着力打造'竹海桃园——休闲余村'的品牌和农民朋友借景发财——开发'农家乐'，此时的余村对于自己的发展选择还没有充分的把握和信心。习近平同志对余村的做法给予了高度评价，你们下决心关停矿山就是'高明之举'，我们过去讲既要绿水青山，又要金山银山；实际上绿水青山就是金山银山。长三角有多少游客呀，安吉距杭州一个小时，距上海两个小时，生态旅游是一条康庄大道。当鱼和熊掌不能兼得的时候，要学会放弃，要知道选择，发展有多种多样，安吉在可持续发展的道路上走得对，走得好"。①

在余村调研中，习近平同志首次提出"绿水青山就是金山银山"理念，这一理念坚定了余村转型发展的信心和决心，指导余村走进了生态经济时代。梳理余村发展历史，可以帮助我们更为深刻地理解"绿水青山就是金山银山"理念诞生的时代背景和历史必然性，从余村发展的现实过程中感悟和把握"绿水青山就是金山银山"理念的理论意境与实践价值。

改革开放以来的余村经历了三个发展阶段，即"灰色经济"阶段、"十字路口"的艰难选择阶段和"生态经济"阶段。"绿水青山就是金山银山"理念是余村走出第二阶段、坚定走向第三阶段的推动力量和实践原则，将余村发展的过程置于中国经济社会发展宏观背景之下，对于中国广大农村发展具有重要的启发和借鉴意义。余村从"矿山经济"转向"生态经济"，走上经济社会发展与生态环境保护"双赢"的绿色发展之路，以农村微观样本呈现了"绿水青山就是金山银山"理念在当代的实践价值。余村发展的历史过程启发我们应当在人与自然和谐共生、和谐发展这一价值立场上反思发展的本质，应当以"绿水青山就是金山银山"理念引领发展观的深刻变革，因地制宜选择走生态环境保护与经济社会发展协同共进的发展道路。"绿水青山就是金山银山"理念"体现了中国特色社会主义建设的规律性，

---

① 尹怀斌：《从"余村现象"看"两山"重要思想及其实践》，《自然辩证法研究》2017年第7期。

以改革创新时代精神推进经济社会转型发展的历史必然性，以生态文明建设提升发展质量的方向性，以创造美好生活实现人民群众根本利益的目的性。"①

综上所述，"绿水青山就是金山银山"理念缘起于何？我们认为习近平同志两次安吉调研的讲话精神中已有明确的答案，这两次调研在精神实质上是一致的，其关键在于发展理念的变革、发展方式及发展道路的重新选择。让我们充分领会到"绿水青山与金山银山既会产生矛盾，又可辩证统一。在鱼和熊掌不可兼得的情况下，我们必须懂得机会成本，善于选择，学会扬弃，做到有所为、有所不为。在选择之中，找准方向，创造条件，让绿水青山源源不断地带来金山银山"②的内在逻辑和深远意义。

二 "绿水青山就是金山银山"理念的丰富与发展

"绿水青山就是金山银山"理念诞生之后，其发展主要体现在三个方面：一是习近平同志进一步深化了"绿水青山就是金山银山"理念的理论阐释，使其理论内涵不断丰富；二是理念本身的战略地位不断提升，从一个诞生于地方、指导地方发展的战略思想成长为全党意志和国家战略；三是中国特色社会主义进入新时代，作为全党意志和国家战略的"绿水青山就是金山银山"理念全面融入经济社会发展实践，进一步彰显了这一重要理念促进美丽中国建设、全面提升文明水平的实践价值和强大生命力。根据这三个方面的理解，我们认为"绿水青山就是金山银山"理念的丰富和发展经历了以下三个阶段，尝试归纳如下：

第一个阶段："绿水青山就是金山银山"理念的理论内涵得到深度阐发和不断丰富的阶段（2005—2014 年）。

这一阶段最具代表性的理论文章、讲话包括：2005 年 8 月 24 日习近平同志在《浙江日报》"之江新语"专栏发表的《绿水青山也是

---

① 尹怀斌：《从"余村现象"看"两山"重要思想及其实践》，《自然辩证法研究》2017 年第 7 期。

② 习近平：《之江新语》，浙江人民出版社 2007 年版，第 153 页。

金山银山》一文；2006 年 3 月 8 日习近平同志在中国人民大学的演讲讲话，其中部分内容以《从"两座山"看生态环境》为题发表于 2006 年 3 月 23 日《浙江日报》"之江新语"专栏；2006 年 9 月 15 日，习近平同志在《浙江日报》"之江新语"专栏发表《破解经济发展和环境保护的"两难"悖论》一文；2013 年 9 月 7 日习近平总书总书记在哈萨克斯坦纳扎尔巴耶夫大学演讲及答问时强调"宁要绿水青山，不要金山银山"，这一表述丰富发展了"绿水青山就是金山银山"理念的内容和内涵，强有力地表达了生态环境保护的决心。正是这些具有代表性的讲话内容和理论文章，拓展和丰富了诞生于余村的"绿水青山就是金山银山"理念的理论内涵，人们在实践中逐渐领悟到这一理念的理论魅力和思想深度。

在《绿水青山也是金山银山》一文中，习近平同志指出："我们追求人与自然的和谐，经济与社会的和谐，通俗地讲，就是既要绿水青山，又要金山银山。如果能够把生态环境优势转化为生态农业、生态工业、生态旅游等生态经济的优势，那么绿水青山也就变成了金山银山。绿水青山可带来金山银山，但金山银山却买不到绿水青山。"①关键是我们既要深入理解把握"绿水青山"与"金山银山"之间的辩证关系，又能够因地制宜选好发展方向、创造发展条件，实现"两山"转化。这一重要论述指明了"绿水青山就是金山银山"理念所要解决问题的实质，分析了"绿水青山"与"金山银山"之间的辩证关系，提出了"两山"转化的方法论，丰富了唯物主义辩证法和唯物主义自然观。

在《从"两座山"看生态环境》一文中，习近平同志指出："我们追求人与自然和谐、经济与社会的和谐，通俗地讲，就是要'两座山'：既要金山银山，又要绿水青山。这'两座山'之间是有矛盾的，但又可以辩证统一。在实践中对这'两座山'之间关系的认识经过了三个阶段：第一个阶段是用绿水青山去换金山银山，不考虑或者很少考虑环境的承载能力，一味索取资源。第二个阶段是既要金山银

---

① 习近平：《〈浙江日报〉"之江新语"专栏》，浙江人民出版社 2007 年版，第 153 页。

山，但是也要保住绿水青山，这时候经济发展与资源匮乏、环境恶化之间的矛盾开始凸显出来，人们意识到环境是我们的生存发展的根本，要留得青山在，才能有柴烧。第三个阶段是认识到绿水青山可以源源不断地带来金山银山，绿水青山就是金山银山，生态优势变成经济优势，形成了一种浑然一体、和谐统一的关系。这一阶段是一种更高的境界。以上这三个阶段，是经济增长方式转变的过程，是发展观念不断进步的过程，也是人与自然关系不断调整、趋向和谐的过程。"① 这些重要论述坚持和运用了辩证唯物主义认识论和历史唯物主义自然观的基本原理，阐明了"绿水青山就是金山银山"理念的认识论问题，拓展了运用"绿水青山就是金山银山"理念的方法论。

在《破解经济发展和环境保护的"两难"悖论》一文中，习近平同志运用"环境库兹涅茨曲线理论"指导浙江省欠发达地区如何破解"两难"问题，在简要阐述"环境库兹涅茨曲线理论"的基本观点后，指出："对于我省欠发达地区来说，优势是'绿水青山'尚在，劣势是'金山银山'不足，自觉地认识和把握'环境库兹涅茨曲线理论'，促进拐点早日到来，具有特殊意义。欠发达地区只有走科技先导型、资源节约型、环境友好型的发展之路，才能实现由'环境换取增长'向'环境优化增长'的转变，由经济发展与环境保护的'两难'向两者协调发展的'双赢'的转变；才能真正做到经济建设与生态建设同步推进，产业竞争力与环境竞争力一起提升，物质文明与生态文明共同发展；才能既培育好'金山银山'，成为我省新的经济增长点，又保护好'绿水青山'，在生态建设方面为全省作贡献。"② 这些重要论述不仅再次深刻阐释了"绿水青山"与"金山银山"之间的关系在现实中的复杂表现形式，也结合欠发达地区的实际深化了我们对"绿水青山"与"金山银山"内在矛盾的认识，为欠发达地区践行"绿水青山就是金山银山"理念、摆脱发展困境提供了有力的方法论指导。党的十八大以来，习近平总书记多次强调和运用

---

① 习近平：《〈浙江日报〉"之江新语"专栏》，浙江人民出版社 2007 年版，第 186 页。
② 习近平：《〈浙江日报〉"之江新语"专栏》，浙江人民出版社 2007 年版，第 223 页。

这一原理，指导全国欠发达地区要因地制宜利用好自身生态环境优势促进绿色发展，绿色扶贫、绿色脱贫要做好"两山"转化的文章，避免在解决贫困问题的同时造成生态环境破坏的问题。由此可见，"绿水青山就是金山银山"理念的实践是解决发展不平衡不充分问题的重要路径，解决经济社会发展不平衡不充分的问题必须树立和践行"绿水青山就是金山银山"理念，从绿色发展中寻找走出困境的新路。

在纳扎尔巴耶夫大学回答学生提问时，习近平总书记强调："中国明确把生态环境保护摆在更加突出的位置。我们既要绿水青山，也要金山银山。宁要绿水青山，不要金山银山，而且绿水青山就是金山银山。我们绝不能以牺牲生态环境为代价换取经济的一时发展。我们提出了建设生态文明、建设美丽中国的战略任务，给子孙留下天蓝、地绿、水净的美好家园。"① 通过增加"宁要绿水青山，不要金山银山"的表达，进一步强调护美"绿水青山"对于经济社会发展的重要价值，向世界宣告我们保护生态环境、建设生态文明和美丽中国的勇气和决心，再一次丰富了"绿水青山就是金山银山"理念的理论内涵和实践原则。

习近平总书记强调："正确处理好生态环境保护与发展的关系，也就是我说的绿水青山和金山银山的关系，是实现可持续发展的内在要求，也是我们推进现代化建设的重大原则。绿水青山和金山银山决不是对立的，关键在人，关键在思路。让绿水青山充分发挥经济社会效益，不是要把它破坏了，而是要把它保护得更好。绿水青山既是自然财富，又是社会财富、经济财富。"② 这些重要论述使我们进一步明确了"绿水青山就是金山银山"理念的战略地位，从现代化原则和可持续发展的角度深刻揭示了人类社会发展的规律；进一步指出了"绿水青山"的财富属性和价值意义，以及"绿水青山"与"金山银山"之间由对立走向和谐统一的关键所在，这些内容成为"绿水青山就是

---

① 魏建华、周亮：《习近平：宁可要绿水青山不要金山银山》，中国青年报网，2013年9月7日，http://news.youth.cn/gn/201309/t20130907_3839400.htm。

② 参见 2014 年 3 月 7 日习近平主席参加贵州代表团审议时的讲话。

金山银山"理念理论内涵的重要组成部分。

第二个阶段："绿水青山就是金山银山"理念上升为全党意志和国家战略阶段（2015—2017年）。

诞生于湖州安吉的"绿水青山就是金山银山"理念没有止步于地方实践，随着"绿水青山就是金山银山"理念理论内涵的丰富和拓展及其实践价值的全面展现，"绿水青山就是金山银山"理念的战略地位不断提升，其标志在于这一理念成为全党意志和国家战略。

2015年3月24日，中央政治局会议通过了《关于加快推进生态文明建设的意见》，正式将"绿水青山就是金山银山"理念写进中央文件，成为中国加快推进生态文明建设的重要指导性理念。2016年12月初全国生态文明建设推进会在湖州召开，11月28日习近平总书记作关于做好生态文明建设工作的重要指示，强调生态文明建设是"五位一体"总体布局和"四个全面"战略布局的重要内容。各地区各部门要切实贯彻新发展理念，树立"绿水青山就是金山银山"的强烈意识，努力走向社会主义生态文明新时代。2017年5月26日，中央政治局就推动形成绿色发展方式和生活方式进行第四十一次集体学习，习近平总书记在主持学习时强调："推动形成绿色发展方式和生活方式是贯彻新发展理念的必然要求，必须把生态文明建设摆在全局工作的突出地位，努力实现经济社会发展和生态环境保护协同共进，为人民群众创造良好生产生活环境。推动形成绿色发展方式和生活方式，是发展观的一场深刻革命。这就要坚持和贯彻新发展理念，正确处理经济发展和生态环境保护的关系，像保护眼睛一样保护生态环境，像对待生命一样对待生态环境，坚决摒弃损害甚至破坏生态环境的发展模式，坚决摒弃以牺牲生态环境换取一时一地经济增长的做法，让良好生态环境成为人民生活的增长点、成为经济社会持续健康发展的支撑点、成为展现我国良好形象的发力点，让中华大地天更蓝、山更绿、水更清、环境更优美。"①

党的十九大做出"中国特色社会主义进入了新时代""我国社会

---

① 参见2017年5月26日习近平总书记在中央政治局第四十一次集体学习时的讲话。

主要矛盾发生变化"等重大判断,将"坚持人与自然和谐共生"作为我们坚持和发展中国特色社会主义的基本方略之一,强调:"建设生态文明必须树立和践行绿水青山就是金山银山的理念"①之后,党章修正案吸收习近平总书记关于推进生态文明建设的重要思想观点,增加"增强绿水青山就是金山银山的意识""实行最严格的生态环境保护制度"等新观点、新内容、新要求。"绿水青山就是金山银山"理念成为全党意志和国家战略,体现了"绿水青山就是金山银山"理念指导我国走向社会主义生态文明新时代的重大理论和实践意义。从写入中央文件到成为全党意志和国家战略,充分体现了"绿水青山就是金山银山"理念的战略高度,是"绿水青山就是金山银山"理念发展的重要标志。

"绿水青山就是金山银山"理念从提出到理论内涵得到全面深入阐释,经历了十多年的时间,这是一个理论与实践互推共进、时代与思想交融共进的过程,正是在回答时代课题、经历充分实践检验的基础上"绿水青山就是金山银山"理念才成长为全党意志和国家战略。与此同时,作为全党意志和国家战略的"绿水青山就是金山银山"理念将进一步指导新时代新实践,走向社会主义生态文明新时代。

第三个阶段:国家战略引领中国走向社会主义生态文明新时代(2017年党的十九大以来)。

党的十九大明确提出"坚持人与自然和谐共生"基本方略,"人与自然是生命共同体","我们要建设的现代化是人与自然和谐共生的现代化,要提供更多优质生态产品以满足人民日益增长的优美生态环境需要"②,进入新时代紧扣新矛盾,解决不平衡、不充分发展的问题,促进高质量发展,满足人民优美生态环境需要,既是人民美好生活需要的显著特征,也是我们践行"绿水青山就是金山银山"理念实现以人民为中心的发展的必然要求。

---

① 习近平:《决胜全面建成小康社会 夺取新时代中国特色社会主义伟大胜利——在中国共产党第十九次全国代表大会上的报告》,《人民日报》2017年10月28日第1版。
② 习近平:《决胜全面建成小康社会 夺取新时代中国特色社会主义伟大胜利——在中国共产党第十九次全国代表大会上的报告》,《人民日报》2017年10月28日第1版。

习近平总书记在纪念马克思诞辰 200 周年大会上发表重要讲话时强调："自然是生命之母，人与自然是生命共同体，人类必须敬畏自然、尊重自然、顺应自然、保护自然。我们要坚持人与自然和谐共生，牢固树立和切实践行绿水青山就是金山银山的理念，动员全社会力量推进生态文明建设，共建美丽中国，让人民群众在绿水青山中共享自然之美、生命之美、生活之美，走出一条生产发展、生活富裕、生态良好的文明发展道路。"① 这些重要论述是马克思主义关于人与自然关系的思想在当代中国的最新发展，是党的十九大后推进新时代生态文明建设的重要实践逻辑和价值取向。牢固树立和切实践行"绿水青山就是金山银山"理念，遵循自然规律、社会规律、经济规律的和谐统一，依靠人民群众这一历史主体力量，"让人民群众在绿水青山中共享自然之美、生命之美、生活之美"，成为新时代生态文明建设的重要价值原则。

2018 年 5 月 18 日至 19 日召开的全国生态环境保护大会，将生态文明建设上升为"根本大计"，提出新时代推进生态文明建设的"六项原则"以及加快构建由"五个子体系"② 构成的生态文明体系，实现"两步走"的目标，即"要通过加快构建生态文明体系，确保到2035 年，生态环境质量实现根本好转，美丽中国目标基本实现。到21 世纪中叶，物质文明、政治文明、精神文明、社会文明、生态文明全面提升，绿色发展方式和生活方式全面形成，人与自然和谐共生，生态环境领域国家治理体系和治理能力现代化全面实现，建成美丽中国"。③ 本次会议具有重要历史意义，标志着习近平生态文明思想的正式确立。会议不仅进一步提升了生态文明建设的战略地位，还首次提出了"生态文明体系"的概念及其实践建构问题，突出社会主义生态

① 参见 2018 年 5 月 4 日习近平总书记在纪念马克思诞辰 200 周年大会上的讲话。
② "五个子体系"是指生态文化体系、生态经济体系、目标责任体系、生态文明制度体系、生态安全体系，对于生态文明体系这一总体系而言，五个子体系从不同领域明确了生态文明建设的重点问题，深化了我们关于生态与文化、经济、政治、制度、民生等关系的理解，生态文明建设必须融入经济建设、政治建设、文化建设、社会建设的实践要求得到进一步丰富。
③ 参见 2018 年 5 月 18 日习近平总书记在全国生态环境保护大会上的讲话。

文明建设的体系化特征，是我们推进新时代生态文明建设的重要遵循。

2020 年 3 月 30 日，习近平总书记再次来到安吉余村考察，看到余村的变化，他说，余村现在取得的成绩，证明了绿色发展这条路子是正确的。经济发展不能以破坏生态为代价，生态本身就是一种经济，保护生态，生态也会回馈你。

第二节　"绿水青山就是金山银山"理念的内涵和示范意义

一　"绿水青山就是金山银山"理念的理论渊源

（一）马克思主义关于人与自然关系的思想

2016 年 1 月，习近平总书记在省部级主要领导干部学习贯彻党的十八届五中全会精神专题研讨班上的讲话中重申恩格斯"关于自然界的报复"的论点，提醒领导干部要正确认识人与自然的关系，明确人因自然而生，人与自然是一种共生关系，对自然的伤害最终会伤及人类自身；只有尊重自然规律，才能有效防止在开发利用自然上走弯路，其中的道理要铭记于心、落实于行。在纪念马克思诞辰 200 周年大会上习近平总书记强调"学习马克思，就要学习和实践马克思主义关于人与自然关系的思想"，特别引用马克思主义经典著作的内容，"人靠自然界生活，自然不仅给人类提供了生活资料来源，如肥沃的土地、渔产丰富的江河湖海等，而且给人类提供了生产资料来源。自然物构成人类生存的自然条件，人类在同自然的互动中生产、生活、发展，人类善待自然，自然也会馈赠人类，但'如果说人靠科学和创造性天才征服了自然力，那么自然力也对人进行报复'"①，阐明了"人与自然是生命共同体"的价值观念和实践原则。马克思主义关于人与自然关系的思想是"绿水青山就是金山银山"理念的重要理论

---

① 参见 2018 年 5 月 4 日习近平总书记在纪念马克思诞辰 200 周年大会上的讲话。

来源。

首先，自然界是人类生存和发展的基础。人本身是自然界的产物，人是自然界的一部分，人具有自然属性，自然对于人类具有先在性、制约性、优先性；同时，自然界也是人的对象，为人类提供生产生活资料，人类依靠自然、利用自然才能生存和发展，人类是在自己所处的自然环境中并和这个环境一起发展起来的。"自然界，就它自身不是人的身体而言，是人的无机的身体。人靠自然界生活。这就是说，自然界是人为了不致死亡而必须与之处于持续不断的交互作用过程的、人的身体。所谓人的肉体生活和精神生活同自然界相联系，不外是说自然界同自身相联系，因为人是自然界的一部分。"[1] 与此同时，自然界又是人为了维持自身生存而必须与之进行持续的物质能量交换的对象，"没有自然界，没有感性的外部世界，工人什么也不能创造。它是工人的劳动得以实现、工人的劳动在其中活动、工人的劳动从中生产出和借以生产出自己的产品的材料"[2]，"人作为自然的、肉体的、感性的、对象性的存在物，他的欲望的对象是作为不依赖于他的对象而存在于他之外的，但这些对象是他需要的对象，是表现和确证他的本质力量所不可缺少的、重要的对象"。[3]

其次，人类通过实践活动使人与自然的关系从抽象的可能性成为具体的现实性。"环境的改变和人的活动或自我改变的一致，只能被看作并合理地理解为革命的实践。"[4] 马克思恩格斯从实践角度论证了生态环境与人的发展之间的双向互动关系，他们认为"在处理人与自然关系过程中，应该注重'改造自然、建设自然、美化自然'有机结合"。[5] 自然界作为人类生存发展的条件规定着、制约着人类，反过来人类作为自由自觉的存在之本质将自身从自然界分离出来，以人化自然的方式改变自然以满足自己的需要。

① 《马克思恩格斯选集》（第1卷），人民出版社1995年版，第45页。
② 《马克思恩格斯选集》（第1卷），人民出版社1995年版，第42页。
③ 《马克思恩格斯选集》（第1卷），人民出版社2009年版，第209页。
④ 《马克思恩格斯选集》（第1卷），人民出版社1995年版，第55页。
⑤ 张博卡：《习近平生态文明思想的形成脉络探析》，《世纪桥》2019年第7期。

最后，在共产主义社会，人与自然才能获得共同的解放，人与自然之间的关系才能得到和解。资本主义生产方式、社会制度造成了人的异化和自然的异化，在资本逻辑支配统治下加剧了人与自然、人与人关系的对立，人类从等级专制、宗教统治中解放出来，却重新步入奴役之中，自然和人一起被奴役、被控制。在马克思看来，资本的本质在于无止境地追求利润，增值自身，是贪得无厌的，根本无视人的尊严和自然的价值，只能造成人与自然关系的恶化。在对这一现实性的批判中，只有实现人与自然的和解以及人的自由全面发展，才能处理好人与自然的关系，而这种可能性只存在于共产主义社会中，"共产主义是私有财产即人的自我异化的积极的扬弃，因而是通过人并为了人而对人的本质的真正占有；因此，它是人向自身、向社会的（即人的）人的复归，这种复归是完全的、自觉的而且保存了以往发展的全部财富的。这种共产主义，作为完成了的自然主义，等于人道主义，而作为完成了的人道主义，等于自然主义，它是人和自然界之间、人和人之间矛盾的真正解决。它是历史之谜的解答"。① 在共产主义社会条件下，通过集体的有计划的掌控，生产活动对于人和自然都是人道主义的。

马克思主义的唯物主义自然观是"绿水青山就是金山银山"理念的基石。也就是说，"绿水青山"的重要性是客观存在的。并且，马克思也相信，经济发展与环境保护并不矛盾，或者说这种矛盾通常存在于资本主义社会，而在共产主义社会两者是可以统一的；这就是"绿水青山"与"金山银山"在社会主义社会统一是有理论根基的。

恩格斯在《自然辩证法》中详细论述了人的活动对于自然的影响。在他看来，人优于动物之处在于，人并不被动地适应环境的变化，而是通过自己的实践活动主动地改造自然。但是，人改造自然活动一定要符合自然规律，不能为所欲为，否则会遭到自然的报复，"我们不要过分陶醉于我们人类对自然界的胜利。对于每一次这样的胜利，自然界都对我们进行报复。每一次胜利，起初确实取得了我们

---

① 马克思：《1844 年经济学哲学手稿》，人民出版社 2000 年版，第 81 页。

预期的结果,但是往后和再往后却发生完全不同的、出乎预料的影响,常常把最初的结果又消除了。我们每走一步都要记住:我们绝不像征服者统治异族人那样支配自然界,绝不像站在自然界之外的人似的去支配自然界——相反,我们连同我们的肉、血和头脑都是属于自然界和存在于自然界之中的;我们对自然界的整个支配作用,就在于我们比其他一切生物强,能够认识和正确运用自然规律。"①

恩格斯的"自然报复论"思想深深地影响了习近平同志。习近平同志在论及经济发展与生态建设"双赢"的命题时说:"不和谐的发展,单一的发展,最终将遭到各方面的报复,如自然界的报复等。"②"绿水青山就是金山银山"理念中的"宁要绿水青山,不要金山银山"和恩格斯的"自然报复论"是一致的。

(二)西方可持续发展理论

第二次世界大战后较早地发出生态呼唤的学者是美国海洋生物学家蕾切尔·卡逊(Rachel Carson),她在 1962 年出版的《寂静的春天》一书中详细阐述了杀虫剂 DDT 对环境和人类的伤害。在她看来,表面上用于杀死农作物或树木上害虫的剧毒农药 DDT 并不容易分解,它会逐渐渗透到地下水而最终伤害到人。"这种污染大多无影无形,难以看到。只有在成百成千的鱼儿死亡后,人们才会觉察到它的存在;但多数情况下,它可以成功地隐匿身形。负责水质检查的化学家尚未对这些有机污染物进行定期检测,也没有办法消除它们。但是,无论检测到与否,杀虫剂仍然存在。而且,就像施用于地表的其他大量物质一样,它们已经进入我们国家的一些主要河流,甚至全部。"③地下水、河水、鱼都有可能含有带有致癌物的 DDT,而这些东西最终都会进入到人的体内。卡逊的报告震惊了社会,她唤醒了人们的生态意识,也迫使美国政府出台法令禁止一些 DDT 农药在美国使用。

---

① 马克思、恩格斯:《马克思恩格斯文集》(第9卷),人民出版社2009年版,第559—560页。

② 习近平:《〈浙江日报〉"之江新语"专栏》,浙江人民出版社2007年版,第44页。

③ [美]蕾切尔·卡逊:《寂静的春天》,许亮译,北京理工大学出版社2015年版,第32页。

1972 年，非官方组织罗马俱乐部指出，如果人类不控制生产规模的指数级增长的话，能源终会枯竭，将面临"增长的极限"。而面对挑战，人类或许要根本性地改变世界观、价值观和生产生活方式。也就是在这一年，联合国人类环境会议，首次将生态问题纳入世界各国政府和国际政治事务议程，通过《人类环境宣言》，向全球呼吁：保护和改善人类环境是关系到世界各国人民的幸福和经济发展的重要问题，是世界人民的迫切希望和各国政府的重大责任，也是人类的紧迫目标，各国政府和人民必须为全人类及其后代的利益而做出共同的努力。1987 年世界环境与发展委员会向联合国大会提交了研究报告《我们共同的未来》，正式提出了"可持续发展"的概念，认为世界经济在发展的同时也要注重环境保护问题，体现发展的可持续性，"既满足当代人的需要，又不对后代人满足其需要的能力构成危害"[1]，主张环境正义，实现代内公平和代际公平，走可持续发展道路。可持续发展"决不是要求停止经济发展，它认识到，除非我们进入一个发展中国家发挥重大作用并获取重大利益的新的发展时代，世界上的贫穷和落后的问题便不能得到解决"。[2] 1992 年 6 月，联合国在里约热内卢召开的"环境与发展大会"，大会通过的《里约宣言》《21 世纪议程》体现了人类追求可持续发展的共同愿望。随后，我国编制了《中国21 世纪人口、环境与发展白皮书》，首次把可持续发展战略纳入我国经济社会发展长远规划。但我国刚进入工业化中期，二氧化碳等温室气体排放日益递增，还处在"环境库兹涅茨曲线"的上升段。2003年，西方提出"低碳经济"概念。在相当长的一个时期中，我国在生态建设、环境保护等领域基本上处于被动应对状态，缺乏自己的话语权，甚至陷入"低碳陷阱"。

习近平同志熟知包括可持续发展战略在内的西方绿色理论、生态环保实践，认识到了生态环境保护的重要性，认为像中国这样的发展

---

① 世界环境与发展委员会：《我们共同的未来》，王之佳、柯金良译，吉林人民出版社 1997 年版，第 52 页。

② 世界环境与发展委员会：《我们共同的未来》，王之佳、柯金良译，吉林人民出版社 1997 年版，第 48 页。

中国家不仅要继续发展，而且必须要可持续地发展。例如，西方的生态经济科学成就对"绿水青山就是金山银山"理念的形成产生了影响，习近平同志提出"绿水青山"向"金山银山"的转化路径是通过"生态农业、生态工业、生态旅游"等将生态环境优势转化为生态经济优势，西方生态经济科学就是生态经济范畴的重要来源。

"绿水青山就是金山银山"理念扬弃了西方可持续发展理论。"绿水青山就是金山银山"理念是以中国为代表的发展中国家与发达国家在理论上经过碰撞、争论、协调之后形成的新概念。党的十八大报告从"五位一体"总体布局的角度阐述了生态文明建设，党的十九大报告强调加快生态文明体制改革，建设美丽中国，坚持人与自然和谐相处，推进绿色发展。可见，在"绿水青山就是金山银山"理念的指导下，具有中国特色的生态文明话语体系已经确立。"绿水青山就是金山银山"理念坚持妥善处理人与自然、人与人、人与社会之间的关系，强调人类社会与自然界、当代人与当代人、当代人与后代人之间的公平正义，推动构建人与自然生命共同体和命运共同体以及人类命运共同体，这是对可持续发展理论的发扬；"绿水青山就是金山银山"理念反对选择性保护、反对限制性的不公平，坚持"共同但有区别的责任原则"，这是对可持续发展理论的扬弃。

（三）中华传统文化中的生态智慧

"绿水青山就是金山银山"理念继承升华了中华优秀传统文化中的生态智慧。人与自然和谐共生是中华民族生命之根，是中华文明发展之源。一直以来，人与自然关系都是传统文化关切的核心问题，人与自然关系经历了"天人合一—天人分离—人定胜天—人与自然和谐共存"的历史演变。在这个漫长的历史演变中，中国儒家、道家、佛教等对人与自然关系给出许多经典解释，告诫世人尊重自然、崇尚自然、热爱自然，按照自然规律来使自然物为人们生产生活服务，对自然要"取之以时、取之有度"，注重人与自然的和谐共生、和谐统一，这与"绿水青山就是金山银山"理念的精神实质是一致的。

"道法自然""天人合一"的生态智慧。人应该遵循自然规律，研究自然境况,效法自然:"人法地,地法天,天法道,道法自然。"① 道家讲的"自然"一是自然界,二是自然规律,都是推崇自然,而不是唯人独尊,剥削、压榨、破坏自然。儒家强调"天人合一",把"天"放到了很高的地位,这里的"天"就是指的自然界。孔子指出:"天之可则。"认为人要尊重自然规律。孔子所谓的遵守自然规律就是要在生产生活上与自然规律相契合,这样就会对人有利,要不损害自然,使人和自然都得到发展。

"节约节俭",对待自然要"取之以时、取之有度"的生态智慧。儒家认为,只有节约、节俭,物品才能够被人类无穷尽地使用,"一粥一饭,当思来处不易;半丝半缕,恒念物力维艰"。孔子说:"钓而不纲,弋不射宿。"孟子讲:"不违农时,谷不可胜食也。数罟不入洿池,鱼鳖不可胜食也。斧斤以时入山林,材木不可胜用也。谷与鱼鳖不可胜食,材木不可胜用,是使民养身丧死无憾也。养生丧死无憾,王道之始也。五亩之宅,树之以桑,五十者可以衣帛矣。鸡豚狗彘之畜,无失其时,七十者可以食肉矣。百亩之田,勿夺其时,数口之家可以无饥矣。"②

习近平总书记指出:"我们中华文明传承五千多年,积淀了丰富的生态智慧。'天人合一'、'道法自然'的哲理思想,'劝君莫打三春鸟,儿在巢中望母归'的经典诗句,'一粥一饭,当思来处不易;半丝半缕,恒念物力维艰'的治家格言,这些质朴睿智的自然观,至今仍给人以深刻警示和启迪。"③ 由此可见,中华优秀传统文化中的生态智慧及其蕴含的自然观,是"绿水青山就是金山银山"理念的重要理论来源和文化基础。

二 "绿水青山就是金山银山"理念的内涵

(一)"绿水青山就是金山银山"理念的概念阐释

目前,学界对"绿水青山就是金山银山"理念的科学含义已经达

---

① 参见《老子·第二十五章》。
② 参见《孟子·梁惠王上》。
③ 参见 2013 年 5 月 24 日习近平总书记在十八届中央政治局第六次集体学习时的讲话。

成共识。从静态角度来认识，绿水青山代表生态环境，金山银山代表经济发展，"绿水青山就是金山银山"即意味着要正确处理生态环境与经济发展的关系，绿水青山和金山银山绝不是对立的，而是统一的，关键点和根本点是在"就是"两个字上。从动态角度来认识，习近平同志指出，在处理生态环境与经济发展的关系上我们经过了三个阶段：一是用绿水青山去换金山银山；二是既要金山银山，也要绿水青山；三是绿水青山就是金山银山。这"反映了人类发展理念和价值取向从单纯经济观点、经济优先，到经济发展与生态保护并重，再到生态价值优先、生态环境保护成为经济发展内在变量的变化轨迹，标志着发展理念的深刻变革、价值取向的深度调整、发展模式的根本转换，是人与自然关系不断调整、趋向和谐的过程"。①

表2-1　生态环境保护与经济社会发展之间关系的三个认识阶段

认识阶段	表现特征	认识特征
粗放发展阶段	用绿水青山去换金山银山	不考虑或很少考虑环境的承载能力，一味索取资源
转型初级阶段	既要金山银山，也要绿水青山	意识到环境是我们生存发展的根本，要留得青山在，才能有柴烧
统一融合阶段	绿水青山就是金山银山	认识到绿水青山与金山银山的统一性

从价值观的角度来认识，"绿水青山就是金山银山"理念是一种统筹经济价值和环境价值的绿色价值观。首先是绿色发展观，习近平同志提出的"绿水青山就是金山银山"理念，正是运用人民群众易于理解的通俗语言和生动形象的比喻，深刻揭示了经济发展和环境保护的辩证统一关系，即发展不只是经济发展，还要保护好生态环境，努力做到在保护好生态环境的同时发展好经济，在发展经济的同时保护好生态环境，实现生态环境保护和经济发展的"双赢"。因此，我们要自觉把生态文明建设放在现代化建设全局的高度，融入经济建设、

---

① 夏联合：《进一步树牢绿水青山就是金山银山发展理念》，《经济》2019年第5期。

政治建设、文化建设和社会建设的各方面和全过程。其次是绿色文化观,我们既要绿水青山,也要金山银山。宁要绿水青山,不要金山银山,而且绿水青山就是金山银山。习近平同志通过独具匠心的阐述,科学揭示生态衰则文明衰的发展规律,突出强调了绿水青山是比金山银山更基础、更宝贵的财富。"绿水青山就是金山银山"理念体现了人与自然、经济与社会、物质与精神三大系统的和谐统一,体现了绿色文化中追求物质财富生产价值准则和精神财富生产的前进方向。最后是绿色幸福观,"绿水青山就是金山银山"理念充分体现了生态美与百姓富的和谐统一,"既要绿水青山"充分体现了不断满足人民群众对蓝天、青山、绿水等人类赖以生存繁衍的优质生态环境及其相关联的生态产品的需要,"也要金山银山"充分体现了不断满足人民群众对丰富多样物质文化的需要。正如习近平总书记所指出的,发展是为了让人民过得更好一些,如果付出了高昂的生态环境代价,把最基本的生存需要都给破坏了,最后还要用获得的财富来修复和获取最基本的生存环境,这就是得不偿失的逻辑怪圈。我们要避免陷入怪圈,就必须坚定不移地树立和践行"绿水青山就是金山银山"理念。

(二)"绿水青山就是金山银山"理念的理论构成

"金山银山"喻指经济发展及其基础上的社会发展,狭义而言是指物质财富创造,广义而言是指物质条件为基础的一切社会生活条件。"绿水青山"喻指作为人们生产生活所依赖的优质生态环境条件,与社会系统相融合的稳定持续地支撑经济社会发展的自然界样态和价值。"金山银山"与"绿水青山"反映的是人与自然的关系,即经济社会及人的发展与生态环境的关系;由于人类活动是造成一切生态环境问题的根本原因,一切生态环境问题的根源在于社会生产方式、生活方式的破坏性,因此两者的关系最突出、最根本地表现为人类自身的问题,展现在人类作为实践主体构建的一切社会关系之中。

首先,理念的提出具有极强的问题指向。中国进入社会主义建设时期以来,就面对生产力落后、物质产品匮乏的现实,人民日益增长的物质文化需求同落后的社会生产之间的矛盾是社会的主要矛盾,根本任务就是解放和发展生产力。作为一个新诞生的社会主义制度的发展中国家必须在现代世界体系中富强起来——也就是"我们要金山银山"的问题，这既是历史的结论，也是现实的要求。改革开放以来，中国的发展速度令全世界瞩目，但由于对"生产力"的丰富内涵、"经济增长"的质量效益，特别是对其"生态环保标准和含量"的认识不到位，致使经济社会发展的生态环境制约作用凸显，"金山银山"与"绿水青山"之间的关系紧张，迫切需要一种新的发展理念和理论建构来指导实践。

其次，在转变财富观念中学会取舍。我国现代化建设实践是一个不断成长成熟的过程，从温饱到生活上的整体小康再到全面建成小康社会，人们的财富观念也在发生变化。财富观念直接体现在人们的实际需求中，被需要和追求的对象也就是值得创造的财富，新时代人民日益增长、不断升级、个性化的物质文化和生态环境需要的特征决定了其财富观念的变化，其中，物质财富创造的生态环境限度日趋明显，"绿水青山"在人们社会生产生活实践中的财富地位极大提升，良好生态环境作为最公平的公共产品和最普惠的民生福祉已经成为物质财富无法替代的生活条件，如果"金山银山"是靠牺牲生态环境、导致生态恶化和环境污染为代价的，宁可舍弃。优良的生态环境既是新的经济增长点，维护好生态环境可以创造物质财富；也是宝贵的生活条件和重要的民生内容，满足人们的健康需求和审美需求，这就要求人们转变财富创造的观念和方式。

最后，实践主体存在方式的变革是决定性力量。我们作为中国特色社会主义事业的实践主体，为了实现自身的美好生活需要，将从事物质生产、促进经济建设作为首要的实践活动，而物质生产的直接对象就是自然界，生产力和经济建设依赖于自然资源开发利用这一前提，自然界不仅作为生产对象被纳入人的生产方式，也作为生活的条件被纳入人的生活方式。实践主体反思自身存在的方式，从根本上变革自身的生产方式和生活方式，就是从根本上变革对待自然的态度方式，重建人与自然的实践关系，这是关系"人与自然生命共同体"命运的决定性力量，正是在这一意义上说，习近平总书记强调推动形成绿色发展方式和生活方式是发展观的一场深刻革命。

（三）"绿水青山就是金山银山"理念的实践逻辑

1. "绿水青山就是金山银山"理念为生态环境保护和治理提供了理论指导

人与自然是生命共同体，坚持人与自然和谐共生，首先要珍惜"绿水青山"，护美"绿水青山"，一旦经济发展与生态保护发生冲突矛盾时，必须毫不犹豫地把保护生态放在首位。我们要认识到"山水林田湖是一个生命共同体，人的命脉在田，田的命脉在水，水的命脉在山，山的命脉在土，土的命脉在树"的命脉逻辑，人类发展的自然基础和生态环境前提始终是第一位，生态优先才能绿色发展。"绿色生态是最大财富、最大优势、最大品牌，一定要保护好，做好治山理水、显山露水的文章，走出一条经济发展和生态文明水平提高相辅相成、相得益彰的路子。"[1] 生态环境具有有限性、脆弱性的特点，保护生态环境特别需要人类自我变革的力量，确立和运用科学的方法论，"生态环境没有替代品，用之不觉，失之难存。在生态环境保护建设上，一定要树立大局观、长远观、整体观，坚持保护优先，坚持节约资源和保护环境的基本国策，像保护眼睛一样保护生态环境，像对待生命一样对待生态环境，推动形成绿色发展方式和生活方式"[2]，要"形成节约资源和保护环境的空间格局、产业结构、生产方式、生活方式，给自然生态留下休养生息的时间和空间，让自然生态美景永驻人间，还自然以宁静、和谐、美丽"[3]，"让良好生态环境成为人民生活的增长点、成为经济社会持续健康发展的支撑点、成为展现我国良好形象的发力点，让中华大地天更蓝、山更绿、水更清、环境更优美"。[4]

"绿水青山就是金山银山"理念就其本质和内在逻辑而言，就是在保护生态环境的基础上促进绿色发展，把生态环境优势转化为经济

---

[1] 参见 2016 年 2 月 1—3 日习近平总书记在江西考察工作时的讲话。

[2] 参见 2016 年 3 月 10 日习近平总书记参加青海代表团审议时的讲话。

[3] 参见 2018 年 5 月 18 日习近平总书记在全国生态环境保护大会上的重要讲话。

[4] 参见 2017 年 5 月 26 日习近平总书记在十八届中央政治局第四十一次集体学习时的讲话。

社会发展优势，其中前提性条件是生态环境保护及其优质生态环境在发展过程中的持存。因此，在"绿水青山就是金山银山"理念的引领下，保护生态环境既是未来发展的规定性要求，也是对之前和当下发展中产生的生态环境问题的治理，生态环境治理就是要解决发展中产生的突出生态环境问题，提升生态环境质量，进而促进绿色高质量发展。坚持和发展中国特色社会主义，必须推进治理体系和治理能力的现代化，其核心是制度体系和制度执行能力的现代化，这一治理现代化的逻辑同样适用于生态环境治理问题。生态治理现代化的核心是生态文明制度现代化，"要加快建立健全以治理体系和治理能力现代化为保障的生态文明制度体系"①，有效的生态治理的关键取决于生态制度建设水平。"要深化生态文明体制改革，尽快把生态文明制度的'四梁八柱'建立起来，把生态文明建设纳入制度化、法治化轨道"②，"保护生态环境必须依靠制度、依靠法治。只有实行最严格的制度、最严密的法治，才能为生态文明建设提供可靠保障"③，要"用最严格制度最严密法治保护生态环境，加快制度创新，强化制度执行，让制度成为刚性的约束和不可触碰的高压线"④，"要建立责任追究制度，对那些不顾生态环境盲目决策、造成严重后果的人，必须追究其责任，而且应该终身追究"⑤，"对破坏生态环境的行为，不能手软，不能下不为例"。⑥ 实践证明，"生态环境保护能否落到实处，关键在领导干部。要落实领导干部任期生态文明建设责任制，实行自然资源资产离任审计，认真贯彻依法依规、客观公正、科学认定、权责一致、终身追究的原则"。⑦

---

① 参见 2018 年 5 月 18 日习近平总书记在全国生态环境保护大会上的讲话。

② 参见 2016 年 11 月 28 日习近平总书记关于做好生态文明建设工作的批示。

③ 参见 2013 年 5 月 24 日习近平总书记在十八届中央政治局第六次集体学习时的讲话。

④ 参见 2018 年 5 月 18 日习近平总书记在全国生态环境保护大会上的讲话。

⑤ 参见 2013 年 5 月 24 日习近平总书记在十八届中央政治局第六次集体学习时的讲话。

⑥ 参见 2015 年 3 月 6 日习近平总书记参加江西代表团审议时的讲话。

⑦ 参见 2017 年 5 月 26 日习近平总书记在十八届中央政治局第四十一次集体学习时的讲话。

2. "绿水青山就是金山银山"理念为绿色发展提供了实践路径

从"绿水青山就是金山银山"理念到绿色发展，是马克思主义生产力理论的创新成果。"保护生态环境就是保护生产力，改善生态环境就是发展生产力。让绿水青山充分发挥经济社会效益，不是要把它破坏了，而是要把它保护得更好，关键是要树立正确的发展思路，因地制宜选择好发展产业"①，保护绿水青山就是保护生产力，生态文明建设就是发展先进生产力。"绿水青山就是金山银山"理念着眼于现代生产力发展的时代内涵和特征，突出人与自然关系的现代建构，一方面在理论上阐明了生态环境保护与生产力发展的辩证统一关系，在实践上丰富和发展了马克思主义关于人类社会发展规律的探索；另一方面，鲜活地概括了有中国气派、中国风格和中国话语特色的绿色发展战略及其科学内涵，映照中国走上绿色发展道路。

"生态环境问题归根结底是经济发展方式问题"②，"推动高质量发展是做好经济工作的根本要求。要强化生态环境保护，牢固树立绿水青山就是金山银山的理念。"③"绿水青山就是金山银山"理念蕴含经济生态化和生态经济化的要求，其实践体现在绿色循环低碳发展中，从产业角度看就是产业生态化和生态产业化，产业结构调整优化的主要方向是提升各类产业的绿色生态含量，"绿色发展是构建高质量现代化经济体系的必然要求，是解决污染问题的根本之策"。④ 要依靠和运用科学技术促进绿色发展，"绿色发展是生态文明建设的必然要求，代表了当今科技和产业变革方向，是最有前途的发展领域。要加深对自然规律的认识，自觉以对规律的认识指导行动。要依靠科技创新破解绿色发展难题"。⑤

---

① 参见 2014 年 3 月 7 日习近平总书记参加贵州代表团审议时的讲话。
② 参见 2014 年 12 月 9 日习近平总书记在中央经济工作会议上的讲话。
③ 参见 2018 年 4 月 24—28 日习近平总书记考察长江经济带发展和经济运行情况时的讲话。
④ 参见 2018 年 5 月 18 日习近平总书记在全国生态环境保护大会上的讲话。
⑤ 习近平：《为建设世界科技强国而奋斗》，人民出版社 2016 年版，第 12 页。

3. "绿水青山就是金山银山"理念为民生福祉提升提供了解决方案

"绿水青山就是金山银山"理念所涉及的不只是经济问题，同时也是民生社会问题。"环境就是民生，青山就是美丽，蓝天也是幸福"①，这一表述既表明了生态环境本身的重要性，也指出了优良生态环境已经成为稀缺之物、不能满足人民需求的现实问题，正是在此意义上习近平总书记强调"良好生态环境是最公平的公共产品，是最普惠的民生福祉"②，"生态环境是关系党的使命宗旨的重大政治问题，也是关系民生的重大社会问题。广大人民群众热切期盼加快提高生态环境质量。我们要积极回应人民群众所想、所盼、所急，大力推进生态文明建设，提供更多优质生态产品，不断满足人民群众日益增长的优美生态环境需要"，为此我们要"坚持生态惠民、生态利民、生态为民，重点解决损害群众健康的突出环境问题"③。"如果经济发展了，但生态破坏了、环境恶化了，大家整天生活在雾霾中，吃不到安全的食品，喝不到洁净的水，呼吸不到新鲜的空气，居住不到宜居的环境，那样的小康、那样的现代化不是人民希望的"④，中国的现代化进程及其评价体系必然是包含生态环境这一民生课题和价值取向的，反映了中国理解人类现代性问题的深度和高度。

践行"绿水青山就是金山银山"理念的主阵地之一在农村。"民亦劳止，汔可小康。"强调多谋民生之利，多解民生之忧。无论是加大环境治理力度，实现绿色发展，还是打赢脱贫攻坚战，实现亿万人民的小康梦想，都符合民心民意。"三农"是全面建成小康社会的基石和关键，能不能实现好"绿水青山就是金山银山"，很大程度取决于是不是以生态文明为引领和切实推动"三农"转型发展。实践证明，"绿水青山就是金山银山"理念可以助推解决"三农"问题，使

---

① 参见 2015 年 3 月 6 日习近平总书记参加江西代表团审议时的讲话。

② 参见 2013 年 4 月 8—10 日习近平总书记在海南考察时的讲话。

③ 参见 2018 年 5 月 18 日习近平总书记在全国生态环境保护大会上的讲话。

④ 参见 2017 年 5 月 26 日习近平总记在十八届中央政治局第四十一次集体学习时的讲话。

农民物质富裕精神富有，使农村美丽、农民生活美好。

"绿水青山就是金山银山"理念与绿色减贫紧密相关。如何实现绿色减贫，其根本方法就是要走好"绿水青山就是金山银山"路，拓宽思路在保护生态环境的基础上促进发展、摆脱贫困。"现在，许多贫困地区一说穷，就说穷在了山高沟深偏远。其实，不妨换个角度看，这些地方要想富，恰恰要在山水上做文章。要通过改革创新，让贫困地区的土地、劳动力、资产、自然风光等要素活起来，让资源变资产、资金变股金、农民变股东，让绿水青山变金山银山，带动贫困人口增收。不少地方通过发展旅游扶贫、搞绿色种养，找到一条建设生态文明和发展经济相得益彰的脱贫致富路子，正所谓思路一变天地宽。"① 这是绿色发展扶贫减贫的方法论指导。

4. "绿水青山就是金山银山"理念为生态文化建设提供了价值引领

"绿水青山就是金山银山"理念作为一种生态文化，其核心在于确立了一种行为准则、一种价值理念、一种发展理性，是中国生态文明理论生命灵魂的形象外化，而这样的生态文化乃至生态文明要在全社会树立和扎根，就在于这种行为准则、价值理念和发展理性，要尽快成为我们的自觉实践和自为实现，这就是"两座山"理论的根本所在、秉持所在、指向所在。② 习近平同志曾强调："推进生态省建设，既是经济增长方式的转变，更是思想观念的一场深刻变革。从这一意义上说，加强生态文化建设，在全社会确立起追求人与自然和谐相处的生态价值观，是生态省建设得以顺利推进的重要前提。生态文化的核心应该是一种行为准则、一种价值理念。我们衡量生态文明是否在全社会扎根，就是要看这种行为准则和价值理念是否自觉体现在社会生产生活的方方面面。"③ 在全国生态环境保护大会上，习近平总书记再次提出要加快建构"以生态价值观念为准则的生态文化体系"，突

---

① 参见 2015 年 11 月 27 日习近平总书记在中央扶贫开发工作会议上的讲话。

② 李景平：《两座山理论，历史性创新——读习近平〈之江新语〉记》，《环境经济》2015 年第 7 期。

③ 习近平：《〈浙江日报〉"之江新语"专栏》，浙江人民出版社 2007 年版，第 48 页。

出了生态文化建设对于"绿水青山就是金山银山"理念践行的重要性。

"绿水青山就是金山银山"理念作为生态文化的内核，在生态文明建设中发挥了基础性、牵引性和长效性作用。围绕"绿水青山就是金山银山"为内核的生态文化，应该进一步发挥生态资源的财富作用、政策制度的导向作用、生态科技的转化作用、文化氛围的推动作用、环境友好的普惠作用，进一步推进生态经济化和经济生态化，推动治理理念生态化和治理能力现代化，提升全民生态文明意识和行动自觉，让生态文明建设更好地普惠民生福祉。[1] "对于一个社会来说，任何目标的实现，任何规则的遵守，既需要外在的约束，也需要内在的自觉。因此，建设生态省、打造绿色浙江，必须建立在广大群众普遍认同和自觉自为的基础之上。"[2] 生态文明建设必须奠基于人民群众广泛的认同意识和行动力量之上，每个人都应该做践行者、推动者，"要强化公民环境意识，推动形成节约适度、绿色低碳、文明健康的生活方式和消费模式。要加强生态文明宣传教育，把珍惜生态、保护资源、爱护环境等内容纳入国民教育和培训体系，纳入群众性精神文明创建活动，在全社会牢固树立生态文明理念，形成全社会共同参与的良好风尚"。[3]

三 "绿水青山就是金山银山"理念的时代价值和实践示范样本

（一）"绿水青山就是金山银山"理念的时代价值

"绿水青山就是金山银山"理念是习近平生态文明思想的重要内容，集中体现了中国特色社会主义生态文明观，是我们理解新时代我国社会主要矛盾转化、实现高质量发展的关键性理念。这一理念内容丰富、生动形象、意境深远，是实现可持续发展的内在要求，是推动现代化建设的重大原则，体现了发展观、价值观、政绩观、民生观的

---

① 裴冠雄：《"两山论"：生态文化的内核及其重要作用》，《观察与思考》2015 年第 12 期。

② 习近平：《之江新语》，浙江人民出版社 2007 年版，第 13 页。

③ 参见 2017 年 5 月 26 日习近平总书记在十八届中央政治局第四十一次集体学习时的讲话。

转变和升华①，不仅以其折射的真理之光为加快推进我国生态文明建设提供了重要的指导思想，也以其蕴含的绿色新观念为我国各族人民牢固树立尊重自然、顺应自然、保护自然的生态文明理念提供了重要的理论依据和实践指南。

"'两山'理念蕴含着谋求人与自然和谐共生的生态思想和价值诉求，形象而直观地揭示了经济社会发展与生态环境保护之间的辩证统一关系，以生动形象、朴实和富有哲理的表述解释了生态环境生产力理论的精髓要义。"② "'两山'理念遵循自然规律、社会规律、经济规律，蕴含了中华民族的生态智慧，回答和解决了建设生态文明、实现经济社会发展和生态环境保护协同共进的实践要求"③，体现了鲜明的辩证思维、系统思维和底线思维。

"'两山'理念是21世纪中国马克思主义的创新成果和重大贡献，得到了广泛的实践检验和普遍的社会认同。绿水青山既是自然财富，又是社会财富、经济财富。保护生态环境，实现和扩大生态环境红利，就是保护和增强经济社会发展的潜力和动力。"④ "绿水青山就是金山银山"理念运用了马克思主义唯物论和辩证法，继承和发展了马克思主义生产力理论，赋予了马克思主义价值观以新的内涵，实现了人类财富观从资本财富、自然资源财富到人与自然和谐共生的绿色财富观的升华。

"绿水青山就是金山银山"理念来源于习近平总书记对人与自然、环境与经济、保护与发展之间关系的深刻思考。"'两山'理念在解决经济增长与环境保护之间的'对立'中找到'转化'之策，在解决人与自然之间的'矛盾'中指明'共生'之路，开辟了绿色发展的现实途径，使良好的生态环境成为提升人民群众获得感的重要增长点。十几年来，从理念到实践，从浙江到全国，'绿水青山就是金山

---

① 《绿水青山就是金山银山湖州共识》，《中国生态文明》2017年第6期。
② 《绿水青山就是金山银山湖州共识》，《中国生态文明》2017年第6期。
③ 祁巧玲：《"两山"理念与实践交融出怎样的智慧？——绿水青山就是金山银山湖州会议综述》，《中国生态文明》2017年第6期。
④ 《绿水青山就是金山银山湖州共识》，《中国生态文明》2017年第6期。

银山'理念被越来越多的地方实践所印证，成为推进生态文明建设的科学指南。"①"党的十八大以来，全国上下贯彻绿色发展理念的自觉性和主动性显著增强，忽视生态环境保护的状况明显改变，生态文明建设决心之大、力度之大、成效之大前所未有，人民获得感、幸福感明显增强。"②

（二）"绿水青山就是金山银山"理念湖州实践的示范意义

湖州是"绿水青山就是金山银山"理念的诞生地，也是"绿水青山就是金山银山"理念实践的先行地。自"绿水青山就是金山银山"理念提出以来，湖州秉持理念先行，"不懈探索生态环境保护与经济社会发展协同共进的实践路径，促进经济社会绿色转型发展，创造人民美好生活所需的生态环境和经济社会条件，取得了显著成效，走出了一条人与自然和谐共生、经济与环境协调发展的新路子，彰显了'绿水青山就是金山银山'理念强大的生命力，为全国深入践行'绿水青山就是金山银山'理念、推进社会主义生态文明建设提供了宝贵经验和实践参照。"③

1."绿水青山就是金山银山"理念湖州实践的历史意义

2005年8月15日，习近平同志到湖州市安吉县天荒坪镇余村考察时，首次提出了"绿水青山就是金山银山"的理念。2015年2月11日，习近平总书记在会见全国军民迎新春茶话会代表时，叮嘱湖州要"照着绿水青山就是金山银山这条路走下去"。2016年7月29日，习近平总书记在会见全国"双拥模范城市"代表时，再次叮嘱湖州要充分认识并发挥好生态这一最大优势，"一定要把南太湖建设好"。所以，湖州以"绿水青山就是金山银山"理念引领生态文明建设实践是落实习近平总书记嘱托的重要体现，湖州在"绿水青山就是金山银

① 祁巧玲：《"两山"理念与实践交融出怎样的智慧？——绿水青山就是金山银山湖州会议综述》，《中国生态文明》2017年第6期。

② 陈宗兴：《深入贯彻落实十九大精神推进"两山"理念研究与实践创新》，《中国生态文明》2018年第1期。

③ 湖州市环境保护局：《"两山"理念的湖州实践》，湖州在线—湖州日报，2017年12月29日，http：//www.hz66.com/2017/1229/283557.shtml。

山"理念实践上承担着特殊历史使命和重大政治任务。

2016 年 12 月，全国生态文明建设工作推进会在湖州召开，习近平总书记作出重要指示，"各地区各部门要切实贯彻新发展理念，树立'绿水青山就是金山银山'的强烈意识，努力走向社会主义生态文明新时代。"2017 年 5 月 26 日，习近平总书记在主持中央政治局集体学习时强调"推动形成绿色发展方式和生活方式是贯彻新发展理念的必然要求"，湖州要"努力实现经济社会发展与生态环境保护协同共进，为人民群众创造良好生产生活环境"，再次强调了"绿水青山就是金山银山"理念的实践要求。

党的十九大提出，中国特色社会主义进入新时代是我国发展新的历史方位，新时代、新方位、新矛盾必然要求新思想、新战略，"坚持人与自然和谐共生"作为新时代坚持和发展中国特色社会主义的基本方略之一，明确指出"建设生态文明是中华民族永续发展的千年大计，必须树立和践行绿水青山就是金山银山的理念"；随后，"增强绿水青山就是金山银山的意识"也被写入新修订的《党章》。"绿水青山就是金山银山"理念诞生于湖州，到写入党的十九大报告和党章，经历了 12 年的实践探索，成为全党全社会的共识和行动指南，标志着"绿水青山就是金山银山"理念达到了新的历史高度，"绿水青山就是金山银山"理念必将对新时代中国特色社会主义实践产生深远影响。这一历史进程既是对"绿水青山就是金山银山"理念湖州实践的充分肯定，也是对新时代中国特色社会主义生态文明建设提出的新要求，体现了湖州实践的重要历史意义。

2. "绿水青山就是金山银山"理念湖州实践的总体特征

十余年来，湖州牢固树立"绿水青山就是金山银山"理念，坚持生态立市发展战略不动摇，扎实推进生态文明建设，全面促进经济社会绿色转型发展，形成了"护美绿水青山、做大金山银山、完善制度体系、传承生态文化"为主要内容和标志的"绿水青山就是金山银山"湖州实践模式①，走出了一条"生态美、产业绿、百姓富"的可持续发展之路。

一是坚持经济发展和生态环境保护相统一。在"绿水青山就是金山银山"理念指引下，湖州市牢固确立生态立市首位战略，先后作出建设生态市、创建全国生态文明先行示范区、打造生态样板城市等战略，统筹实施"腾笼换鸟"、循环利用、"美丽蝶变"等，探索创新生态产品价值实现机制，促进生产、生活、生态良性循环。

二是坚持系统治理和集中攻坚相统一。水污染问题，"污染在水里，根子在岸上"，是工业废水污染、农业面源污染、生活污水污染、山林水土流失等多因素共同作用的结果。所以治水必强化源头治理，从根子上解决问题，统筹推进"五水共治"。为了综合治理南太湖，连续实施四轮环境污染整治行动，在全国率先探索建立"四级河长制"，全部关停太湖沿岸 5 千米范围内所有不达标企业，整体动迁1500 多名太湖渔民上岸定居，确保入太湖断面水质连续 13 年保持Ⅲ类以上。

三是坚持生态财富和经济财富相统一。"绿水青山就是金山银山"，湖州市通过大力培育发展休闲旅游、高端民宿、家庭农场等生态经济，使生态资源在经济活动中的作用大幅提升，孕育了"企业＋村＋家庭农场"等多种经营模式，创造出"山上一张床，赛过城里一套房"等财富增值奇迹，实现了从"卖石头到卖风景""产业投资到生态投资"的蝶变。

四是坚持旧动能破除和新动能打造相统一。湖州连续多年实施"腾笼换鸟"行动，对矿山、水泥、粉体、蓄电池、耐火材料等十多个行业，每年排定两个以上，按照绿色标准进行全行业整治，累计关停并转企业 1.66 万家。同时，引进太湖龙之梦、吉利汽车、合丰泰玻璃基板等多个百亿级项目，促进产业结构优化升级。

五是坚持绿色发展与生态惠民相统一。坚持生产、生活、生态

---

① 湖州市环境保护局：《"两山"理念的湖州实践》，湖州在线—湖州日报，2017 年12 月 29 日，http://www.hz66.com/2017/1229/283557.shtml。

"三生融合",突出群众身边环境问题的解决,打好污染防治攻坚战。在城乡建设过程中,把绿地公园、森林氧吧、亲水河岸、休闲绿道等公共场所作为优先事项,通过增绿、留白、疏通等手段打造"5分钟亲水见绿生活圈",真正让望得见山、看得见水、记得住乡愁成为普遍形态。通过加大对农村道路、公共设施及水、电、气、网等基础设施建设的投入力度,出台一系列惠民利民政策,构建了政府支持、电商助力、需求导向的"大众创业、万众创新"新模式,让老百姓守着绿水青山就能赚来金山银山。

六是坚持行政推动和依法管理相统一。湖州自2015年获得地方立法权以来,先后制定生态文明先行示范区建设条例、美丽乡村建设条例、乡村旅游促进条例等生态文明地方性法规,对各种环境违法行为产生了强有力的威慑作用。市场机制方面,建立水源地保护补偿、矿产资源开发补偿、排污权有偿使用与交易等机制,探索政府主导、企业和社会各界参与、市场化运作、可持续的生态产品价值实现路径,既为企业使用环境空间开辟通道,也为生态资源实现价值转化创造条件。

3."绿水青山就是金山银山"理念实践示范样本

湖州不仅是"绿水青山就是金山银山"理念的诞生地,面向新时代湖州还要当好践行"绿水青山就是金山银山"理念的样板地模范生,历经十多年的实践,湖州经验在以下方面具有示范意义:

在生态理念上,应当坚持好"人与自然是生命共同体,必须尊重自然、顺应自然、保护自然,满足人民优美生态环境需要"的生态价值观念,培育生态文化体系,牢固树立起生态文明理念。真正做到"当生产与生活发生矛盾时,优先服从于生活;当项目与环境发生矛盾时,优先服从于环境;当开发与保护发生矛盾时,优先服从于保护。"[1]

在生态制度上,应当加快创新生态文明制度体系,健全目标责任体系,确立走向社会主义生态文明新时代的工作标准、生态立市优先

---

① 陈伟俊:《新时代生态文明建设的湖州实践》,《国家治理》2017年第48期。

战略的制度标准、生态文明建设效应最大化的检验标准,坚持立法、标准、体制"三位一体",加强生态立法、制定建设标准、探索长效机制。

在生态环境上,应当把解决突出生态环境问题作为民生优先领域,有效防范生态环境风险,提高环境治理水平,坚持美丽城市、美丽城镇、美丽乡村"三美"同步,全域建设大景区、大花园,为人民提供更多的优质生态产品和生态作品。

在生态经济上,应当全面推动形成绿色发展方式和生活方式,建构以产业生态化和生态产业化为主体的生态经济体系,大力发展绿色产业、美丽经济,持续不断地将生态环境优势转化为生态经济优势。

专栏

习近平总书记对湖州生态文明建设的指示

● 2003 年 4 月 9 日 时任浙江省委书记习近平同志到湖州安吉溪龙乡黄杜无公害白茶基地走访时强调"一片叶子成就了一个产业,富裕了一方百姓"。

● 2004 年 6 月 2 日 时任浙江省委书记习近平同志到湖州长兴天能集团调研,勉励企业"腾笼换鸟",用高新技术和先进工艺改造提升传统蓄电池产业,从数量、规模的扩张向高端、高质、高效转型。

● 2005 年 8 月 15 日 时任浙江省委书记习近平同志到湖州安吉余村考察时,听到余村人关了污染环境的矿山,打算发展旅游时,首次提出:"我们过去讲既要绿水青山,又要金山银山,实际上绿水青山就是金山银山。要坚定不移地走这条路,有所得有所失,熊掌和鱼不可兼得的时候,要知道放弃,要知道选择。"

● 2006 年 8 月 2 日 时任浙江省委书记习近平同志到湖州考察南太湖开发治理工作时,再次强调"绿水青山就是金山银山",要求湖州努力把南太湖开发治理好。

●2015 年 2 月 11 日　习近平总书记在会见全国军民迎新春茶话会湖州市与会代表时，叮嘱湖州要"照着绿水青山就是金山银山这条路走下去"。

●2016 年 7 月 29 日　习近平总书记在会见全国"双拥模范城市"湖州与会代表时，再次叮嘱湖州要充分认识并发挥好生态这一最大优势，"一定要把南太湖建设好"。

●2016 年 12 月 2 日　全国生态文明建设工作推进会议在浙江省湖州市召开，习近平总书记对生态文明建设做出重要指示："要切实贯彻新发展理念，树立'绿水青山就是金山银山'的强烈意识，努力走向社会主义生态文明新时代。"

第三章

湖州市生态文明制度体系建设

　　生态文明制度是生态文明建设的基础和保障。党的十八大首次提出"加强生态文明制度建设"的重大任务。按照中共中央、国务院《关于加快推进生态文明建设的意见》《生态文明体制改革总体方案》以及国家发改委等六部委印发的《浙江省湖州市生态文明先行示范区建设方案》等文件精神和建设任务，湖州市从实际出发，大胆创新，积极推进生态文明制度创新，率先开展全面的环境整治工作，并形成空间立体的环境治理制度，为生态文明示范区建设奠定坚实基础。先后编制了全国首张自然资源资产负债表——《湖州市自然资源资产负债表》、全国首个领导干部自然资源资产离任审计制度——《湖州市领导干部自然资源资产离任审计制度》。湖州市生态文明标准化建设成果显著，已形成生态文明建设国家标准——《美丽乡村建设指南》。在生态文明地方立法方面，湖州市也走在全国的前列，已经构建出"1＋N"的生态文明立法体系，"1"指的是2016年发布的《湖州市生态文明先行示范区建设条例》；"N"指的是2017年发布的《湖州市禁止销售燃放烟花爆竹规定》、2018年发布的《湖州市电梯使用安全条例》《湖州市文明行为促进条例》、2019年发布的《湖州市美丽乡村建设条例》《湖州市乡村旅游促进条例》、2020年发布的《湖州市大气污染防治规定》等。总之，湖州生态文明制度体系已初步形成立法、标准、体制"三位一体"格局。

第一节　生态文明建设制度先行与国家试点

自 2003 年开始实施"千村示范、万村整治"工程以来，湖州坚持全面生态环境治理，不断提升自然生态环境水平，先行坚持"举生态旗、打生态牌、走生态路"，坚定不移践行"绿水青山就是金山银山"理念，生态文明建设涌现了很多创新做法，取得了显著成效，这为湖州成为首批国家生态文明示范区试点市奠定坚实基础。2014 年 6 月，经国务院同意，国家发改委、财政部、国土部、水利部、农业部、国家林业局联合下发了《浙江省湖州市生态文明先行示范区建设方案》，湖州成为全国首个设区市生态文明先行示范区，也是湖州有史以来第一个国家战略。

一　生态文明建设制度先行

湖州最大的优势是生态环境优势。2003 年时任浙江省委书记的习近平同志在浙江工作时提出"万村整治、千村示范"行动，湖州市委市政府要求全市各级各部门一定要提高政治站位、保持政治定力、强化政治担当，推进水、气、土、矿和重金属、危险废弃物等重点领域污染防治工作。湖州生态文明建设的探索与实践，形成了"坚持理念先行、全域保护、综合整治、绿色发展、长效管理"的宝贵经验，生态文明建设取得良好成绩。

（一）不断完善治水体制机制

曾几何时，南太湖沿岸还是块未经保护开发的"处女地"，湖水混浊不堪，因肆意排放污水而产生水体富营养，导致每年蓝藻泛滥。2006 年 8 月 2 日，时任浙江省委书记的习近平同志在南太湖进行考察，要求保护与利用好南太湖。湖州市委、市政府非常重视水资源保护和水环境整治工作，成立了生态市建设领导小组，市政府还专门成立了市环境污染整治工作领导小组和水污染防治及太湖蓝藻防治工作领导小组等组织机构，设立了"湖州市太湖流域水环境综合治理联席会议制度"。南太湖自然成为治水的重点和难点，湖州以"壮士断腕"的决心，稳步推进南太湖水环境综合治理与保护。先后编制了《湖州市水资源综合规划》《湖州市区水域保护规划》等一系列规划及《湖州市城乡饮用水安全保障规划》《湖州市城镇供水水源规划》《湖州市老虎潭水库水源保护建设规划》等专项规划，制定了诸如《老虎潭水库水源地保护办法》等一系列制度文件，水资源保护的规划和政策支持体系不断完善。湖州全面推广实施"河长制"，实现全市 7373 条、9380 千米河道"河长制"全面覆盖。开展专项检查，集中整治、集中培训、集中宣传等方式，对各县区落实"河长制"工作情况进行全面排查整改，真正使每条河道有人管、管得好。专项行动包括河长大巡查、集中推进日、河长大讲堂和河长宣传周四大活动。市、县区、乡镇、村分级联动，对辖区各条河道河长公示牌的规范性、"一河一策"落实情况、河长履职情况等进行重点排查。对于排查出的问题，各级河长集中一天进行整治，并对包干河道河面及两岸垃圾、漂浮物、杂草落叶等进行清理，对沿河排污口、涉水建筑、标识标牌等整理规范，达到污水无直排、水域无障碍、堤岸无损毁、河底无淤积、河面无垃圾、绿化无破坏、沿河无违章的"七无"要求。"河长制"作为治水长效管理机制的一个重要方面，推动治水工作全面提升。从 2014 年开始，湖州市又强势推进"五水共治""清三河""清淤治污""河长制"等多项工作，连续六年夺得浙江省"五水共治"最高奖项"大禹鼎"，入太湖水质连续保持在Ⅲ类以上。湖州市还在省内率先建成市级环境监控与应急指挥中心，实现省、市、县（区）三级联网，初步形成覆盖全市水资源监测体系，并建立了督察通报、举报曝光制度，积极鼓励公众参与监督管理。

（二）全面构建绿色矿山体制机制

湖州严格落实《湖州市矿产资源总体规划（2011—2015）》的规定，严格控制矿山数量，执行矿山最低规模开采制度，按照"禁采区内矿山关停、限采区内矿山收缩、开采区内矿山集聚"的要求，调整优化矿产开发利用布局。作为全国绿色矿业发展示范区建设试点，湖州市全域推进绿色矿山建设。在矿山整治中统一各级领导干部的思想，实施分阶段关闭矿山，第一阶段是到 2013 年依法取缔了所有无矿山加工机组;第二阶段是到 2015 年关闭所有矿山整治不达标企业;第三阶段是到 2020 年前将矿山数量和开采量控制到"自用为主"的规模。同时,还出台了《县区矿山企业综合治理目标责任考核办法》和《考核细则》,进一步明确目标、强化责任、落实措施。2017 年,在全国率先发布地方标准《绿色矿山建设规范》,全市绿色矿山建成率 94%,国家级、省级绿色矿山占比 57%。[①] 前两阶段的目标已经全面实现。湖州已成为全国绿色矿山建设的地方典范,为全国提供了具有借鉴意义的"湖州样本"。

为全面维护矿产资源管理秩序、筑牢矿山安全"防线",湖州市从严从紧深化打非治违行动,实行减点控量制度。制定了《湖州市市级绿色矿山管理办法》《关于加强建筑石料加工机组管理的实施意见》《关于加强无矿山加工机组年检实施意见》等制度办法给湖州矿山综合治理树立了更明确的方向,规定凡是在产的矿山,都必须达到市级绿色矿山创建标准;凡是治污不达标的矿山,一律停产整治。要求矿山企业所有生产步骤都在"防尘罩"保护下完成,石料输送带穿过大半个矿区直达码头,取得节能降耗、杜绝运输扬尘、确保道路交通安全三重收益。矿山企业建立水循环利用系统,将石料冲洗产生的废水统一回收处理,让生产用水自上而下多次循环利用,既降低生产成本,缓解企业开发过程中的水资源压力,又实现污水"零排放",杜绝生产废水对生态环境的污染。

(三)多措并举全面整治污染

一是土壤污染防治,出台了《湖州市土十条重点工作市级部门分工方案》《湖州市土壤污染防治目标责任考核办法》以及各县区土壤污染防治工作方案,将土壤污染防治工作纳入生态环保工作体系。在全省率先制订实施农业"两区"土壤污染防治三年行动计划,开展农业"两区""菜篮子"基地等重点区域的土壤污染调查与监测,开展土壤重金属污染治理试点,稳步推进污染地块的治理修复。

---

① 《我市正式启用绿色矿山标志》,湖州市自然资源和规划局网站,2017 年 12 月 18 日,http://huzgt.huzhou.gov.cn/gtdt/gzdt/20171218/i933516.html。

二是大气污染防治，重拳出击治扬尘、治废烟、治尾气，全面完成"气十条"各项硬性任务，全面落实在建工地扬尘防治"7个100%"要求，率先开展渣土运输工程车"三化"管理。同时，遏制秸秆、垃圾露天焚烧，全面杜绝露天焚烧秸秆及生活垃圾，秸秆综合利用率达到95%以上。针对印染、造纸、小铝合金、竹制品加工等重点行业，进一步加大整治力度，先后完成了2个省级重点环境问题、9个市级环境问题、7个省级以上开发区（工业园区）的整治工作。

三是农业面源污染治理，大力推广测土配方施肥技术，深入实施病虫害综合防治和农药减量控害增效工程，全面完成生猪存栏百头以上规模养殖场排泄物治理任务，大力开展水产生态养殖试验示范，规模化畜禽及水产养殖污染治理取得显著成效。加强危险废物全过程监管和处置，实现固体废物处理设施全覆盖，推进医疗废物"小箱进大箱"，建立病死害动物无害化处置中心和乡镇收集点。建成市级危险废物信息化监控平台，45家重点监管企业纳入并实施全过程监管。

二　生态文明建设的国家试点方案

在生态环境治理效果逐渐显现，有关体制机制初步建立的良好基础上，湖州市生态环境治理和生态经济发展得到国家部门认可。以此为契机，为深入开展湖州市生态文明先行示范区建设，探索建立生态文明标准化建设新模式，充分发挥标准化在全市生态文明建设中的引领推动作用，为全省乃至全国生态文明标准化建设提供示范。作为制度创新实验区，《浙江省湖州市生态文明先行示范区建设方案》对湖州试点提出要求，重点探索建立三项重要制度：生态文明建设考核评价制度、自然资源资产负债表编制、自然资源资产产权制度。建设方案还列出了经济发展质量、资源能源节约利用、生态环境保护、制度与文化4个一级指标以及45个二级指标的建设目标，到2015年，各项指标达到预定目标水平，生态文明建设取得显著成效；到2020年，生态文明建设水平全国领先，生态文明建设制度体系基本形成。绿色产业体系初步建立，经济与环境更为协调发展，消除城乡经济发展的不平衡不充分，城乡一体化发展基本实现，全社会生态文明意识和理念显著增强,生态文明建设"湖州模式"成型。① 这些具体而明确的要求为湖州市"十三五"时期加快推进生态文明建设指明了方向。

根据《浙江省湖州市生态文明先行示范区建设方案》的建设要求,结合实际情况,湖州生态文明先行示范区建设的战略定位为:②①绿色发展先导区。突出产业绿色转型,加快发展战略性新兴产业、现代服务业和生态农业,率先实现生产、消费、流通各环节的绿色化、循环化、低碳化。②生态宜居模范区。建设绿色生态屏障,加强水、土壤、大气污染防治,加快南太湖流域综合整治,推进新型城镇化,改善城乡人居环境,建设美丽乡村,打造人与自然和谐发展的美丽家园。③合作交流先行区。广泛开展与国内外城市在生态文明建设各领域、各层面的交流与合作,打造全方位、立体式展示生态文明建设新成就的重要平台。④制度创新实验区。建立健全考核评价、资源环境管理、主体功能区建设等制度,探索节能量交易、水权交易、排污权交易、生态补偿等市场化机制,在生态文明制度体系建设上走在全国前列。

三 生态文明先行示范区建设推进机制

湖州市以推进生态文明建设为政府重要工作。2014 年 7 月 28 日湖州市成立了生态文明先行示范区建设领导小组,下设办公室,即湖州市生态文明办公室(以下简称市生态文明办)。湖州市生态文明办作为市政府的处级部门,下设生态文明建设处和生态文明规划处两个处室。生态文明先行示范区建设的有关工作由生态文明办牵头,建立健全生态文明先行示范区建设工作体制机制,确保各项任务落到实处。

(一)广泛凝聚全社会投身先行示范区建设的共识

加快推进先行示范区建设是全市人民的共同目标和共同任务。全市各级国家机关、人民团体、企事业单位和社会组织,要充分认识建

---

① 国家发改委等六部委:《浙江省湖州市生态文明先行示范区建设方案》(发改环资〔2014〕962 号)。
② 舒川根:《浅谈湖州生态文明先行示范区建设》,《湖州日报》2015 年 1 月 12 日第 7版。

设先行示范区的现实基础、科学内涵和重要意义，增强利用湖州市独特生态优势建设美丽湖州、创造美好生活的责任担当，积极做示范区建设的实践者、推动者、促进者。全市人民要强化生态文明理念，提高生态文明素养，从我做起，从小事做起，从现在做起，培养和树立人与自然和谐发展的思维方式和价值导向，推行绿色环保的生产方式，践行健康低碳的生活方式，形成全社会关心、支持和参与先行示范区建设的浓厚氛围。

（二）切实抓好先行示范区建设各项任务的落实

紧紧围绕建设绿色发展先导区、生态宜居模范区、合作交流先行区、制度创新实验区的战略定位，积极在生态文明建设考核评价、编制自然资源资产负债表、开展自然资源资产离任审计、领导干部环境损害责任终身追究、自然资源资产产权确权登记、建立流域生态补偿机制、推行市场化机制、资源产出率统计、环境信息公开等方面先行先试、探索实践；着力构建与生态文明相适应的空间布局体系、城乡融合体系、产业发展体系、资源利用体系、生态环境体系、生态文化体系和制度保障体系；重点抓好农村人居环境改善、水生态文明建设、绿色生态屏障建设、绿色出行系统建设、绿色农产品基地建设、节能环保产业基地建设、乡村旅游发展、工矿废弃地复垦利用、绿色生态城建设、竹林碳汇试验区建设十大示范工程建设。在推进先行示范区建设中，各地要从实际出发，坚持生态文明建设倒逼经济转型升级，努力实现经济发展与生态保护"双赢"，确保取得实效。

（三）积极探索促进先行示范区建设的保障体系

各级政府加强组织领导，建立先行示范区建设工作负责制、目标责任制和责任追究制，各有关部门相互配合，齐抓共管，形成合力。按照生态功能区域的要求，因地制宜、分类指导、分步实施、有效推进。强化工作考核，加大资源消耗、环境损害、生态效益等指标的考核权重，把推进先行示范区建设成效列为考核的重要内容。切实加大投入，落实财政资金保障，拓宽投资渠道，加快建立政府主导、多元投入、市场推进、公众参与的投融资机制。及时出台投资、产业、土地、价格和收费等相关政策，引导和支持发展绿色经济，促进生态保护和建设。

（四）着力营造推进先行示范区建设的良好法治环境

社会各界认真学习、广泛宣传、自觉贯彻生态建设相关法律法规。各级人大及其常委会综合运用各种法定监督方式，加强对先行示范区建设的有效监督，适时就有关重大事项做出决议决定，依法保障和推动市委重大决策部署的贯彻落实；结合"双岗建功"主题实践活动，鼓励和支持各级人大代表在推进先行示范区建设中积极履职、发挥作用、多做贡献。各级政府强化依法行政，加大监管力度，严守生态保护红线和环境容量底线，及时查处违法行为。各级司法机关坚持公正司法，加大依法惩治破坏生态环境犯罪的力度，切实加强对生态建设、环境资源的司法保护。

四　已取得的阶段性成果

湖州市委、市政府高度重视生态文明先行示范区建设，依据《浙江省湖州市生态文明先行示范区方案》的要求和目标，加快推进生态文明先行示范区建设各项建设任务，在生态文明制度建设领域，相继取得了一系列阶段性成果。

（一）率先构建生态文明标准体系

标准就是影响力、话语权，生态文明建设标准就是湖州的生态文明建设的影响力。2015年湖州市制订了《湖州市生态文明先行示范区标准化建设方案》，2017年出台了《湖州市全面实施标准化战略行动计划（2017—2020年）》，并获国家标准委批准，成为全国唯一创建国家生态文明标准化示范区城市，在全国率先构建了生态文明标准体系。2017年，湖州市作为全国唯一一个地级市应邀参加国家标准化委员会召开的《国家生态文明标准化发展规划》编制工作筹备会议，湖州市生态文明先行示范区标准化试点的做法和经验得到了各部委相关专家的充分肯定。国家标准委印发《关于组织编制〈生态文明标准化发展三年行动计划（2018—2020）年〉的通知》，将湖州市质监局、湖州师范学院（中国生态文明研究院）代表分别列入工作组和专家起草组。

截至2020年，制定生态文明建设标准87项，其中国家标准10

项；建成 75 个市级生态文明标准化示范点、11 条生态文明标准化示范带，树立标准化样板，推动标准应用，展现标准化提升作用，形成可看可学的现成经验，以点带面，形成示范效益；美丽乡村标准化获评首届"浙江省标准创新贡献奖"重大贡献奖。

（二）实施全国首部生态文明先行示范区建设的地方性法规

颁布了《湖州市生态文明先行示范区建设条例》，从规划建设、制度保障、监督检查、公众参与等方面做出规定，为湖州市生态文明建设提供了坚实的法制保障，得到了国家发改委的充分肯定。

（三）完成全国首批自然资源资产负债表编制任务

编制了 2011—2015 年湖州市及各县区自然资源实物量表，通过国家统计、国土、农业、林业、水利、环保等多部门联合审核，得到了中央深改办督察组及国家发改委、环保部、统计局的好评。

（四）顺利完成领导干部自然资源资产离任审计国家试点任务

积极配合审计署南京特派办、上海特派办，认真做好领导干部自然资源资产离任审计试点工作，探索了技术方法，形成了党政主要领导干部自然资源资产离任审计试点报告，完成了国家试点任务。

（五）率先出台两个办法

率先出台全国首个自然资源资产保护与利用绩效考核评价、领导干部自然资源资产离任审计两个办法。深化自然资源资产负债表编制成果运用，制定出台了《湖州市自然资源资产保护与利用绩效考核评价暂行办法》和《湖州市领导干部自然资源资产离任审计暂行办法》，得到了国家有关部委的高度评价。[①]

第二节　自然资源资产体制机制先行先试

党的十八大报告提出，要把资源消耗、环境损害、生态效益纳入

---

① 湖州市生态办、湖州市发改委：《坚定不移践行"绿水青山就是金山银山"重要思想——湖州市生态文明建设的实践与探索》，《浙江经济》2016 年第 11 期。

经济社会发展评价体系，建立与生态文明建设和发展相匹配的目标体系、考核办法、奖惩机制。党的十八届三中全会进一步提出，要加快自然资源资产负债表编制的探索，对领导干部实行自然资源资产离任审计。《中共中央　国务院关于加快推进生态文明建设的意见》提出"五化同步"，推进新型工业化、信息化、城镇化、农业现代化和绿色化，并再次强调探索编制自然资源资产负债表。《中共中央关于全面深化改革若干重大问题的决定》提出："探索编制自然资源资产负债表，对领导干部实行自然资源资产离任审计。"① 生态文明制度是生态文明建设的奠基石，湖州市坚持把制度创新作为生态文明先行示范区建设重点，全力抓好自然资源资产负债表编制、领导干部自然资源资产离任审计试点和自然资源资产产权制度改革创新，以制度引领和推动实践。

一　全国首张自然资源资产负债表

（一）编制自然资源资产负债表的意义

2015 年 11 月 8 日，国务院发布《编制自然资源资产负债表试点方案》，目标是摸清我国自然资源的存量、流量及其变动情况，逐步建立系统科学的自然资源核算和统计监测体系，为保护环境、推动社会可持续发展和生态文明建设、促进自然资源的永续利用提供决策支持。这是中国政府首次提出编制国家层级的自然资源资产负债表，具有重要的理论价值与实践意义。探索编制自然资源资产负债表，是贯彻落实习近平同志有关重要论述、推进生态文明制度建设、加快经济发展方式转变、实现经济社会与资源环境协调发展的重要举措。

编制自然资源资产负债表，可以客观地评估当期自然资源资产实物量和价值量的变化，摸清某一时点上自然资源资产的"家底"，准确把握经济主体对自然资源资产的占有、使用、消耗、恢复和增值活动情况，全面反映经济发展的资源消耗、环境代价和生态效益，从而为环境与发展综合决策、政府生态环境绩效评估考核、生态环境补偿

---

① 江泽慧：《加快研究编制自然资源资产负债表》，《人民日报》2015 年 5 月 19 日第 7 版。

等提供重要依据。同时，自然资源资产负债表也是对领导干部实行自然资源资产离任审计的基础和依据，有利于形成领导干部科学行政的倒逼机制，从而改变唯 GDP① 的评价制度。

（二）自然资源资产负债表的编制内容

《编制自然资源资产负债表试点方案》提出，要根据自然资源保护和管控的现实需要，先行核算具有重要生态功能的自然资源。我国自然资源资产负债表的核算内容主要包括土地资源、林木资源和水资源。有条件的试点地区可结合当地实际探索编制矿产资源②资产负债表。在各地试点中，不开展价值量核算。

湖州根据指导意见和自身实际，在编制湖州市自然资源资产负债表时，重点编制土地资源资产账户、林木资源资产账户和水资源资产账户三类分表。编制的会计期间为 2011 年以来 5 个公历年度（1 月 1 日至 12 月 31 日），会计记录的主要内容为自然资源实物存量、变动情况和价值量的资产负债表。县区主要包括土地资源、林木资源、水资源的实物量和价值量；乡镇主要包括土地资源、林木资源、矿山生态修复、生态环境质量指标的实物量和价值量。其中，土地资源资产负债表主要包括耕地、林地、园地等土地利用情况，耕地等级分布及其变化情况。林木资源资产负债表包括天然林、人工林、其他林木的蓄积量和单位面积蓄积量。水资源资产负债表包括地表水、地下水资源情况，水资源质量等级分布及其变化情况。③ 结合湖州实际，增加矿山生态修复、生态环境质量指标。④

---

① 江泽慧：《加快研究编制自然资源资产负债表》，《人民日报》2015 年 5 月 19 日第 7 版。

② 朱婷：《自然资源资产负债表理论设计与实证》，《学术论文联合比对库》，2016 年 9 月 29 日。

③ 朱婷：《自然资源资产负债表理论设计与实证》，《学术论文联合比对库》，2016 年 9 月 29 日。

④ 闫慧敏等：《湖州/安吉：全国首张市/县自然资源资产负债表编制》，《资源科学》2017 年第 9 期。

（三）自然资源资产负债表的编制方法[1]

湖州自然资源资产负债表编制主要包括四大类自然资源：土地资源、水资源、林木资源和矿产资源。土地资源资产负债表的主要核算对象包括耕地、林地等自然用地类型的分布状况、变化情况及其质量等级等。水资源资产负债表用于核算水资源，包括地表水、地下水的水量、水源面积及利用情况；也包括与水资源相关的管理对象或事物，如地下水埋深、水体质量。林木资源资产负债表主要核算对象包括天然林、人工林和其他林木的蓄积量及林产品，还应结合不同林种、林龄的差异情况及质量进行评估。矿产资源资产负债表用于核算已探明储量和新开采的能源矿产、金属矿产和非金属矿产等，还应注意矿产资源的品位、等级等。

湖州自然资源资产负债表的结构为"1 张总表 + 6 张分类表 + 72 张辅表 + N 张底表"。

总表根据各类自然资源，根据实物量及其价值量的增减变化，反映核算主体某时点的自然资源资产和负债的规模、构成以及变动。分类表分为有实物量表和价值量表两种形式，分别反映核算期内资源、环境和生态三个方面的实物和价值状况。辅表也分为实物量表和价值量表两种形式[2]，均分门别类地反映核算期内各类资源资产、环境质量以及生态功能，为自然资源资产负债表主表或分类表乃至总表提供数据支持。底表也可以称为基础表，作为自然资源资产负债表编制的基础性账户，这些基础表详细记录与统计核算期内各类资源、环境、生态状况，记录各类资源、环境质量和生态功能变化的来源和去向及其数量与属性，并记录各行业资源、环境利用数量与质量等属性，是编制自然资源资产负债表的元数据表格，组成数量不等。[3]

---

[1] 中国科学院地理科学与资源研究所承担湖州师范学院中国生态文明研究重点课题："自然资源资产负债表编制模式探讨"，研究报告。

[2] 封志明等：《自然资源资产负债表编制的若干基本问题》，《资源科学》2017 年第 9 期。

[3] 封志明等：《自然资源资产负债表编制的若干基本问题》，《资源科学》2017 年第 9 期。

（四）湖州自然资源资产的核算结果与存在的问题①

根据上述土地资源资产账户、林木资源资产账户和水资源资产账户的编制规则，以一定的价格反映自然资源实物存量、变动情况和价值量，形成年初存量、存量增减和年末存量3个基础数据，存量增减情况详细登记，能客观反映数据变化的原因，如2015年年初，湖州市耕地存量为151451.79公顷，通过土地综合整治，该市全年新增耕地620.18公顷；因建设占用、农业结构调整等因素，存量耕地减少668.53公顷，故年末耕地存量为151403.44公顷②，最终可以编制出年度湖州市自然资源资产负债表。

自然资源资产负债表编制仍处于起步阶段，面临的主要难题有：一是需要制定自然资源资产核算的相关制度，当前自然资源资产的统计法规、核算与资产负债表编制技术规范和标准等基本属于空白；二是需要统一自然资源资产核算的相关技术方法，目前也没有公认的编制技术和方法，如环境容量、自然资产的存量和流量及其价值量的核算技术方法、生态产品核算的技术方法等尚未形成规范、成熟和普遍认可的方法体系；三是缺乏自然资源资产负债表编制的统计数据支撑，核算工作开展难度大。③这些对于编制准确、连续、可用的自然资源资产负债表无疑是巨大挑战。但湖州编制的我国首张自然资源资产负债表具有很好的试验性和示范性，为更深入地进行有关理论研究和实践探索抛砖引玉。

二　全国首个领导干部自然资源资产离任审计制度

（一）湖州市领导干部自然资源资产离任审计制度的建设要求

为加快推进生态文明建设，推动探索建立领导干部自然资源资产离任审计制度，根据中共中央办公厅、国务院办公厅《开展领导干部

---

① 核算结果来自课题《湖州〈自然资源资产负债表〉》编制。

② 邓国芳、聂伟霞：《湖州编制自然资源资产负债表》，浙江在线—浙江日报，2016年6月5日，http://zjnews.zjol.com.cn/zjnews/huzhounews/201606/t20160605_1603935.shtml。

③ 江泽慧：《加快研究编制自然资源资产负债表》，《人民日报》2015年5月19日第7版。

自然资源资产离任审计试点方案》要求进一步组织指导地方审计机关做好领导干部自然资源资产离任审计试点工作，标志着领导干部自然资源资产离任审计试点工作正式拉开帷幕。试点方案指出，开展领导干部自然资源资产离任审计试点，应坚持因地制宜、重在责任、稳步推进，要根据各地主体功能区定位及自然资源资产禀赋特点和生态环境保护工作重点，结合岗位职责特点，确定审计内容和重点，有针对性地组织实施。审计涉及的重点领域包括土地资源、水资源、森林资源以及矿山生态环境治理等领域。要对被审计领导干部任职期间履行自然资源资产管理和生态环境保护责任情况进行审计评价，界定领导干部应承担的责任。方案明确，领导干部自然资源资产离任审计试点2015—2017年分阶段、分步骤实施，自2018年开始建立经常性的审计制度。①

（二）湖州市领导干部自然资源资产离任审计制度主要内容

2015年湖州编制出首张自然资源资产负债表后，获得国家有关部委的认可。2016年，湖州市又被列入自然资源资产负债表编制和领导干部自然资源资产离任审计国家试点。经过前期的调查研究和自然资源资产负债表的编制，湖州市委、市政府发布了《湖州市自然资源资产保护与利用绩效考核评价暂行办法》和《湖州市领导干部自然资源资产离任审计暂行办法》②，通过自然资源资产负债表编制和领导干部自然资源资产离任审计，扎实有效地推动领导干部切实履行自然资源资产管理和生态环境保护责任，保障湖州市生态文明先行示范区建设各项目标任务顺利完成，为全国开展自然资源资产负债表编制和领导干部自然资源资产离任审计提供样本。湖州市领导干部自然资源资产离任审计制度主要内容如下：

1. 干部离任审计的对象与内容

（1）审计的对象。市级主要是审计县区党政主要负责人，县区主

---

① 《〈开展领导干部自然资源资产离任审计试点方案〉出台》，《光明日报》2015年11月11日第4版。

② 参见《湖州市自然资源资产保护与利用绩效考核评价暂行办法》和《湖州市领导干部自然资源资产离任审计暂行办法》（湖委办〔2016〕60号）。

要是审计重点乡镇党政主要负责人。

（2）审计的内容。县区主要是领导干部任职前后所在地区的自然资源资产实物量及生态环境质量变化状况，主要包括土地资源、水资源、林木资源及矿山生态环境治理、大气污染防治等重点领域。乡镇主要包括土地资源、林木资源、生态环境治理等重点领域。

2. 资产负债表编制和离任审计制度

通过自然资源资产负债表编制和领导干部自然资源资产离任审计试点，形成一套务实管用、可操作、可推广的报表编制方法和审计办法。

（1）探索县区、乡镇自然资源资产负债表实物量的编制内容和价值量的计算方法。

（2）探索审计评价、审计责任界定和审计结果运用；建立湖州市领导干部自然资源资产离任审计制度。

3. 考核评价对象

考核评价湖州市各县区：吴兴区、南浔区、德清县、长兴县、安吉县、湖州开发区和南太湖度假区。

4. 考核评价内容

考核评价内容由自然资源资产保护、自然资源资产利用和生态环境改善三大类别、十个方面、二十项基础指标组成。其中，自然资源资产保护部分包括耕地保护、森林保护、水源保护、节能减排四个方面的十项基础指标，权重为50%；自然资源资产利用部分包括土地资源利用、水资源利用、矿山修复三个方面的五项基础指标，权重为20%；生态环境改善部分包括大气环境质量改善、水环境质量改善、社会公众评价三个方面的五项基础指标，权重为30%。

5. 考核评价方式

考核评价工作在市生态文明先行示范区建设领导小组的领导下组织实施，由市生态文明办牵头，市国土资源局、市水利局、市农业局、市林业局、市环保局等主管部门负责提供基础数据、分析评估，市统计局负责汇总测算、综合评价。考核评价工作每年组织开展一次，一般在次年5月底前完成。

考核评价结果以两种形式发布：一是量化指数。具体分为三个层次：第一层次为自然资源资产保护与利用绩效综合评价指数；第二层次为自然资源资产保护、自然资源资产利用和生态环境改善三项分类评价指数；第三层次为各项基础指标评价指数。二是定性等次。对各县区每年的自然资源资产保护与利用绩效，通过计算其综合评价指数与全市平均指数的差异程度，按优秀、良好、合格、不合格四个等次给予评定。同时，通过计算其综合指数与上年度的变化程度，按进步、稳定、退步三个属性给予评定。[①]

6. 考核评价结果运用

将考核评价结果作为生态文明建设实绩考核的重要内容，纳入市对县区经济社会发展综合评价和党政领导干部实绩考核，并逐步提高分值比重。根据考核评价结果，对自然资源资产保护与利用绩效突出的地区，给予表扬奖励；对违背生态文明建设要求，突破耕地保护、水源保护、节能减排等"红线"指标，或者造成自然资源和生态环境严重破坏的，实行"一票否决"[②]，并依据中共中央办公厅、国务院办公厅《党政领导干部生态环境损害责任追究办法（试行）》等有关规定，给予责任追究。

（三）湖州市领导干部自然资源资产离任审计制度的实践

自 2015 年开始，湖州开展领导干部自然资源资产离任审计试点。2017 年中办国办印发的《领导干部自然资源资产离任审计规定（试行）》明确提出，湖州在该制度试点中走在全国前列，已覆盖全市三县两区所有乡镇领导干部，并成功对 36 名党政主要领导干部开展了生态审计。

2018 年湖州市审计机关全面开展领导干部自然资源资产离任审计，审计对象从试点期间的乡镇党政主要领导干部扩大到承担相关资源管理和环境保护职责的部门主要领导，并在继续探索自然资源资产

---

① 徐思远、凌枫：《自然资源资产离任审计环境构建初探——以湖州试点经验为例》，《新会计》2017 年第 7 期。

② 《生态账本：推动生态责任履行》，《湖州日报》2018 年 12 月 29 日第 B01 版。

审计方法技术上取得了新进展，提高了审计效率和成效。

一是市县审计机关整合联动。市局把市、区（县）审计机关领导干部自然资源资产离任（任中）审计项目作为全市性的大项目来谋划安排，通过出台审计操作规程、制订统一工作方案、组织专题培训研讨等，指导区县开展审计；加强资源整合、信息共享，市局对被审计单位的相关数据进行集中采集分析，将涉及有关乡镇区域内的疑点交由区（县）局审计组现场核实，同时区（县）审计组根据需要也可到市局查找相关审批资料或数据信息。

二是地理信息数据综合利用。如市局在开展市林业局局长自然资源资产审计中，从林业、环保、国土、测绘4个部门收集了多达400GB的数据，构建审计分析模型，查明了建设开垦违规占用林地、工程项目占用湿地和公益林区划落界工作不到位等问题。德清县局与县地理信息中心合作，首次尝试借助县"多规合一"规划协同平台，并运用人工智能技术 Deep Learning 开展审计，在短时间内定位各类疑点653处，现场核查准确率在80%以上；长兴县局通过 ArcGIS 联合带图 GPS 进行现场勘察，实现精准定位疑点。

三是加强与内审的协同合作。市局在年初就指导湖州经济技术开发区管委会内审机构将1个街道主任的自然资源资产责任审计列入年度计划，与其他区县的审计项目同步实施，并在审计全过程中加强国家审计与内部审计的协同配合，市局将对市林业局审计中发现的涉及街道的审计疑点委托开发区内审组进行延伸核实，同时会同内审协会进行现场指导，推动解决内审工作开展中遇到的困难和问题。

四是增强部门之间协作合力。审计机关与相关部门在审前、审中、审后的协作更加紧密，监督合力进一步增强。如吴兴区通过检监察、巡察和审计部门三方合力、深入推进纪巡审联动机制，审前互通情况抓重点、审中深入探讨排进度、审后跟踪反馈促整改，促进常态化运行；安吉县局通过组建由相关职能部门人员参加的联合审计组实施审计，并采取审计评价指标量化和主管部门年度考核结果量化相结合的办法，构建审计评价模式，南浔区局通过区委生态办牵头，及时取得审计所需数据和相关监测结果，在审计意见中加以运用与体现。①

三　全国领先的自然资源资产产权制度

自然资源资产产权制度是生态文明建设的一项基本制度，关系自然资源资产的所有权、使用权、利益分配等权利，对自然资源的保护、建设、利用等方面产生重要影响。在生态文明建设推进过程中，建立自然资源资产产权制度具有现实意义。②

（一）自然资源产权制度的内涵

自然资源包括土地、矿产、森林、草原、湿地、水、海洋等自然资源资产。根据《中华人民共和国民法典》的规定，产权包括财产的所有权、占有权、支配权、使用权、收益权和处置权。而自然资源产权可以分为土地产权、水资源产权、矿产资源产权、森林资源产权、其他资源产权。在我国没有私有产权的自然资源，全部为公有，包括全民所有和集体所有。自然资源资产产权制度是关于自然资源资产产权主体结构、主体行为、权利指向、利益关系等方面的制度安排。也可理解为关于自然资源资产产权的形成、设置、行使、转移、结果、消灭等的规定或安排。自然资源资产公有表明其经济利益由全民或集体共享，这是我国自然资源资产产权制度的根本特征。③

（二）自然资源资产产权制度改革的方向

自然资源资产产权制度改革是个重要而复杂的理论和实践问题，当前处在理论探讨阶段，有关实践也才刚刚起步。在确定有关产权中应坚持产权主体合理、产权边界清晰、产权权能健全、产权流转顺畅、利益格局合理的自然资源资产产权制度改革总体方向。一是主体结构合理，要进一步完善由全民或国家所有者和集体所有者共同组成的中国特色自然资源产权主体结构，强调各类产权主体的权利和义务

---

① 《湖州市审计机关四个方面探索领导干部自然资源资产离任审计方式方法》，湖州市审计局网，2018年12月19日，http：//hzssjj. huzhou. gov. cn/sjzx/sjxx/20181219/i1272582. html。

② 谷树忠、李维明：《自然资源资产产权制度的五个基本问题》，《中国经济时报》2015年10月23日第14版。

③ 谷树忠：《关于自然资源资产产权制度建设的思考》，《中国土地》2019年第6期。

的平等与均衡。二是产权边界清晰，厘清各类自然资源之间、各类产权主体之间的资源产权边界。重点厘清农、林、草资源之间，矿产与土地、水资源之间的产权边界；重点厘清国家和集体资源产权的边界。三是产权权能完整，以强化资源处分或处置权、保障资源收益或受益权为核心，健全资源产权权能。四是产权流转顺畅，以消除资源管理体制和资源配置机制等方面的障碍为突破口，促进资源产权顺畅、有效流转。五是利益格局合理。以切实保障国家利益和集体利益为核心，改进资源利益分配格局，提高资源利益格局的合理性。①

（三）湖州市自然资源资产产权制度建设的进展

2017年年初，湖州市自然资源资产产权制度改革工作方案正式出台，积极探索建立归属清晰、权责明确、监管有效的自然资源资产产权制度，并逐步形成具有本地特点的自然资源管理新体系。自然资源资产产权制度建设严格遵照"摸清家底、夯实基础，合理划分、权责明确，先易后难、分步推进"的原则，主要包括建立自然资源统一确权登记体系、健全自然资源有偿使用制度等方面。湖州市要求以土地利用现状调查成果为底图，结合各类自然资源普查或调查成果，查清登记单元内各类自然资源的现状；以土地利用分类体系为基础，建立各类自然资源管理部门的分类与土地利用分类之间对应关系；建立自然资源确权登记信息平台。

2017年4月，长兴县成为湖州市建设生态文明先行示范区的自然资源统一确权登记试点单位，自然资源统一确权登记正式启动。在全面调查的基础上，围绕自然资源产权保护、自然生态空间管制等方面大胆实践，试点工作取得多个突破。制定出台了自然资源登记单元编码规则、划分规则、首次登记流程、确权登记数据库标准等"1+7"政策制度体系，对42个全民所有自然资源登记单元进行了确权登记，试点经验作为全省26个典型案例进行推广，得到了自然资源部的肯定。

---

① 谷树忠、李维明：《自然资源资产产权制度的五个基本问题》，《中国经济时报》2015年10月23日第14版。

自然资源资产产权制度的建设，是湖州市生态文明建设制度的又一崭新的探索，将为我国生态文明制度建设添砖加瓦。

第三节　国家生态文明标准化示范区建设

一　生态文明标准化制度建设

生态文明标准化是生态文明先行示范区制度体系建设的重要技术支撑，是生态文明先行示范区建设的重要组成部分。湖州市在全国率先提出"生态文明＋标准化"的概念，获国家标准委批准成为全国唯一创建国家生态文明标准化示范区城市，在全国率先构建了生态文明标准体系。[①] 湖州市创新性开展生态文明标准化建设，梳理并建立全市生态文明先行示范区建设具有国家、行业、地方特色和标准的导向目录，建立湖州生态文明标准化示范区专家库，分行业成立市级标准化技术委员会，制订了《湖州市生态文明先行示范区标准化建设方案》，为生态文明制度建设进行了富有成效的探索。

（一）国家生态文明标准化示范区建设目标[②]

湖州市按照生态文明标准化建设比生态文明先行示范区建设快一拍的原则，从2015年起至2019年年底，实现"一年打基础，三年出亮点，五年成示范"的总体目标，分阶段推进生态文明标准化建设，在全国率先建立生态文明先行示范区建设标准体系。

到2015年年底，生态文明标准化建设全面启动，搭建湖州市生态文明标准体系主体框架结构，形成生态文明标准体系表；建立生态文明标准信息服务平台，实现标准查阅和交流共享；编制湖州市重点领域标准研制立项计划，发布重点标准研制清单；组织开展标准化知识宣传贯彻培训，培养一批标准化专业人员；启动省级、国家级生态

---

① 《浙江湖州发布全国首个生态文明示范带建设地方标准》，搜狐网，2018年10月18日，https://www.sohu.com/a/260332466_822829。

② 参见《湖州市生态文明先行示范区标准化建设方案》（湖委办〔2015〕32号）。

文明标准化示范区建设。

到 2017 年年底，生态文明标准化建设全省前列。在重点领域、重点行业制定实施一批支撑湖州市生态文明建设的技术标准规范；树立一批生态文明标准化建设示范点；制定发布了《生态文明先行示范区建设指南》市级地方标准，并上升为省级地方标准；完成省级生态文明标准化示范区建设。

到 2019 年年底，生态文明标准化建设全国领先。率先建立完善的生态文明先行示范区标准体系；一批重点领域重点标准上升为团体标准、地方标准或国家标准；《生态文明先行示范区建设指南》争取上升为国家标准；完成国家级生态文明标准化示范区建设。①

（二）生态文明标准化建设的主要任务②

湖州市生态文明先行示范区标准化建设的主要任务：一是构建一个体系。依据湖州生态文明先行示范区建设的特点和建设方案，构建生态文明先行示范区标准体系。围绕湖州生态文明先行示范区建设七大体系、十大工程，编制湖州生态文明先行示范区标准体系表，确定重点标准采标清单与缺失标准制定清单。二是搭建一个平台。依托标准化工作，通过信息化手段，搭建支撑湖州生态文明先行示范区建设的标准信息服务平台。三是制定 7 类标准。重点围绕生态文明先行示范区建设中空间布局、城乡融合、产业发展、资源利用、生态环境、生态文化、机制建设七大体系制定一批支撑湖州生态文明建设的关键标准。③ 进一步完善和落实强制性国家标准，统筹布局推荐性国家标准、地方标准的制定，积极培育团体标准，鼓励企业制定企业标准，使湖州生态文明先行示范区标准化建设工作思路与国家标准化改革发展思路相一致。④ 四是形成一个示范。根据湖州生态文明先行示范区

---

① 郑云华等：《"绿水青山就是金山银山"的湖州实践》，《环境教育》2017 年第 11 期。

② 赵宏春、赵子军：《生态文明标准化建设从哪里开始》，《中国标准化》2015 年第 7 期。

③ 曹吉根：《生态文明建设标准要先行》，《中国质量报》2015 年 6 月 16 日第 2 版。

④ 参见国家标准《美丽乡村建设指南》（GB/T32000—2015）。

建设方案的实施情况和实践经验，通过市级、省级和国家级"三步走"的方式，最终完成《生态文明先行示范区建设指南》制定并争取上升为国家标准，进一步凝练湖州生态文明标准化建设的成果，成为全国生态文明标准化工作标杆，更好地支撑生态文明建设"湖州模式"的形成与推广。

二 全国首个《美丽新村建设指南》国家标准

国家标准《美丽乡村建设指南》（GB/T32000—2015）反映了安吉版美丽乡村标准化建设的历史性新成果，标志着协同推进美丽乡村建设进入了新阶段，彰显了美丽中国建设的新力度，开启了世界乡村建设的新思路，也是对湖州美丽乡村建设的肯定。国家标准有十分积极的作用，它是政策、法规出台的重要依据，规划、创建工作的基本遵循，验收、评价运用的主要标准。

党的十八大报告首次提出了建设"美丽中国"的任务和目标。2013 年浙江省政府工作报告提出要全面推进"美丽浙江"建设。"美丽乡村"是建设美丽浙江的重要组成部分。中共浙江省委办公厅、省人民政府办公厅于 2010 年印发了《浙江省美丽乡村建设行动计划（2011—2015 年）的通知》（浙委办〔2010〕141 号），要求到 2015 年，力争全省 70%左右县（市、区）达到美丽乡村建设，60%以上的乡镇开展整乡整镇美丽乡村建设。① 2010 年，安吉县率先引入标准化手段推进"美丽乡村"建设，开展全国首个"美丽乡村标准化示范县"创建，明确了 36 项考核指标，制定了美丽乡村建设的标准体系，并取得显著成效，走出了一条"三产"联动、城乡融合、农民富裕、生态和谐的符合地方特色的科学发展道路。

为将美丽乡村建设的经验、成果进行标准转化和推广，探索新农村建设的新模式，由安吉县人民政府、浙江省标准化研究院等 6 家单位共同起草了《美丽乡村建设规范》。为了确保标准的科学性、合理性和可操作性，在浙江省农办的大力支持下，共向浙江省新农村建设领导小组 46 个成员单位、11 个地市农办以及相关科研机构等发起四

① 参见《浙江省美丽乡村建设行动计划（2011—2015 年）》（浙委办〔2010〕141 号）。

轮征求意见，共收到反馈意见 289 条，其中采纳 175 条，部分采纳 45 条。《美丽乡村建设规范》（DB33/T912—2014）成为省级标准。

《美丽乡村建设规范》的制定和实施有利于对美丽乡村现有建设经验进行推广，整体提升浙江省美丽乡村建设和农村综合改革工作。同时，对浙江省美丽乡村高质量建设、高效率管理、可持续维护、规范化服务、科学评价等环节，具有重要的指导作用。为了将美丽乡村建设的经验在全国进行推广，产生更大的价值，为我国美丽乡村建设提供借鉴意义，2015 年 2 月 2 日，由安吉县人民政府为第一起草单位制定的《美丽乡村建设指南》国家标准审定会在北京召开，来自国家各部委、研究机构、高校等单位的 15 名专家参加审定，最后一致同意通过审查。[①] 湖州创建了全国首个美丽乡村建设国家标准。

三　生态文明标准化示范区建设的实践探索

湖州以生态文明先行示范区为契机，自我加压通过一系列标准化促进生态文明建设的发展。编制了生态文明标准体系表，启动《湖州市生态文明示范区建设指南》制定工作，推进重点领域标准体系的建立和实施，推动部门在制定政策措施时积极引用标准；开展生态文明标准化宣传工作，组织标准化知识培训，建立人才培养计划。组织与实施"五大项目"和"十大标准化支撑工程"。

（一）"五大项目"

1. 生态文明标准化体系建设项目

根据生态文明先行示范区建设方案及标准需求状况，从通用基础和专业技术两个层面，针对空间布局、城乡发展及融合、绿色产业发展、资源节约循环利用、生态环境保护、生态文化和机制建设 7 个方面，编制湖州市生态文明标准体系表。收集湖州市生态文明先行示范区建设相关的国际标准、国家标准、行业标准、地方标准、团体标准及企业标准，分析提出采用标准清单与缺失标准清单，形成重点标准研制导向目录，制定《湖州市生态文明示范区建设指南》地方标准，

---

① 《美丽乡村建设国家标准浙江"制造"》，人民网，http://zj.people.com.cn/n/2015/0204/c228592-23790077.html。

初步建立湖州市生态文明标准体系。①

2. 生态文明标准化服务平台建设项目

加强与标准化研究机构的合作，在信息服务、技术服务、培训服务等方面建立标准化服务平台，做到随时查阅标准信息，分享典型案例和最佳实践指南，搭建在线标准培训模块，形成线上线下全方位培训模式。②引入能源管理信息、温室气体排放核算与报告、节能减排诊断分析与效益评估等工具与平台，实现政策法规、技术信息在线查阅、能耗对标等咨询服务功能，加强节能减排信息监控、分析与管理，优化企业能源、环境、碳排放管理。

3. 生态文明标准化示范点建设项目

围绕湖州市生态文明先行示范点建设，选取具有代表性的乡镇、行政村以及重点行业、重点企业开展生态文明标准化试点示范。各县（区）力争在美丽乡村、水生态文明、湿地公园、绿色出行、生态农业、节能环保、乡村旅游、绿色矿山、绿色生态城、竹林碳汇等领域建立一批生态文明标准化建设示范点，为工作全面铺开提供示范和经验。

4. 生态文明标准化推广应用项目

梳理分析各领域与生态文明先行示范区建设相关的现有国家标准、行业标准和地方标准，加快推进在安全、环境、能源、服务、信息、技术、管理、评价等方面标准体系的建立和实施。在制定政策措施时应积极引用标准，充分应用标准开展宏观调控、产业推进、行业管理、市场准入和质量监管。力争在农村人居环境、节能环保、水生态文明、绿色出行、乡村旅游等重点领域形成一批标准应用工具包。

5. 生态文明标准化宣传教育培训项目

结合每年"世界标准日""世界环境日""湖州生态文明日"等，通过网络、报纸、电视等媒体，多渠道开展生态文明标准化主题宣传教育活动，营造全民参与的良好氛围。依托标准化服务平台的培训服

---

① 侯姗等：《我国生态文明标准体系构建初探》，《质量探索》2018年第10期。
② 陈伟：《新时代地方政府生态文明建设的标准化实践创新——基于湖州市生态文明标准化的分析》，《中国行政管理》2018年第3期。

务功能，针对政府、企业等开展标准化基础知识、标准化体系、标准制修订程序方面的培训，培养一批懂技术、通标准、重实践的标准化人才，建立人才培养计划。

（二）"十大标准化支撑工程"

立足湖州地方特色，实施人居环境改善、绿色金融、绿色智造、全域旅游、生态农业、内河水运转型、水生态文明建设、绿色出行、工矿废弃地复垦利用、社会治理十大标准化支撑工程，通过标准化手段推动经济效益、社会效益和生态效益提升。

（三）生态文明标准化示范区建设成效

"湖州标准"体系建设紧紧围绕"两高"总体要求，把标准化战略作为高质量赶超发展的重要支撑，出台《湖州市全面实施标准化战略行动计划（2017—2020年）》，成立由市长任组长的全面实施标准化战略领导小组，建立健全"统一管理、分工负责"的协调工作机制，标准体系建设取得明显成效，标准化水平保持全省领先。湖州市作为全国唯一一个地级市应邀参加了《国家生态文明标准化发展规划》筹备会，全程参与规划编制工作，这代表湖州市生态文明标准化工作已经走在全国前列。

积极创建首个国家生态文明标准化示范区，全面建立湖州市生态文明标准体系，发布全国首个《生态文明标准体系编制指南》市级地方标准规范。新成立湖州市标准化研究院，完成市农业标准化技术委员会、旅游标准化技术委员会等专业技术委员会筹建，标准化工作基础进一步夯实。2018年，由湖州市质量技术监督局、市标准化研究院、中国标准化研究院和省标准化研究院共同起草的《生态文明示范区建设指南》地方标准正式发布。有关专家给予了充分肯定，认为这是全国首个生态文明示范区建设标准，有利于指导当地生态文明先行示范区建设，也有利于总结有效做法，在全国推广湖州模式，更有利于完善政策机制，提高生态文明建设水平。[①]

----

① 王炜丽：《湖州在全国率先发布〈生态文明示范区建设指南〉标准》，《湖州日报》2018年7月20日第A01版。

湖州市生态文明标准化建设成效显著，亮点纷呈。一是绿色金融标准填补国内空白。围绕湖州市国家绿色金融改革创新试验区建设，率先在全国构建绿色金融标准体系。发布《绿色融资项目评价规范》《绿色金融发展指数》等12项绿色金融地方标准，填补了国内绿色金融领域标准空白，参与国际标准《绿色融资项目评估》（ISO 14100）制定。二是绿色制造标准引领产业升级。围绕打造绿色智造城市，构建了绿色制造标准体系，主导和参与制修订绿色制造国家标准4项、地方标准3项、团体标准32项，其中19项团体标准被工信部列入国家绿色产品标准清单。湖州市在全省率先发布市级绿色工厂、绿色园区评价地方标准，通过标准引领，实现规模以上企业绿色工厂全覆盖，累计获批国家级绿色设计产品26个、绿色工厂37个、绿色园区3个、绿色供应链10个。三是美丽乡村系列标准不断深化。围绕乡村振兴战略，在主导制定《美丽乡村建设指南》国家标准的基础上，发布《美丽公路建设规范》《美丽渔场建设规范》等美丽系列标准7项，为"美丽中国"建设提供借鉴和参考。四是城乡融合标准成为全国示范。围绕城乡融合发展要求，发布《城乡发展一体化建设指南》《城乡环卫一体化作业规范》等城乡融合标准规范10项，在全国率先实行"一根管子接到底""一把扫帚扫到底"城乡标准化管理模式。五是社会治理标准持续领跑。在全国率先发布《县级社会矛盾纠纷调处化解中心管理与运行规范》地方标准，提升基层社会治理水平，助推实现矛盾纠纷化解"最多跑一地"。在全国率先发布实施《绿色矿山建设规范》地方标准，矿山粉尘浓度较标准实施前降低了29%，绿化覆盖率提高了15%。在全国率先发布实施《内河散货码头防污染设施建设和管理规范》《内河船舶生活污水转移处置规范》《内河航道生态护岸建设规范》等内河治理系列标准，引领内河水运生态建设规范化水平。在全省率先发布实施《淡水池塘养殖尾水净化技术规范》地方标准，提升养殖尾水治理能力。在全省率先发布实施《污水零直排区建设与管理规范》系列标准，全方位系统指导规范污水零直排建设，为污水零直排提供了有力的技术支撑，助推水环境治理治本治源。六是绿色产品认证试点开创先河。获批全国唯一绿色产品认证试点城市，以"标准＋认证"的湖州模式，构建了绿色产品标准、认证、政策保障、采信推广和绩效评估等五大体系，率先开展绿色产品认证，为全国建立统一的绿色产品体系作出了成功探索。

第四节 生态文明建设"1＋N"立法体系

2015 年，湖州市取得地方立法权后，确立了"1＋N"的生态文明建设立法体系（"1"表示制定一部生态文明建设综合性地方法规，"N"表示制定一批生态文明建设领域专项地方法规），将生态文明建设纳入了法制化轨道。2016 年市人大的立法计划中，将《湖州市生态文明先行示范区建设条例》列为一类项目（是指本年度内安排审议的项目），市容和环境卫生管理条例、文明行为促进条例、烟花爆竹禁止销售燃放规定、美丽乡村建设管理条例、乡村旅游促进条例、大气污染防治规定等列为二类项目。2016 年，《湖州市生态文明先行示范区建设条例》施行，该条例也是全国首部专门就生态文明先行示范区建设进行立法的地方性法规。2017 年，《湖州市市容和环境卫生管理条例》和《湖州市禁止销售燃放烟花爆竹规定》生效；2018 年，《湖州市文明行为促进条例》颁布实施；2019 年《湖州市美丽乡村建设管理条例》施行。随着"N"代表的法规有计划地出台，将逐渐形成湖州生态文明建设的法规体系。

一 全国首部生态文明先行示范区建设地方法规

（一）制定《湖州市生态文明先行示范区建设条例》① 必要性

1. 贯彻"绿水青山就是金山银山"理念、促进生态文明建设的有力举措

2015 年，中央专门出台了《关于加快推进生态文明建设的意见》，强调要健全生态文明法律法规。加强地方立法，把中央和省、市委关于生态文明建设的部署要求转化为具体的法规条文，有利于更

---

① 《湖州市生态文明先行示范区建设条例》，《湖州日报》2016 年 6 月 7 日第 5 版。

好地推动贯彻"绿水青山就是金山银山"理念，促进落实生态发展战略。

2. 彰显湖州特色优势、加快绿色发展的法治保障

近年来，湖州市坚持举生态旗、打生态牌、走生态路，生态文明建设走在前列，良好的生态环境已成为湖州最重要的优势之一。加强地方立法，在生态文明建设领域建立具有权威性的规则体系，有利于更好地用法治方式来调整利益格局、规范行为秩序、解决实际问题，为湖州市守护绿水青山、发挥生态优势、实现绿色发展提供制度依据和法律保障。

3. 促进示范区建设、实现法治层面先行先试的迫切需要

湖州市自成为全国首个地市级生态文明先行示范区以来，积极探索、大胆创新，创造了许多特色做法和有益经验，逐步走出了一条具有湖州特色的生态文明建设之路。加强地方立法，把这些理论、实践和制度成果上升为地方法规，既突出了立法的管用要求，又体现了立法的地方特色，有利于湖州市生态文明先行示范区建设在法治层面的先行先试，为全省乃至全国提供可复制、可推广的"湖州样板"。

(二)《湖州市生态文明先行示范区建设条例》的主要特点

1. 坚持系统思考

生态文明先行示范区建设是一项系统工程，需要形成一个完整的法规体系。《湖州市生态文明先行示范区建设条例》坚持"1＋X"的立法思路，体例较为全面，内容比较原则，是湖州市生态文明建设的"基本法"，具有"龙头"和"总纲"的牵引作用。今后，可结合实际需要，对某一单项性内容，依据本条例来制定具体的法规或规章，逐步建立起完备的生态文明建设法规体系。

2. 注重先行先试

探索形成可复制、可推广的经验模式，是湖州市生态文明先行示范区建设的重要任务。《湖州市生态文明先行示范区建设条例》按照先行先试、走在前列的要求，既注重引领，突出体现国家生态文明建设的最新精神；又注重传承，积极固化湖州本土的好做法、好经验，如编制环境功能区划、多规合一、生态文明标准化建设、美丽乡村建

设、自然资源资产负债表、自然资源资产离任审计等。

3. 突出规范重点

生态文明建设涉及方方面面，内容十分广泛，必须坚持突出重点、急用先立。《湖州市生态文明先行示范区建设条例》对具体条文不求面面俱到，而是结合实际、规范重点、力求简洁。根据省人大"首先重点规范政府公权力"的立法指导意见，重点对政府在生态文明先行示范区建设中应承担的职责作了规定，部分条款也涉及公民、法人和其他组织的权利义务。

（三）《湖州市生态文明先行示范区建设条例》的主要内容①

《湖州市生态文明先行示范区建设条例》分为总则、规划建设、制度保障、监督检查、公众参与、法律责任和附则 7 章，共 59 条。确定了每年 8 月 15 日为全市生态文明日；确立了生态文明先行示范区建设的指标和标准化体系；坚持了生态文明先行示范区建设规划先行；严格了生态环境保护治理标准和要求；完善了自然资源资产产权制度；健全了资源环境保护市场化机制；突出了生态文明先行示范区建设的绿色考核；强化了生态保护领域司法执法力度；拓展了公众参与生态文明建设的方式和途径并设定了违反条例规定的法律责任。②主要内容包括六个方面：

第一，明确立法目的、责任对象。首先明确了立法目的。其次明确了政府、各有关部门以及社会公众的责任。

第二，立法目标和内容。规定了生态文明先行示范区建设的目标措施，一是明确生态文明建设定量目标；二是要求科学规划生态空间，组织实施环境功能区划，建立生态红线严格保护制度；三是规定了生态文明建设主要任务分别作了规定和要求。

第三，制度保障体系。从三个方面规定了生态文明建设的制度保障体系，一是建立自然资源资产产权制度，并落实领导干部自然资源

---

① 湖州市人大常委：《关于〈湖州市生态文明先行示范区建设条例〉的说明》，《浙江人大》（公报版）2016 年第 3 期。

② 《湖州发布全国首部生态文明示范区地方法规生态文明先行先试》，人民网，2016年 6 月 8 日，http：//zj. people. com. cn/n2/2016/0608/c186806 - 28474866. html。

资产离任审计和生态环境损害责任终身追究制。二是建立市场化机制，包括生态补偿制度以及排污权、水权、碳排放权、林业碳汇交易等制度。三是完善经济政策，如财政支持保障、引导绿色金融发展、多元投资制度等。

第四，监督检查。规定了生态文明建设的监督检查内容，体现在三个方面：一是各级人大及其常委会对生态文明先行示范区建设的监督义务和权利。二是对政府部门绿色考核做出了规定。三是对生态文明建设的执法、司法以及公益诉讼等方面作了规定。

第五，公众参与和生态文化建设。就公众参与作了规定：一是对信息公开的范围和方式进行了说明；二是就社会监督制度作出了规定；三是明确要求将生态文明建设知识纳入国民教育体系和公务员教育培训体系。四是提出全社会遵守生态文明公约。

第六，法律责任。从五个方面就有关法律责任进行规定：一是指出上位法优先原则；二是明确了生态建设有关的行政主管部门及其工作人员的法律责任；三是规定了对破坏自然生态红线区和太湖溇港的法律责任；四是规定了土壤污染修复责任人、控制责任人未开展土壤污染修复或者控制的相关责任；五是根据新环保法中对地方性法规的授权，对水、固体废物、土壤、噪声等污染行为可作按日连续处罚。[①]

二　城市市容和环境卫生法规

（一）制定《湖州市市容和环境卫生管理条例》的背景

城市市容和环境卫生与群众日常生活关系紧密，直接反映一个城市的文明程度和市民的精神风貌。城市市容和环境卫生管理是维持城市正常运转的一项基础性工作，对于提升城市整体功能、提高人民群众生活质量、促进社会文明进步，具有十分重要的意义。[②] 1992 年国务院制定了《城市市容和环境卫生管理条例》，2008 年省人大常委会制定了《浙江省城市市容和环境卫生管理条例》，这两个行政法规和

---

① 湖州市人大常委：《关于〈湖州市生态文明先行示范区建设条例〉的说明》，《浙江人大》（公报版）2016 年第 3 期。

② 湖州市人大常委：《关于〈湖州市市容和环境卫生管理条例〉的说明》，《浙江人大》（公报版）2016 年第 5 期。

省地方性法规在湖州市的实施，有效地促进了湖州市市容环境卫生管理水平的提升，对维护城市整洁、优化环境，增强市民的市容环境卫生保护意识，发挥了重要作用。

随着经济社会发展和城市建设的加快推进，湖州市市容和环境卫生管理工作出现了许多新情况、新问题。有的现有立法未做专门规定，难以满足当前的管理需求，如停车资源调节等。有的现有立法较为原则，需要地方立法进一步细化和补充，如城市道路的维护、生活垃圾管理等。此外，室外摊贩管理一直是湖州市城市管理中的重点和难点，需要立法加以引导和规范。因此，在不与上位法相抵触的前提下，有必要结合湖州市实际，制定一部管用、可操作的地方性法规。一是坚持法制统一。严格遵循《中华人民共和国立法法》确定的"不抵触原则"，做到不与法律、行政法规、省地方性法规的规定相抵触。二是坚持避免重复。涉及的建（构）筑物容貌管理、绿化与照明设施维护、扬尘防治等事项，《中华人民共和国大气污染防治法》《城市绿化条例》《浙江省城市市容和环境卫生管理条例》《城市照明管理规定》等都有明确规定，不纳入本次立法调整范围。三是坚持问题导向。坚持"问题引导立法、立法解决问题，但不期望一次立法解决所有问题"的思路，针对当前市容和环境卫生管理中的停车管理、道路容貌维护管理、城市"牛皮癣"治理、农贸市场管理、摊贩疏导管理、垃圾管理七个重点问题进行规制。四是坚持简洁管用。把握"不求大而全、突出专而精"的要求，在体例上打破常规，不设章节，"成熟几条立几条"，力求简洁明了；在具体内容上，充分考虑执法能力、执法保障和执法条件等因素，对管理中确有处理必要的违法行为规定了行政处罚、行政强制等措施，力求务实管用。

（二）《湖州市市容和环境卫生管理条例》主要内容①

《湖州市市容和环境卫生管理条例》共30条。主要拟解决的重点问题如下：

---

① 《湖州市市容和环境卫生管理条例》，湖州人大网，2019年8月9日，http：//ren-da. huzhou. gov. cn/lzgk/lfgj/20190809/i2296800. html。

1. 摊贩管理问题

通过核发摊贩登记证的方式对流动摊贩、固定摊贩、特种摊贩（食品销售）、临时摊贩经营的范围、场所、时段进行登记，纳入市场主体名录，改变以往因无信息记录，采取扣留物品的强制执法和追逃式执法。对登记摊位实行履行环境卫生和食品安全责任进行记分式管理，并设置相应的处罚种类和奖惩措施。按一定的服务半径设置小贩中心（平价综合商业设施），以优惠的津贴接收街边小贩，逐步引摊入市；对特色小贩中心进行景观化改造提升，使中心成为邻里交流中心和城市旅游景观窗口。对城市室外空间进行合理规划，把市、县、镇建成区划分为禁止设摊区——任何流动摊贩不能经营的区域。如在交通拥挤和商业核心路段设置"禁止区"。限制设摊区（点）——在指定的时间、区域（点）内临时设摊经营。有条件开放区——在不影响道路畅通和周边居民生活的情况下，固定时间、区域（点）设摊经营。

2. 市容强制性标准

就建筑物立面方面。一是外墙清洗。大理石、玻璃幕墙等外立面必须通过清洗保洁的墙面，根据材质的不同，明确不同的清洗频度。二是外墙粉刷。为保证建筑外墙整齐清洁，确定临街建筑物立面和非临街建筑物涂刷的频度。三是店招。要求统一规格和设置高度，统一设计风格。四是空调外机。已配建设备平台的高层建筑禁止在外立面外挂空调外机和设定建筑物底层空调外机设置标准。

就道路保洁方面。一是明确各类道路的清扫频度，确保一定的道路机扫率，提高道路机械化清扫保洁水平。二是小区、单位专有道路开放作为城镇公共道路使用的，明确纳入城市道路保洁范围，为街区制的实施作先行探索。三是公路、城市道路一块板。对已承担了城市道路功能的公路（类似杭长南路段）按照市政道路的标准进行全面改造，改造后按照市政道路的标准和规范进行保洁。四是"一把扫帚扫到底"工作机制。总结德清县经验做法，实现公共环境卫生服务城乡一体化，将环卫工作延伸到村一级。五是道路附属设施。人行护栏、桥梁护栏、柱杆、标志招牌、公交站亭、城市景观小品等城市家具的保洁，委托具备专业资格的单位进行保洁和维护。

就污水治理方面。采取必要的设施改造，将餐饮污水排入市政污水管网，禁止向城市水体排放生活污水。就油烟治理方面。要求餐饮业主、单位食堂必须安装油烟净化器，制定定期清洗规定；加强对油烟排放行为的远程实时监测；禁止露天烧烤。就扬尘治理方面。明确防止产生施工扬尘、土壤扬尘、道路扬尘、堆场扬尘的具体措施及强制性标准。

就乱贴广告治理方面。明确另行制定专门地方性法规给予规范；对"牛皮癣"和散发小广告行为制定罚则，可暂扣有关宣传物品，并通知电信部门暂停其通信工具号码的使用。

就犬类管理方面。先行作原则性规定，犬类饲养人必须办理《犬类准养证》；禁止烈性犬进入公共场所，其他犬进入公共场所必须有具有完全民事行为能力的人看护，并用束犬链牵行。

就烟花爆竹管理方面。市域、县域的主城区范围内禁止燃放烟花爆竹，并有计划地推进湖州市全域范围内的烟花爆竹禁放工作。

就城市绿化方面。建立绿化植被定期"体检"养护制度；制定立体绿化、屋顶绿化和停车场绿化的标准。就设施安排方面。各类设备设施控制箱、柜、检查井、管线井等设施设置在绿化带内；统一管线检查井盖外观、材质。新开发城市区域探索实施地下管廊的三同步。

就停车设施方面。组织编制城市停车设施布局专项规划；鼓励沿街单位在非工作日向社会开放停车场所。

3. 建筑垃圾管理

有关成品房交付制度。为从源头上减少建筑垃圾的产生，分步推进新建住宅小区实施精装修交付制度或者鼓励有条件的开发商出售精装修房。有关消纳场、调度中心。明确建筑垃圾消纳场规模与建筑垃圾日产生量的关系，将建筑垃圾消纳场与调度中心合二为一，开展垃圾资源化处理。

4. 生活垃圾管理

明确生活垃圾分类方式；明确各类收集容器的规格、标识及标志色。加强垃圾分类知识的宣传普及。提倡消费者自带购物袋，且要求商店不得销售和赠送塑料材质购物袋,只允许销售环保袋。沿街店面产生的生活垃圾和餐厨垃圾必须委托环境卫生专业服务单位收集和处置,进行无害化处置,不得任意处置。要求生活垃圾运输车辆全密闭化,并装配全程监控设施,加强对垃圾运输沿途滴漏的监控。针对现阶段焚烧能力不足的问题,在市域范围内统筹规划建设垃圾焚烧厂,由属地负责建设、市统一管理;放开垃圾处理市场,实现垃圾处理设施建设投资和运营管理主体多元化。

5. 环境卫生设施建设与管理

建立道路管线协调机制,尽量避免因各类管线改造施工而造成的道路反复开挖。实行道路杆线"二维码身份证"制度,改变无序化设置和维护无主化现状。人行道铺设。建筑物后退道路红线部分的人行道材质和市政道路的材质和建设标准应当一致。经费保障。健全经费保障机制,明确市容和环卫事业经费按市容标准测算的实际任务量全额保障。

6. 执行与责任落实

对当事人拒不履行环境卫生义务的人而产生的代履行费用和一定数额的行政处罚案件的处罚决定,由法院环保法庭适用简易程序快速和非现场执行。明确对易腐烂、鲜活的暂扣物品和无主物品,可捐赠给公益事业单位。将市容环境卫生管理列入上级政府对下级政府及其派出机构的考核。因政府履职不到位而导致市容环境污染、市容秩序混乱的,纳入环境公益诉讼范畴。

三 禁止销售燃放烟花爆竹立法

(一)制定《湖州市禁止销售燃放烟花爆竹规定》的背景

燃放烟花爆竹是我国民间长期以来形成的、用以表达喜庆欢乐等心理的一种习俗。随着时代的发展和社会的进步,烟花爆竹自身存在的安全隐患以及燃放过程中造成的环境污染特别是扰民现象已逐渐成为社会共同关注的问题。[①]

---

① 湖州市人大常委:《关于〈湖州市禁止销售燃放烟花爆竹规定〉的说明》,《浙江人大》(公报版)2017年第4期。

2006 年国务院颁布了《烟花爆竹安全管理条例》，构建了我国烟花爆竹生产、运输、经营、燃放安全等管理制度的基本框架。2010 年省政府也制定出台了《浙江省烟花爆竹安全管理办法》，授权县级以上人民政府确定禁止或者限制燃放烟花爆竹的时间、地点和种类。

1995 年湖州市人大常委会作出了《关于批准〈湖州市市区禁止燃放烟花爆竹暂行规定〉的决定》，自 1996 年元旦开始在中心城区全面禁止燃放烟花爆竹。1999 年全面禁放调整为每年春节期间实行有限燃放，时间为春节前后各半个月，区域范围仍为中心城区。近年来，有限燃放的时间逐步缩短，2017 年春节期间仅为 5 天，有限燃放的区域也随着城市的发展而逐步扩大。有限燃放实施十多年来，湖州市经济社会迅速发展，市民的生活方式、文明素质均发生了较大变化，对燃放烟花爆竹危害性的认识有所提高，对烟花爆竹制品的需求量也相应地减小。由于传统习俗的影响、违法燃放处罚成本低以及违法行为查处难度大等原因，在禁燃区违规燃放的现象时有发生，由此带来的环境污染尤其是噪声污染、消防安全事故等，危害群众的人身、财产安全和生活环境，日益成为社会治安管理和城市管理中的突出问题。

湖州市及时总结十多年来有限燃放的实践，结合本市实际，合理确定禁燃区域，规范市民的燃放行为，减少不文明行为，移风易俗，提高市民文明素质和生活环境质量，对上位法关于烟花爆竹管理的规定进行细化和补充非常有必要。此外，鉴于烟花爆竹销售行为与燃放行为密切相关，仅禁止燃放而不禁止销售难以达到预期效果，因此在立法起草时一并予以考虑。

（二）《湖州市禁止销售燃放烟花爆竹规定》主要内容[①]

《湖州市禁止销售燃放烟花爆竹规定》共 18 条，主要内容说明如下：

总则性规定。明确了立法目的和依据、本规定的适用范围。在国

---

① 湖州市人大常委：《关于〈湖州市禁止销售燃放烟花爆竹规定〉的说明》，《浙江人大》（公报版）2017 年第 4 期。

务院《烟花爆竹安全管理条例》和《浙江省烟花爆竹安全管理办法》的基础上增加了"防治环境污染",以回应社会关注。

禁止范围。明确了吴兴区行政区域内全面禁止销售、燃放烟花爆竹,其他县区的禁止区域由各县区政府自行确定(在征求意见和讨论的过程中,有观点认为在吴兴区行政区域内全面禁止的基础上,应当增加其他县区城市建成区为禁止区域;有观点认为市本级行政区域内应当全面禁止;还有观点认为鉴于传统风俗、城乡差异的影响和执法能力的制约,禁止销售燃放烟花爆竹应当逐步推进,目前吴兴区行政区域内城市、镇建成区禁止较为可行),授权县区政府可以对禁止区域外燃放烟花爆竹的时间作出限制;在禁止区域外的特殊场合,基于维护消防安全和人身、财产安全的需要,也明确禁止燃放烟花爆竹;要求政府在禁止销售、燃放烟花爆竹的区域和场所设置明显标志,做好提示工作;为了巩固治霾成果,《湖州市禁止销售燃放烟花爆竹规定》明确重污染天气期间,本市禁止燃放烟花爆竹;此外,对今后基于公共利益的需要,可能在禁止区域内举行重大公共活动而举办焰火晚会或者其他大型焰火燃放活动的,《湖州市禁止销售燃放烟花爆竹规定》作了例外规定,但要求举办者按照规定程序申请,经批准后还应当向社会公告。

管理措施。明确了有关主管部门的职责分工,赋予基层群众性自治组织、物业服务企业劝阻和报告义务;烟花爆竹管理特别是禁止燃放工作,需要全社会共同参与,宣传教育工作必须及时跟进,为此明确了有关主体的宣传教育义务;明确了禁止区域外烟花爆竹零售点的布设原则和程序;为了加强烟花爆竹流向管控,规定烟花爆竹批发企业、零售经营者、燃放作业单位建立档案备查;为移风易俗,鼓励使用安全、环保的替代性产品。

法律责任。根据地方立法"不重复上位法规定"的要求,《湖州市禁止销售燃放烟花爆竹规定》对部分违法行为的法律责任作了转致规定,对自行设定的义务性规范设定了相应的法律责任,对部分有上位法依据的法律责任作了必要的细化或者衔接。

四 全国首部美丽乡村建设地方法规

（一）《湖州市美丽乡村建设条例》的意义

2018 年 12 月 29 日湖州市第八届人民代表大会常务委员会第十六次会议通过、2019 年 3 月 28 日浙江省第十三届人民代表大会常务委员会第十一次会议批准的《湖州市美丽乡村建设条例》，是全国首部地方性美丽乡村建设法规，不仅让湖州的美丽乡村建设正式步入有法可循的轨道，也将为全省乃至全国各地的美丽乡村建设提供更多湖州经验。

《湖州市美丽乡村建设条例》始终贯穿"绿水青山就是金山银山"理念，充分体现湖州特色，把农村人居环境提升和产业发展促进作为立法重点，充分体现了湖州市美丽乡村建设在全国范围内的影响力和引领性。以立法形式固化了湖州市十多年来美丽乡村建设管理经验，努力为全国美丽乡村建设提供更多的湖州经验、制度方案。创设了很多具有地方特色的制度规定，为行政执法、农村自治管理提供法律依据，推动解决老百姓身边的"关键小事"。

（二）《湖州市美丽乡村建设条例》的主要内容

《湖州市美丽乡村建设条例》分为总则、规划和设施建设、人居环境提升、产业发展促进、保障和引导、法律责任、附则 7 章，共53 条。

第一章总则，明确了市、区县人民政府的领导责任以及乡（镇）人民政府、街道办事处的组织实施责任，对村委会以及村民的权利和义务作了规定，以突出村委会的自治管理和村民的主体作用，增强村民参与度。

第二章规划和设施建设，规定了县域美丽乡村建设规划、村庄设计、农房设计以及公共服务设施、道路、生活垃圾处理设施、卫生厕所等建设，市、区县人民政府应当加强政府性投入资源的统筹，避免重复和不符合实际的建设。提倡多村共建、共享公共服务设施，节约集约利用土地、资金等资源。

第三章人居环境提升，明确了生活垃圾分类、建筑垃圾处理、农业废弃物处理、家禽家畜饲养、农村生活污水处理、管线架设、公共空间治理、村庄美化等要求。

第四章产业发展促进，规定了产业布局规划、生态高效农业、小微企业转型升级、特色产业发展以及政务服务、土地金融人才支撑、壮大集体经济等内容。针对实践中美丽乡村建好后转化路径不畅、成效不高、后续资金短缺等问题，明确要求区县人民政府制定符合实际的产业发展政策，鼓励有条件的村庄编制产业发展规划，加强产业发展的布局和引导；根据现有农村产业布局，对第一、第二和第三产业发展分别作出规定，并强调产业融合发展；明确通过引导工商资本到农村投资、预留用地空间和指标、培育新型职业农民等途径，破解资金、土地、人才等要素瓶颈。

第五章保障和引导，规定了工作考核、资金保障、联合执法、村民自治、道德培育、村务公开、示范创建、宣传教育等内容，突出了道德培育、村规民约自治与行政执法相结合的"三治融合"治理方式。

第六章法律责任，采取教育与惩罚相结合原则，只对四种违法行为规定了法律责任，包括：擅自关闭、拆除农村生活垃圾分类、污水处理和公共卫生厕所设施、设备；未按要求分类投放、收集、运输生活垃圾；随意抛撒、倾倒、堆放建筑垃圾；管线运营单位未定期对管线进行清（整）理，影响村容村貌。同时，还明确了公职人员违法的法律责任。

第七章附则，规定自 2019 年 5 月 1 日起实施。

第四章

湖州市生态经济建设

第一节　生态经济化、经济生态化
"两山"转化实践

发展生态经济不仅是追求"经济的生态化"，即经济发展的绿色化，同时还意味着"生态的经济化"，即生态资源的经济化。[①]"绿水青山就是金山银山"理念引领着传统发展观上升到绿色发展理念，突破了环境保护和经济增长之间非此即彼的对立性。[②] 湖州以"绿水青山就是金山银山"理念为指引，充分依托本地的山水林田湖等生态环境资源，在改造、优化、提升的基础上，着力发展适合本地特色的生态农业、生态工业、生态旅游业，取得了良好的经济效果。

一　湖州市生态经济化实践

"绿水青山就是金山银山"理念将生态环境保护和经济增长统一在生态文明的范畴内，将生态环境看作经济增长重要的驱动力。近年来，湖州努力践行生态经济化。自浙江省开展农业现代化综合评价以来，湖州市连续六次夺得冠军，农业现代化发展水平一直领跑全省。

---

① 侯子峰：《习近平生态经济思想研究》，《湖州师范学院学报》2018 年第 3 期。

② 康沛竹、段蕾：《习近平的绿色发展观》，《新疆师范大学学报》（哲学社会科学版）2016 年第 4 期。

同时，在浙江省的 82 个县市区中，德清县夺得冠军，实现"五连冠"。①服务业增加值迈上千亿元台阶，德清和安吉入围全省首批服务业强县（区）试点。省级旅游度假区实现县区全覆盖，太湖旅游度假区升格为国家级，南浔古镇成功创建国家 5A 级景区，旅游服务业成为拉动经济增长的一股重要力量。

（一）践行"绿水青山就是金山银山"理念，绽放美丽经济

2003 年湖州市安吉县提出创建全国首个生态县的目标，安吉县余村开始陆续关停矿山和水泥厂，发展前景一度陷入迷茫。2005 年 8 月 15 日，习近平同志首次提出"绿水青山就是金山银山"理念，余村人开始封山护林，重新编制发展规划，把全村划为休闲旅游区、美丽宜居区、生态农业区三个板块，以荷花山风景区和隆庆禅院为主，配上漂流、农家乐等服务项目，开拓村域休闲旅游产业；以舒适、优美、生态、人文为目标，推进村级"美丽乡村"规划落地，拆治同步、改建结合，不断改善人居环境，提升人居品位；以绿色自然为底色，围绕"文创小镇""智慧小镇"建设，大力招引无污染、高效益企业，努力增强发展后劲。十多年过去了，余村从"卖石头"到"卖风景"，实现了经济发展与生态保护的"双赢"，促进生态、经济、民主、法治建设的和谐统一。2019 年，余村实现农村经济总收入 2.796 亿元，农民人均收入 49598 元；全村从事休闲农业与乡村旅游产业的农户 42 家，从业人员 300 多人，2019 年接待游客 90 多万人次。村集体经济收入从 2005 年的 91 万元增加到 2019 年的 521 万元。

（二）产业生态循环发展，增值生态红利

2003 年，习近平同志来到黄杜村，充分肯定了白茶产业的发展，并指出："一片叶子成就了一个产业，富裕了一方百姓。"安吉白茶产业从无到有、从有到优，多年来，这一产业已经成为支撑安吉的支柱产业。2015 年 8 月，安吉白茶正式登录华东林权交易所大宗农产品现

---

① 徐坊：《厉害了"六连冠"！湖州农业现代化发展水平领跑全省》，浙江新闻，2019 年 11 月 25 日，https://zj.zjol.com.cn/news.html? id=1334307。

货电子交易平台，标志着华东林交所安吉白茶上市的正式开启。[①]
2020年，由浙江大学CARD中国农业品牌研究中心发布的中国茶叶
区域公用品牌价值评估结果显示，安吉白茶品牌价值达41.64亿元，
连续11年跻身品牌价值十强，成为最具品牌溢价力、最具品牌传播
力的中国茶类区域公用品牌。白茶也给当地农民释放了"生态红利"，
2017年单白茶一项就贡献了安吉县农民人均收入6800元。由于白茶
的亩产效益要好于毛竹，为了防止大面积砍伐林木，导致水土流失，
安吉县划定了白茶的种植范围，使生态保护和经济发展两不误。

2018年4月，浙江省湖州市安吉县黄杜村20名农民党员给习近
平总书记写信，汇报种植白茶致富情况，提出愿意捐赠1500万株茶
苗帮助贫困地区群众脱贫。习近平总书记做出重要指示，赞扬他们弘
扬为党分忧、先富帮后富的精神，对于打赢脱贫攻坚战很有意义。两
年来，安吉县累计向四川青川县、湖南古丈县和贵州沿河县、普安县
捐赠"白茶一号"茶苗1900万株，种植5377亩茶园，覆盖1862户
贫困户5839名建档立卡人口，广泛开展茶叶加工、销售和品牌运营
工作。[②]

（三）发展生态旅游，不断提升附加值

绿水青山不会自动地转变为金山银山，湖州市依托当地生态资源
优势，通过建设一批生态旅游观光和休闲娱乐场所，不断地提升地方
旅游品质。安吉引进长龙山抽水蓄能电站、上影安吉影视产业园、中
广核风能发电、中国物流基地、港中旅等一大批"大好高"项目，建
成知名品牌凯蒂猫家园、世界顶级酒店JW万豪、水上乐园欢乐风暴、
大年初一风情小镇、老树林度假别墅、鼎尚驿主题酒店、君澜酒店、
阿里拉酒店等重大旅游项目。长兴主要通过旅游景点的创建，提升了
整个县城的旅游形象。已经建成的代表性景点有：大唐贡茶院、顾渚
贡茶院、水口茶文化旅游景区、长兴果圣山庄、古银杏长廊、赵孟頫

---

① 杨新立等：《湖州：安吉白茶登陆"华交所"》，《浙江日报》2015年8月20日第
10版。

② 《安吉白茶跨省扶贫情况调查》，《经济日报》2020年4月30日第10版。

艺术馆、金钉子远古世界、陈武帝故宫、仙山、弁山、西塞山、岘山、图影生态湿地文化园、扬子鳄自然保护区等。吴兴区大力推进滨湖新城（沿太湖）的开发，现在的月亮酒店已经成为湖州的地标性建筑物。南浔区的南浔古镇已经被评为国家5A级景区和世界文化遗产。2008年，湖州市接待国内游客1950万人次，入境游客23万人次，门票收入1.45亿元，实现旅游经济总收入130亿元。2019年全年接待国内外旅游者人数13223.5万人次，相比2008年增长5.8倍；旅游总收入1529.1亿元，相比2008年增长10.7倍。

2017年，湖州市旅游产业成为全市继装备制造业后的第二个突破千亿元产值的主导产业，其中，全市实现乡村旅游总收入82.3亿元，经营净收益20.3亿元。湖州现在已经形成"西式＋中式""景区＋农家""生态＋文化""农庄＋游购"四种乡村旅游模式。德清的"洋式＋中式"模式绿色低碳，特色明显，深受长三角地区高端客户特别是入境旅游者的青睐。长兴的"景区＋农家"模式参与度高，趣味性强，实现了"吃乡村饭、游乡村景、干农家活"的农村生活全体验。安吉的"生态＋文化"模式将美丽乡村建设和打造全域乡村景区紧密结合，科学开发当地得天独厚的生态优势，推出了余村、高家堂等一批高质量的乡村旅游景区。吴兴、南浔的"农庄＋游购"模式包含了充满乡野气息的农业观光、休闲采摘和极具风土人情的特产品尝、风俗观赏等丰富多彩的乡村休闲活动，深受广大游客的喜爱。在建设过程中，湖州注意保留村庄的原始风貌，做到"不大拆大建、不砍一棵树、不埋一眼泉、不挪一颗石"，尽可能在原有形态上改善居民的生产生活条件。

二 湖州市经济生态化实践

党的十九大报告明确提出："人与自然是生命共同体，人类必须尊重自然、顺应自然、保护自然。人类只有遵循自然规律才能有效防止在开发利用自然上走弯路，人类对大自然的伤害最终会伤及人类自身，这是无法抗拒的规律。"① 湖州市在经济发展过程中，以生态化和绿色化为导向，大力发展生态农业、绿色工业和现代服务业，获得良好效益。2019 年，湖州市经济实现了 GDP 总量超 3000 亿元、人均 GDP 超 10 万元、财政总收入超 500 亿元和地方财政收入超 300 亿元的四个历史性突破，经济实力迈上新台阶。

（一）以科技创新和新型产业为引领，推动经济绿色发展

2019 年，全市专利申请量 23359 项；专利授权量 16419 项，其中发明专利 1256 项；经认定登记的技术成交项目 810 项；技术成交金额 74.0 亿元。"高技术高成长"企业培育行动全面实施，截至 2019 年年底，湖州市拥有省级高新技术研究开发中心 419 家，拥有国家级高新技术企业 938 家。湖州莫干山高新区升格为国家级，长兴县列入全省首批全面创新改革试验区。以高端人才和科技创新为基础，湖州市以"4 + 3 + N"现代产业体系为基本框架，大力发展信息经济、高端装备、健康产业、休闲旅游 4 个重点主导产业，金属新材、绿色家居、现代纺织 3 个传统产业，培育地理信息、新能源汽车、节能环保、现代物流、绿色金融等 N 个新兴产业。现已经成为《中国制造 2025》试点示范城市，正努力探索绿色智造和创新体系建设的"湖州模式"。

（二）以发展循环经济为基本方法，推动产业绿色低碳发展

按照"减量化、再利用、资源化"的要求，湖州加强规划引领、政策扶持、项目支撑和试点示范，推进企业小循环、园区中循环、区域大循环发展。重点推进南浔国家级废旧木材资源综合利用"双百工程"示范基地、安吉国家循环经济示范县创建、吴兴工业园区国家级循环化改造试点以及省级餐厨垃圾综合利用示范城市、循环经济示范县、园区循环化改造等试点建设。

（三）以整治高耗能产业为契机，促进传统产业转型升级

"十二五"时期，湖州大力开展重污染高能耗行业的整治工作，

---

① 习近平：《决胜全面建成小康社会 夺取新时代中国特色社会主义伟大胜利——在中国共产党第十九次全国代表大会上的报告》，《人民日报》2017 年 10 月 28 日第 1 版。

对于铅酸电池行业、印染行业、制革行业、化工行业、造纸行业和电镀行业开展专项整治，取得良好效果。关停了全市 6 大重污染高能耗行业中的 129 家企业，194 家企业得到整治提升，还有 30 家企业通过搬迁，进入园区。特别是铅酸蓄电池行业的整治，下大力气，重拳出击，企业数由 225 家减少到 16 家，产值增加了 18 倍，税收增加了 9 倍，培育了天能、超威两家在香港上市的五百亿级大企业，成为全球领先的绿色能源供应商。湖州的经济生态化工作取得了经济发展的良好效果。从 2005 年到 2019 年，地区生产总值、财政收入年均增长分别达到 9.95% 和 14.9%，单位能耗水平下降了 61.0%；三次产业结构比例由 2005 年的 9.9∶54.7∶35.4 调整到 2019 年的 4.3∶51.1∶44.6。长兴、德清相继跨入工业产值超千亿县行列，长兴成为全省工业强县试点和工业转型升级示范区试点。天能控股集团有限公司、永兴特种材料科技股份有限公司、超威集团、升华集团控股有限公司、美欣达集团有限公司、久立集团股份有限公司、浙江泰普森实业集团有限公司、德华集团控股股份有限公司、桐昆集团浙江恒腾差别化纤维有限公司、浙江大东吴集团有限公司、新凤鸣集团湖州中石科技有限公司等企业成为"金象"企业，佐力控股集团有限公司、浙江欧诗漫集团有限公司、华祥（中国）高纤有限公司等企业成为"金牛"企业。

简言之，"我们既要绿水青山，也要金山银山。宁要绿水青山，不要金山银山，而且绿水青山就是金山银山"。① 湖州作为"绿水青山就是金山银山"理念的发源地，从"经济生态化"与"生态经济化"两个方面实现了生态文明建设与经济建设的"双赢"：一方面，湖州的生态文明建设取得了举世瞩目的成绩，被评为中华优秀旅游城市（2003）、国家卫生城市（2003）、国家园林城市（2006）、国家环保模范城市（2006）、国家森林城市（2013）、全国生态文明先行示范区（2014）、国家生态市（2016）、国家生态文明建设示范市（2017），第一批通过全国水生态文明建设试点验收城市（2018），成

---

① 参见习近平于 2013 年 9 月 7 日在哈萨克斯坦纳扎尔巴耶夫大学回答学生问题时讲话。

为全国唯一一个实现了国家级生态县区全覆盖的城市；另一方面，湖州的经济发展保持了较快增长，进入 2019 年中国百强城市排行榜，排名第 67 位，德清、长兴和安吉县全部位列国家经济实力百强县。可以说，湖州是名副其实的践行"绿水青山就是金山银山"理念的样板地与模范生。

第二节　生态农业精耕细作

生态农业是相对于 20 世纪 60 年代的"石油农业"而言的。石油农业以美国为代表，大量使用石油、煤炭、天然气等石化能源和原料，大量使用农药、化肥等以及大量使用机械化的生产方式。生态农业则与石油农业相反，它强调运用现代生态学原理来进行农业生产、农业经营，实现第一、第二、第三产业融合发展，具有较高的经济效益和生态效益。习近平同志在主政浙江期间，非常重视生态农业的发展。在 2005 年的全省农村工作会议上，习近平同志提出要大力发展高效生态农业，强调"以绿色消费需求为导向，以农业工业化和经济生态化理念为指导，以提高农业市场竞争力和可持续发展能力为核心，深入推进农业结构的战略性调整"。[1] 2007 年 1 月 18 日，习近平同志在全省农村工作会议上提出，"大幅度提高农业的土地产出率、劳动生产率和市场竞争力，推动农业全面走上新型农业现代化的路子"[2]，这是对农业现代化发展规律的深刻认识。21 世纪初，我国生态农业发展开始起步，习近平同志从全球视野出发，提出生态农业需要强化，体现了高瞻远瞩、全局把握，对指导我国现代生态农业的发展具有非常重要的指导意义。

近年来，湖州市不断强化现代生态循环农业，以农业增效、农民增收、农村增绿为最终目的，深入开展农业供给侧结构性改革，不断

---

① 参见 2005 年 1 月 7 日《习近平同志在全省农村工作会议上的讲话》。
② 参见 2007 年 1 月 18 日《习近平同志在全省农村工作会议上的讲话》。

深化农业"两区"建设,大力培育农业新型经营主体,农业现代化建设和生态农业发展取得了一定成效。

一 农业现代化发展成效显著

从 2013 年起,浙江省全面开展农业现代化评价工作,并制定《浙江省农业现代化评价指标体系》,以 3 大系统 11 项子系统 26 项指标为评价内容。截至 2019 年,湖州市在全省农业现代化发展水平综合评价中连续六年居第一。从 82 个县(市、区)看,湖州市的三县二区全部列第一方阵,其中德清县已连续五年居全省 82 个县(市、区)榜首。

(一)农业产业稳步提升,提质增效明显

大力实施主导产业提升行动,农业产业结构进一步优化。水产、茶叶、蔬菜、水果、畜牧五大特色优势产业占农业总产值的 80% 以上,其中水产、茶叶产值均列全省第一。建成了 50 万亩特种水产养殖产区和 50 万亩优质蔬菜产区,以广东温氏为重点的 4000 万羽特色家禽产区,以安吉、长兴西部山区为重点的 40 万亩优质茶叶产区、以长兴葡萄为重点的 30 万亩名优水果产区等一批区域特色优势农产品基地。拥有全国最大的罗氏沼虾苗种生产基地、全省最大的"优鲈1 号"苗种基地。

打造农业品牌,农产品质量稳步提升。深入推进国家农产品质量安全市创建,在湖州三县两区积极打造农产品质量安全可追溯系统,不断强化农产品质量安全监管和投入品执法监管,开展农产品质量专项整治,强化基地农产品检测监测等,农产品质量得到稳步提升,省级农产品质量抽检合格率达到 99.5%。强化"三品一标"工作,全球第一家 BAP(最佳水产养殖规范)认证的大闸蟹基地落户湖州长兴,主要食用农产品中"三品"比率达到 64% 以上。在全省率先出台《湖州农业品牌建设行动计划(2017—2020)》,打造了"安吉白茶""长兴紫笋""莫干黄芽""湖州湖羊""德清嫂"等知名区域公用品牌。"安吉白茶"作为全国十大区域公共品牌,2020 年品牌价值达到 41.64 亿元,连续 11 年跻身全国茶叶品牌十强。加快"电商换市"步伐,积极培育农产品电商企业,2019 年全市农村电子商务农

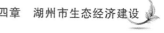

产品网络销售额达到 65.64 亿元，同比增长 24.6%。

（二）粮食生产功能区、现代农业园区建设深入推进

不断提升"两区"建设档次。为保持湖州市的粮食生产功能区、现代农业园区建设走在浙江省的前列。累计创建 57 个"国字号""省字头"重大农业平台，创建省级示范性全产业链 13 条，数量全省第一。现有市级及以上示范性农民专业合作社 127 家，家庭农场 266 家，农业龙头企业 271 家，挂牌上市企业 10 家。大力推进产业融合发展，2019 年全市 293 个休闲农业园区，接待游客 4378 万人次，实现营业收入 71.5 亿元。

深化基础设施建设，大力推进"机器换人""设施换地"步伐，农业设施装备不断提升，全市新增设施农业面积 3.08 万亩，新建区域性农机服务中心 21 个、新增各类农业机械 6650 台（套），完成机械化栽植面积 24.49 万亩，农作物耕种收综合机械化水平达到 80.39%，设施农业面积累计达 41.48 万亩。

（三）新型农业经营体系日趋完善

稳步推进土地流转，促进农业适度规模经营。湖州市通过土地流转，不断促进农业适度规模经营，走出了一条湖州特色的适度规模经营之路。截至 2019 年，湖州市农村家庭承包耕地流转面积达到 108.4 万亩，流转率达 70.6%。

新型经营主体培育，湖州市已有家庭农场 1010 家、农民专业合作社 1840 家、农业龙头企业 1558 家，带动农户 75.48 万户，其中市级以上示范性家庭农场 54 家、农民专业合作社 125 家、农业龙头企业 239 家。

新型职业农民培育扎实推进。2014 年，湖州市被农业部批准为全国首批新型职业农民培育试点市，积极构建以浙江大学为技术依托，省市农推联盟首席专家为主要师资力量，湖州农民学院为教学主体，乡镇成人文化技术学校共同参与，以理论学习与基地培养紧密结合的新型职业农民培养模式，截至 2019 年，湖州市培育认定新型职业农民 13964 名。湖州市探索形成"系统管理、整体运作、教学师资、教育培训、认定管理、政策扶持、督导评价"的"七位一体"培育模

式，被列为全国新型职业农民培育十大典型之一，得到农业部领导的肯定。

（四）农业技术推广的"湖州模式"

湖州市与浙江大学市校合作共同探索建立的"1＋1＋N"产学研一体化农推模式被誉为农业技术推广的"湖州模式"。"1＋1＋N"农技推广体系按主导产业由1个高校科研单位专家团队＋1个本地农技推广小组＋若干个经营主体组成，创立了"1＋1＋N"农科教、产学研一体化的新型农技推广模式①，实现了高校科研与基地生产的对接，加速了农技成果的转化和技术应用，促进了农业转型升级，不断提升市校合作共建社会主义新农村实验示范区水平，使湖州新农村建设继续走在全省、全国前列。"'1＋1＋N'农业技术推广模式的创新与实践"项目获得"2014—2016年度全国农牧渔业丰收奖"的农业技术推广合作奖。

2007年6月27日，在浙江大学与湖州市的市校合作第一次年会上，双方签订了共建"浙江大学湖州市南太湖现代农业科技推广中心"的协议，决定合力共建新型农业技术推广平台。2007年11月，南太湖现代农业科技推广中心正式挂牌成立，聘请了浙江大学12位教师和湖州市6位科技人员为首席专家，由市政府投资建立了占地168亩的中心试验示范基地，以中心为平台，项目合作、品种引进、技术推广以及人员培训等工作有序开展。2009年，浙江大学、浙江省农办、湖州市政府认真总结市校合作，特别是南太湖现代农业科技推广中心成立一年多的实践经验，设计了农业技术推广联盟建设方案。经过半年的筹划，"浙江大学湖州市现代农业产学研联盟"正式成立，联盟下设吴兴区、南浔区、长兴县、德清县和安吉县五个分联盟。2011年5月，围绕湖州市农业十大主导产业，现代农业产学研联盟组建了粮油、蔬菜、茶叶、水果、蚕桑、水产、畜禽、笋竹、花卉苗木、休闲观光等主导产业联盟。至此，湖州市"1＋1＋N"产学研一

---

① 刘金荣：《湖州"1＋1＋N"农技推广体系运行绩效评价研究》，《湖北农业科学》2015年第11期。

体化技术推广联盟初步形成。

2012 年，湖州市承担了中央农办农村改革试验任务"农业技术研发与推广体制机制创新专项改革"。目前，十大市级产业联盟聘请 111 名以浙大教授为主的专家作为首席专家成员，选配市县区 227 名农技人员作为本地推广小组成员，已有 1289 个生产主体加入各产业联盟；联盟专家进驻实现乡镇农业公共服务中心"全覆盖"和十大主导产业"全覆盖"。在此基础上，全面实施省农技研发与推广体制创新专项改革试验，积极推进基层农业公共服务体系建设、农业技术入股经营主体等工作，已有茶叶、蚕桑等 7 个产业联盟与服务主体签订 20 个入股协议，培育特色养殖种业创新团队等 6 个创新团队，组建 5 个主导产业研发机构，形成了风险共担、利益共享的紧密合作关系。

二　现代生态循环农业稳步发展

2015 年 1 月 6 日，农业部、浙江省宣传部省共同推进浙江现代生态循环农业试点省建设，力争在未来 3—5 年内实现"一控两减三基本"目标。同时，湖州市被列为整建制推进现代生态循环农业发展试点市。试点市建设是湖州市适应新常态、引领新常态，加快实现农业现代化的新机遇和大平台。① 2015 年，湖州市根据浙江省试点省实施方案，并结合首个市级全国生态文明先行示范区的实际，高标准制订了《湖州市现代生态循环农业发展试点市实施方案》（湖政办发〔2015〕25 号）。② 截至 2017 年，湖州市已布局建设生态循环示范区 10 个、示范主体 126 家、示范点 1065 个，形成了绿色发展生态布局，并总结推广了稻鳖共生、稻鱼共生、农牧对接等新型、生态、高效的种养模式，德清"千斤粮、万元钱"的稻田综合种养模式在全国推广，越来越多的农业主体主动将生态循环的理念融入生产经营的各个环节，以生态循环求发展空间，形成"主体小循环、园区中循环、县域大循环"的发展格局。

---

① 曹永峰：《湖州现代生态循环农业发展现状及对策研究》，《湖州师范学院学报》 2016 年第 7 期。

② 参见湖州市人民政府办公室《湖州市现代生态循环农业发展试点市实施方案》（湖政办发〔2015〕25 号）。

（一）不断夯实发展基础

湖州素有"鱼米之乡、丝绸之府"的美称，生态循环农业历史源远流长，"桑基鱼塘"传统种养循环农业模式，被联合国教科文组织确定为我国唯一保留完整的传统生态循环农业模式。2007年，湖州市提出用5年时间建设100个高标准现代农业示范园区；2008年发布了《关于大力发展生态养殖业的若干意见》，积极发展生态规模养殖；2010年编制的《湖州市现代农业发展"十二五"发展规划》确立了"建设生态循环农业"的指导思想。美丽乡村建设，生态县区、生态乡镇建设，森林城市建设，以及"五水共治""三改一拆"（浙江省政府决定，自2013年至2015年在全省深入开展旧住宅区、旧厂区、城中村改造和拆除违法建筑三年行动）重大专项行动等也为现代生态循环农业的发展创造了条件。

以宣传为手段，充分利用报纸、电视等新闻媒体和农民信箱等现代信息技术，广泛宣传农牧结合、沼液利用和"猪—沼—果"等生态循环发展模式；结合浙江省"一十百千"工程和农业水环境治理工作，着力建设一批生态循环示范企业，达标排放或农牧对接示范的标准化畜牧场，进行多层次示范推广；以科技下乡的形式，不定时到各相关乡镇下村入户进行宣传，发放《农村沼气实用手册》《沼液综合利用技术指南》等宣传资料，广泛宣传农村清洁能源利用和生态循环农业发展的重要意义，营造良好氛围。

（二）持续创新生态循环农业发展模式

以"一十百千"为龙头，形成生态循环农业示范带动体系。根据"一十百千"工程要求，大力推进生态循环示范区、示范主体和示范点的创建。按照现代生态循环农业发展规划，以挂图作战的方式分别在每个县区开展1—3个现代生态循环农业示范区创建。其中在东部的吴兴区设置八里店现代生态循环农业样板示范区，南浔区设置莫干山现代生态循环农业样板示范区，在西部的安吉县实施区域性现代生态循环农业项目，推动区域生态循环农业发展。以服务于现代生态循环农业建设发展，按每个乡镇抓好1—2个对面上有示范作用的生态循环农业示范主体要求。按照村村有示范的要求，在全市规划创建

1000 个以上示范点，串点成线、连线成面，已基本形成了"主体小循环、园区中循环、县域大循环"的局面。

农业科技集成应用助推现代生态循环农业发展模式不断创新。顺应当今农业技术的快速发展，湖州市创新农业技术推广应用，不断深化"1＋1＋N"产学研联盟建设，成功推广了水稻优高新品种、测土配方施肥、病虫综合防治、农药减量控害、秸秆还田、农药废弃包装物回收等生态循环技术，以及沼液利用、设施大棚、喷滴灌、雨水回收等技术和猪—沼—作物等生态循环模式。着力提升农民综合素质，通过农牧对接、种养结合，推广间作套作、水旱轮作、粮经轮作等新型种养模式，成功创建一批"稻鳖共生""稻虾共生""农牧结合"生态循环农业示范园区。①

湖州是鱼米之乡，水产养殖一直是湖州的农业主导产业。随着生态文明建设的不断推进，优化渔业经济结构和产业布局，着力保护渔业资源和生态环境，进一步推进了生态渔业的发展，成为湖州水产养殖的发展方向。湖州市南浔区菱湖镇是全国三大淡水鱼生产基地之一，全镇水域面积达 6.2 万亩，近 50% 的农户都以鱼为生。2015 年，菱湖镇的盛江家庭农场开始引进池塘循环水养殖系统，经过改进，创新出"健身跑道"养鱼的生态养殖技术，随即渔业养殖户纷纷在鱼塘中间建起养鱼"跑道"。"跑道"一侧是"推水增氧"装置，推动鱼塘水 24 小时循环流动，让鱼苗能在水流推力下摆尾，像是在"跑步健身"；同时，鱼类的排泄物和食物残余也不断被推送到鱼塘集污区，让水体保持清洁。新颖的"跑道"养鱼模式，把水体分成流水跑道养殖区、养殖排放分离区、污染物处理沉淀区、循环净化区四大功能区，让养殖水在一个鱼塘内循环利用。养出的鱼，线条优美、品质更高、价钱也更高，收益是传统鱼塘养鱼的 3—4 倍。2019 年，菱湖镇荣获中国淡水鱼都、中国渔文化第一镇和中国生态养鱼第一镇荣誉。

农村清洁能源开发利用开拓节能减排新模式。紧紧围绕浙江省农

---

① 曹永峰：《湖州现代生态循环农业发展现状及对策研究》，《湖州师范学院学报》2016 年第 7 期。

村能源办公室和湖州市各项目标要求,秉承低消耗、低排放、高效率要素和安全可持续发展理念扎实开展湖州市农村能源利用工作。一是加快推进沼气工程建设。实施规模化畜禽养殖污水综合治理的沼气工程建设,全市完成规模化畜禽养殖场沼气工程建设 2 处,总有效发酵容积 600 立方米,沼液资源化利用 80 多万吨。下发《关于开展弃用沼气工程安全情况调查的通知》,全面开展废弃沼气工程调查及安全处置工作。二是普及农村太阳能利用,在农村生活用能中继续大力推广太阳能热水器,农村太阳能热水器普及率稳定增长,全市农村新增太阳能热水器 20000 平方米,受益农户 11000 户。全市清洁能源利用率达 75%。三是次序推进农村能源项目建设。湖州吴兴飞港畜禽养殖场农村能源综合利用示范建设和湖州富民生物科技有限公司秸秆成型资源化利用项目完成建设。

（三）环境污染治理有效

推广测土配方施肥技术,实施种植业污染防控。截至 2016 年年底,已完成测土配方 338.3 万亩;大力推进化肥农药减量化,大力推广商品有机肥,已推广 7.893 万吨;减少化肥用量 2554.5 吨。推进农药减量控害增效工程,加强重大病虫害监控和绿色防控,已完成实施统防统治面积 66.27 万亩、完成农药减量 367.23 吨。

建立畜禽养殖污染长效防控机制,形成了县（区）、乡镇、村三级网格化巡查网络,落实网格化巡查人员 911 人,实现全市规模猪场巡查全覆盖。2016 年,启动线上智能化监管建设,形成线上线下同时管控,从而有效防止畜禽养殖污染事件的发生。创建的 30 家美丽生态牧场已全部通过市级验收,完成率 100%。全市已建成 10 个标准化水禽场、4 家畜禽粪便收集处理中心。认真实施渔业转型促治水行动三大工程建设,严格落实水产养殖禁限养区划定和整治任务要求。

落实好河长制,推进水环境整治。认真贯彻浙江省委省政府、湖州市委市政府关于进一步落实"河长制"完善"清三河"长效机制的若干意见,梳理 9 大河农业源污染治理工作任务,并实施月度进展统计,加强督促指导,确保河长制工作农业任务按期完成。

三 农村第一、第二、第三产业融合发展进展顺利

（一）融合模式不断丰富

湖州市按照"全产业链"的思路，突出做特第一产业、做强第二产业、做优第三产业，全面推进第一、第二、第三产业融合发展。积极构建农业全产业链，其中蚕桑、水产、粮食、竹木等13条被确定为全省示范性农业全产业链。

一是实现传统农业聚变的农牧渔"内向"融合，形成"种＋养""果＋禽""笋＋菇"等不同模式，提高了单位面积产出率。如稻鳖、稻虾、稻蟹混养，实现了亩产千斤粮万元钱的目标，保护了农民种粮积极性、提高了粮食品质、有效增加了农民收入，近两年稻田混养面积扩大了15万亩。

二是加快传统农民裂变的产加销"纵向"融合，形成"农＋工""产＋销""产加销一体化"模式，实现产业链上多次增值。如湖州明锋湖羊专业合作社，从养羊到投资兴办湖羊屠宰加工厂，并开设了网络销售业务。愚公生态农业从蔬菜生产发展到净菜加工、"线下门店＋线上销售"，仅2020年2—3月疫情期间，网络销售额就突破100万元。

三是促进传统产业蝶变的农业"跨界"融合，形成"农业＋旅游""农业＋互联网""农业＋文创""农业＋康养""农业＋教育"等多种模式，农业功能不断开发，新兴业态不断涌现。2019年全市休闲农业、农家乐、民宿等接待乡村旅游人数达到4378万人次，经营收入连续5年增幅达到20%以上。农产品网络销售额超过65亿元，同比增31%以上。长兴意蜂蜂业，从原来的养蜂、卖蜂产品发展到技术培训、养蜂体验，并开设了蜂疗医院。

（二）融合路径不断拓宽

一是循环农业引领，根据食物链和资源再利用，改造传统农业，实现农业"内向"融合。如哞哞羊牧业有限公司利用玉米、茭白、紫苏秸秆开发青储饲料，既有利于农业废弃物再利用，又降低了饲养成本，实现了降本增效。

二是龙头企业带动。如湖州庆渔堂渔业科技有限公司，创新智慧

健康养殖体系，平台注册用户突破 4 万户，服务鱼塘近十万余亩，养殖户经济效益增收 10% 以上。

三是美丽环境促进。依托美丽乡村建设，建设美丽田园，化美丽环境为美丽经济，如安吉鲁家村以村庄环境整治入手，全域规划，核心区建设 18 家家庭农场，成为全省首批 3A 级景区村，全市 A 级以上景区村达到 224 个。

四是资源共享推动。如长兴八都芥内 5 个村，成立村经济合作社总社，依托当地自然资源，统一规划、建设、经营、管理，发展乡村休闲旅游，实现了资源共享、收益共享。

五是要素整合牵动。整合金融、供销、生产等资源，组建"三位一体"农合联、产业农合联，推动农业全产业链建设，全市省级示范性全产业达到 13 条，价值超过 468 亿元。

六是功能拓展催动。如南浔获港立足当地桑基鱼塘世界重要农业文化遗产、古村落、渔业产业和水乡鱼文化资源，拓展其观光、休闲、美食、体验、教育功能，其水乡鱼文化节成为乡村旅游的著名品牌。

七是项目引进助力。如德清三林村、吴兴龙山村引进乡村创业基地、谷堆文创项目，实现了文化创意与村庄建设、产业提升、业态培育的有机结合。

第三节　绿色工业高质量发展

工业化是现代化发展不可逾越的阶段。党的十六大、十七大和十八大都提出走新型工业化道路，党的十九大再次强调新型工业化，实现经济发展与生态环境保护的"双赢"。习近平同志认为，走新型工业化道路，重点是要抓好先进制造业。先进制造业的主体"必须是高附加值的产业，其技术工艺、研发能力、管理水平在全国名列前茅，产品在国际市场上具有强大的竞争力。"① 要对传统产业进行改造提升，"使传统产业逐步从成本优势、速度优势向技术优势、产业链整体优势转化，不断强化比较优势。同时，要根据产业升级的规律和国际市场的变化，按照有所为有所不为的原则，大力发展高新技术产业和高附加值加工制造业，努力在一些新的产业领域形成竞争优势。"② 另外，习近平同志认为，要积极推行清洁生产，大力发展循环经济，提高资源综合利用水平，而进行清洁生产和节约发展的重要一步是淘汰落后产能。在他看来，产能过剩会引起资源消耗、恶性竞争、效益下滑甚至于加剧失业以及资金拖欠等问题，故为了经济健康持续发展，必须对其进行及早处理。③ 在 2012 年 12 月召开的中央经济工作会议上，习近平总书记指出，把化解产能过剩矛盾作为工作重点，总的原则是尊重规律、分业施策、多管齐下、标本兼治。尤其是对"大量消耗资源、严重影响人民群众身体健康的企业，要坚决关闭淘汰。如果破坏生态环境，即使是有需求的产能也要关停，特别是群众意见很大的污染产能更要'一锅端'"。④ 此外，习近平总书记还提出要进行科技创新、深化财税体制改革、进行法制建设等方面来引导企业进行清洁生产和节约发展。⑤

　　近年来，湖州市实施生态立市、工业强市、产业兴市、开放活市的"四个市"战略，取得积极成效。2017 年 4 月，湖州市获得工业和信息化部的批复，成为《中国制造 2025》试点示范城市，作为长江三角洲地区核心城市之一的湖州市，以"绿色智能制造"为目标，锐意创新、先行先试，通过一系列创新举措，扎实推动绿色发展取得

---

① 习近平：《干在实处走在前列——推动浙江新发展的思考与实践》，中共中央党校出版社 2006 年版，第 117 页。

② 习近平：《干在实处走在前列——推动浙江新发展的思考与实践》，中共中央党校出版社 2006 年版，第 117 页。

③ 侯子峰：《基于产业发展视角下习近平生态经济思想研究》，《湖州师范学院学报》2017 年第 7 期。

④ 李军：《走向生态文明新时代的科学指南——学习习近平同志生态文明建设重要论述》，中国人民大学出版社 2015 年版。

⑤ 侯子峰：《基于产业发展视角下习近平生态经济思想研究》，《湖州师范学院学报》2017 年第 7 期。

新成效。

一 构建新型制造业体系

2019年，湖州市第二产业增加值1595.4亿元，其中工业增加值1422.1亿元；工业结构持续优化，规模以上工业增加值达到888.7亿元，同比增长8.4%，其中战略性新兴产业同比增长10.7%、高新技术产业同比增长10.4%，而装备制造业同比增长最快，增长率达到了12.6%。

（一）规划先行

根据湖州市"十三五"国民经济发展规划，编制实施《湖州市工业强市建设"十三五"规划》《湖州市信息经济发展"十三五"规划》《湖州市高端装备发展"十三五"规划》，明确湖州市"十三五"时期重点发展三大新兴产业，即信息技术产业、高端装备产业和生物医药产业，改造提升四大传统优势产业，即金属新材产业、绿色家居产业、现代纺织产业和时尚精品产业，并明确了产业发展的总体思路、目标、保障措施等，全力打造"4+3"新型制造业体系。

自2017年获批"中国制造2025"试点示范城市以来，湖州制定《湖州市"中国制造2025"试点示范城市建设的若干意见》[①]，整合工业、科技、人才、金融等涉工政策，全市工业发展资金增加到15亿元（市本级5亿元），设立规模总量100亿元以上的"中国制造2025"产业基金。先后编制完成《中国制造2025湖州行动方案》《湖州市创建"中国制造2025"试点示范城市实施方案》《年度推进计划》等计划方案，配套编印了1.5万册《湖州市"中国制造2025"相关政策百问百答》，利用座谈会、走访调研、培训班等各种形式，通过"线上+线下"等方式，进行了广泛深入宣传。同时，制定出台了《2017年湖州市"中国制造2025"试点示范城市建设县区和部门考核办法》，全力推动试点示范建设。

---

① 湖州市人民政府：《湖州市人民政府关于印发湖州市建设"中国制造2025"试点示范城市实施方案的通知》，湖州政务网，2017年5月23日，http://www.huzhou.gov.cn/sthz/zcfg/20180628/i864213.html。

（二）第二产业结构不断高级化

2016 年，湖州市的战略性新兴产业增加值达到 179.9 亿元，实现了快速增长，相比 2015 年增长 7.2%；2017 年，全市战略性新兴产业相比 2016 年增长达到 9.5%；2018 年，全市战略性新兴产业相比 2017 年增长达到 11.7%，增速进一步提升。2016 年高新技术产业增加值达到 347.4 亿元，相对于战略性新兴产业的增长速度稍微慢一些，但也达到了相比 2015 年增长 5.6%；2017 年，全市高新技术产业相比 2016 年增长达到 10.4%；2018 年，全市高新技术产业相比 2017 年增长达到 10.4%，增速趋于稳定。装备制造业增加值达到 206.4 亿元，增速与战略性新兴产业相差无几，相比 2015 年增长 5.8%。2017 年，全市装备制造产业相比 2016 年增长达到 14.5%。2018 年，湖州市装备制造业增加值同比增长达到 9.5%，数字经济核心产业主营业务收入增长 12.1%。可以看出，湖州市的工业产业发展潜力大、动能强、后劲足。

（三）机制保障

一是建立市领导牵头协调推进重点产业发展机制。2017 年，湖州市制订出台《市领导牵头协调推进重点产业发展工作方案》，建立了一个重点产业由一位市领导牵头、一个市级部门主抓、一个产业发展规划、一个产业政策清单、一个上市企业群引领、一个科技支撑体系、一个动态项目库、一个综合评价办法的"八个一"重点产业协调推进机制。[①] 全市 12 个产业小组在牵头市领导的带领下，迅速行动、深入调研、精心谋划，编规划、出政策、引项目。

二是完善新兴产业招引机制。立足本土优势产业，以新能源汽车为重点，全力培植物流装备、地理信息、新型电子元器件等新的经济增长点，打造湖州制造业绿色增长新引擎。湖州市新能源物流车整车生产资质获得了零的突破，普朗特电动汽车改装的三角行牌纯电动厢式运输车（PLT5040X）取得了民用改装车生产资质。同时加快新能源汽车推广应用和充电基础设施建设。2017 年，湖州市累计推广新能

---

① 汉霖：《绿色智造树样板凝心聚力促赶超》，《湖州日报》2018 年 1 月 25 日第 5 版。

源汽车1399辆标车,争取浙江省新能源汽车推广应用专项资金5200万元,奖励金额居全省第二位。[①]

三是全力推动传统制造业改造提升。制订《湖州市传统产业改造提升行动计划(2017—2020年)》,全力推进湖州市传统细分行业改造提升工作。截至2018年年底,全市的竹地板产量大幅提升,占比提升到全球总产量的60%以上。全市的铅酸蓄电池行业通过两轮整治,轻工(铅酸蓄电池)·浙江长兴经济技术开发区被列入国家新型工业化产业示范特色基地;不锈钢管道行业是湖州市的传统制造业,拥有100多家大大小小的不锈钢企业,通过大力整合,小企业兼并重组,做大做强,现在还有10家企业,其中有3家已成长为上市公司。

四是强力推动军民融合产业发展。深入贯彻落实《湖州市促进军民融合产业发展三年行动计划》,制订《2017年湖州市军民融合产业年度工作推进计划》。组织召开浙江省军民融合产业对接大会暨湖州市第二届军民融合促进大会,20个军民融合产业项目成功签约,涉及金额37亿元。进一步加强与国防科技工业科技成果推广转化研究中心湖州中心的对接合作,全力发挥"湖州中心"优势,积极搭建技术对接平台,全力推动"大好高"军民融合合作项目落地。围绕"军工四证",进一步健全服务体系,全力推动军民融合产业发展。

二 绿色制造正当时

湖州市把绿色发展理念注入制造业,高度重视绿色、循环、低碳发展,一手抓新兴产业培育,一手抓传统产业升级,全力打造绿色制造,在推进供给侧结构性改革,形成节约资源、保护环境的生产方式上不断探索和实践,走出了一条生态环境好、绿色制造初见成效的道路。

(一)深入推进绿色制造

2018年6月24—25日,2018年中国绿色发展大会在湖州举行,新华社中国经济信息社在会上发布了《2017年中国(湖州)绿色制造发展指数》,数据显示,2014年,湖州市绿色制造发展指数为

① 汉霖:《绿色智造树样板凝心聚力促赶超》,《湖州日报》2018年1月25日第5版。

147.6；同期全国的绿色制造发展指数为100，湖州市的指数高出全国水平47.6。2015年，湖州市的指数增长到158.8，相比2014年增长了11.2；而2015年全国的指数水平为105.2，湖州市的指数水平高出全国指数水平53.6。2016年，指数再次增长，达到了168.7，相比2015年增长了9.9；2016年全国的指数水平为118.1，湖州市的指数水平高出全国水平50.6。[①]

> **专栏**
>
> ### 长兴蓄电池产业的绿色发展之路
>
> 长兴蓄电池产业坚持绿色发展理念，践行"绿水青山就是金山银山"理念，致力成为全球领先的绿色能源解决方案商，为中国的新能源事业发展，为实现天蓝、地绿、水清的美丽中国做出新贡献。2004年6月2日，习近平同志来到天能集团视察，勉励天能集团加快"腾笼换鸟"、走转型升级之路。2005年，长兴县专门出台了《长兴县蓄电池产业转型升级实施意见》，按照习近平同志的指示精神，以天能集团和超威集团为代表的绿色能源领军企业，通过两化融合、机器换人等手段，改造提升传统铅蓄电池产业，加速培育锂离子电池、电池再生等新兴产业；着力构建循环经济体系；从绿色产品、绿色工厂、绿色园区、绿色供应链入手，大力提升清洁化生产水平。2015年长兴县被列为浙江省唯一的工业转型升级示范区试点，成为浙江省转型升级的重要样板。截至2019年，长兴县先后获得"中国绿色动力能源中心""中国产业集群50强""中国绿色动力能源高技术产业化基地"等称号。

（二）实施四大专项工程，加快绿色制造步伐

1. "资源利用效率提高"专项工程

制订《湖州市"十三五"能源"双控"实施方案》，明确"十三

---

① 葛熔金、马羚：《湖州发布"绿色制造发展指数"，或为量化评测提供范本》，澎湃新闻，2018年6月24日，https：//www.thepaper.cn/newsDetail_ forward_ 2215268。

五"时期全市能源消费总量和强度的控制目标及措施,对水泥等重点行业开展能效对标工作,对超标企业实行阶梯电价。① 以节能、节水、工业循环经济、可再生能源利用以及清洁化改造为重点,组织实施百项技改项目。

2. "传统产业改造提升"专项工程

全力推进传统行业改造提升工作,高质量完成具有区域带动效应的传统制造业转型升级工作。结合中央环保督察,以污染重的喷水织机、小木业等传统块状行业为重点,全面排摸,不留死角,并制订"一企一策"的整治方案,全面开展"散乱污"的"低小散"企业整治。

3. "绿色制造标准引领"专项工程

实施"标准化+"行动以"浙江制造"标准提升为绿色产品标准为突破口,积极推进绿色制造标准化试点工作;以能源利用、资源利用、基础设施、产业、生态环境等方面的绿色化水平为评价重点,研究制定《湖州市绿色工厂评价规范》《湖州市绿色园区评价规范》。

4. "绿色制造示范创建"专项工程

围绕能源利用、资源利用、产品、环境排放、绩效等方面的绿色化水平提升,建立绿色工厂、绿色园区培育库。邀请专家来湖对入库企业进行培训,积极争创国家绿色示范。

三 智能制造稳步推进

(一) 湖州市智能化改造走在前列

湖州市积极推动智能制造发展,2017 年制订出台了《湖州市智能制造三年专项行动计划》,计划利用三年时间,着力加快实施数字化制造普及、智能化制造示范引领,大力开展智能产品创新、智能车间示范、智能管理提升、智能服务培育、智慧园区改造、智能制造支撑六大行动,加快提升制造业智能制造水平,促进绿色低碳发展能力

---

① 汉霖:《绿色智造树样板凝心聚力促赶超》,《湖州日报》2018 年 1 月 25 日第 5 版。

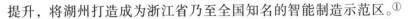

提升，将湖州打造成为浙江省乃至全国知名的智能制造示范区。①

（二）创新平台建设稳步推进

深入推进企业技术中心国家、省、市三级梯度培育计划，不断完善技术创新体系。以浙江省与中国科学院全面战略合作为契机，充分发挥中国科学院在湖机构的优势，依托天能集团、超威集团等全球知名电池行业领军企业，努力建成动力电池新材料、智能电机装备、智能仓储搬运设备3家创新中心和1家工业数字化创新中心。

湖州积极组建产学研用创新联盟，探索构建"科研＋产业＋资本"的产学研用创新模式，已成立了湖州智能电梯产业创新联盟、湖州地理信息产业创新联盟、湖州现代椅业产业创新联盟、湖州现代物流装备产业创新联盟四大创新联盟。

湖州市积极搭建"研发服务平台"，增强企业创新内生动力。结合产业和企业发展需求，以数字技术、高端装备、新能源汽车、生物医药等新兴产业为重点，高标准、高起点、分层次、分阶段推进公共技术平台建设。搭建"科技合作平台"，有效促进科技成果转化。在接沪融杭、融入"大湾区"建设的背景下，湖州加快推进国际科技合作综合服务大平台建设，探索政产学研合作新模式，促进企业创新与特色产业园区发展，组织企业加快与对口高校院所开展专题科技合作对接活动，促进了科技成果产业化。搭建"创业孵化平台"，打造小微企业创业创新乐园。制定并落实《关于进一步扶持众创空间发展的十条意见》，依托高新园区、科技企业孵化器、小微企业园、小企业创业基地和高校、科研院所等，重点推进湖州科创园"微总部"、德清地理信息"梦工场"、长兴慧谷科技园、南浔"科技创业园"、吴兴"众创空间"等新兴孵化平台的建设与培育，形成一批低成本、便利化、专业化、全要素、开放式的众创空间。搭建"中介服务平台"，集聚共享优质创新资源。积极培育60家专业化程度高、市场化能力强、品牌信誉好的重点科技服务机构，为企业和创业者提供专业化

---

① 《〈湖州市智能制造三年专项行动计划〉解读》，湖州在线，2017年9月30日，http://www.hz66.com/2017/0930/282782.shtml。

服务。

（三）创新人才内培外引有序开展

湖州市采取内培外引的方式，广纳各行各业的人才。以"南太湖精英计划"为核心，集聚一批领军型人才；以"南太湖本土高层次人才特殊支持计划"为重点，培养一批本土领军人才；以"海外工程师引进工程"为基础，引进一批国外人才；以"院士智力集聚工程"为主体，形成一批高端人才；以"1112人才工程"为导向，培育一批学术技术带头人；以"9360"联盟为依托，招引一批产业紧缺急需人才；以"人才归雁计划"为抓手，吸引一批湖州籍人才。

深入推进校企合作，建立技能人才定向培养模式。以湖州市技能人才校企合作联盟为依托，深入推进了现代学徒制试点。建立技能大师工作室，助力企业实训基地建设。依托科技和技能含量较高的规模以上企业，选择"省首席技师""南太湖新技师""职业技能带头人"以及掌握传统技能、民间绝技的高技能人才建立技能大师工作室。同时，加快建设高技能人才培训基地，目前，全市已建成高技能人才培训基地近40家，其中国家级1家、省级2家。统筹优化职业教育资源，推进职业预备教育，打造优质中等职业教育，加快发展高等职业教育和现代继续教育，构建多层次职业教育体系。

实施"三个一批"优秀企业家建设工程，加快造就一批领军型企业家，重点培养一批成长型企业家，优先扶持一批初创型企业家。深入推进"311"① 新生代企业家领航计划，着力打造一支"政治上有方向、经营上有本事、责任上有担当、文化上有内涵"的新生代企业家群体。深入实施企业经营管理人才素质提升工程，建立健全多层次、多渠道的企业经营管理人才培养机制，完善企业经营管理人才培养体系，培养造就一大批熟悉国内国际市场、善于开拓经营的企业经营管理人才。

构建人才市场化评价体系。通过改革评价主体、创新评价标准、

---

① "311"，培养30名左右领航新生代企业家，100名左右骨干新生代企业家辐射1000名左右新生代企业家。

完善评价方式，建立了以行业企业为主导、能力实效为重点的人才评价体系。打造"一业一策"企业自主评价的"湖州模板"，如浙江久立集团从源头管理、过程控制和评价成效三个方面入手对技能人才进行自主评价。探索完善人才激励机制。如探索人才股权分红奖励制度、协议工资制和项目工资制等多种分配方式。提升人才服务质量水平。按照建设人才生态最优市的标准，制定出台人才强市"1 + N"政策，进一步优化政策环境，为高层次人才提供全方位配套服务。

（四）"两化"融合不断深化

2016 年，湖州市三县两区都成功创建省级"两化"深度融合示范试点区。近年来，湖州市围绕智能制造提速、工业互联网赋能、企业上云深化、企业数字化扩面、新技术应用等内容启动了新一轮五大专项行动，进一步增强数字化服务供给能力，提升企业数字化变革能力，增强智能制造能力，力争今年培育建成 1 个产业数字化赋能中心，同时建成市级以上工业互联网平台 50 个、市级以上数字化车间/智能工厂 100 个，完成 1000 家企业的智能化诊断服务。根据《2019年浙江省区域两化融合发展水平评估报告》，湖州市 2019 年两化融合总指数达到 90.99，首次进入浙江省两化融合发展水平第一梯队，成为两化深度融合领先地区，湖州市三县两区全部进入县（市、区）第一梯队。[①]

第四节　现代服务业量质并举

产业结构高级化是大势所趋，当前我国服务业增加值已经超过工业增加值，但是服务业所占国民经济的比重还远达不到发达国家的水平。服务业被称为"无烟工业"，习近平同志认为，发展服务业可以解决要素制约、就业压力等问题，并且可以增强经济发展活力，因

---

① 《湖州市两化融合发展水平首次进入全省第一梯队》，浙江新闻，2020 年 3 月 27日，https：//zj. zjol. com. cn/news. html？id = 1419496。

此，他也较早地强调把服务业打造为"主动力产业"。在习近平同志看来，服务业的发展既要不断扩大总量和规模，又要注重优化结构，提高层次，发展高端服务业，并提出要抓一些关键企业和项目，造就一批知名的服务品牌，要深化改革，创新机制，加大政策扶持力度，助推服务业发展。在众多服务业中，习近平同志特别注重旅游业的发展，认为"旅游业资源消耗少、投资效益高、发展前景好，在国民经济发展中具有十分重要的地位，对拉动经济增长，调整产业结构，增加社会就业，扩大市场需求，改善投资环境，丰富文化生活，推动社会事业进步都具有独特的作用"。[①] "旅游业发展直接推动交通运输、宾馆餐饮、商品贸易和文化娱乐的市场繁荣，进而促进金融、保险、信息、物流等现代服务业加快发展。同时，还间接推动农业、工业和城市建设的发展。"[②] 习近平同志认为，发展旅游业要注重继承和创新，注重弘扬优秀的民族文化和民族精神，要把历史文化和现代文明融入旅游经济发展之中，努力打造旅游精品。需要指出，习近平同志认为，发展旅游业与环境保护之间可能存在矛盾，故旅游业建设须走资源节约、生态平衡、集约发展之路，坚决反对为了发展服务业而破坏生态资源、风景名胜、文物古迹的无序、盲目行为。[③]

一 旅游业跨越式发展

中国共产党湖州市第八届委员会第四次全体会议指出，要始终牢记习近平总书记"一定要把南太湖建设好"的谆谆教诲，高标准推进滨湖区域保护与开发，持续放大名山、名湖、名镇、名人、名品等独特优势，不断丰富国家历史文化名城内涵，着力打响具有广泛影响力的滨湖度假品牌，促进滨湖旅游与乡村旅游良性互动，加快全域景区化步伐，高水平建成国家全域旅游示范区，成为长三角、全国乃至国

---

① 习近平：《干在实处走在前列——推动浙江新发展的思考与实践》，中共中央党校出版社 2006 年版，第 145 页。

② 习近平：《干在实处走在前列——推动浙江新发展的思考与实践》，中共中央党校出版社 2006 年版，第 145 页。

③ 侯子峰：《基于产业发展视角下习近平生态经济思想研究》，《湖州师范学院学报》2017 年第 7 期。

际知名的重要休闲度假旅游目的地。[1]

（一）完善制度体系，引领湖州旅游业跨越式发展

湖州市始终坚持"绿水青山就是金山银山"理念，坚持不懈地将生态优势转化为旅游产业发展的新动能。湖州先后编制了《湖州市旅游业发展总体规划》《湖州市乡村旅游发展规划》和《湖州城市旅游发展规划》三大战略发展规划，以及《湖州市乡村旅游集聚示范区产业发展专项规划》《湖州市滨湖旅游产业发展专项规划》和《湖州市旅游公共服务产业体系专项规划》三大产业专项规划，引领湖州旅游向个性化、集聚化、产业化、国际化方向发展。

1. 完善基础设施

建设"十个一"工程，即一个游客服务中心、一个休闲娱乐场所、一个文化互动展示场所、一条绿道、一套环卫系统、一套标识系统、一套信息宣传系统、一组户外休闲运动项目、一组农事活动项目、一个民俗文化节庆活动。

2. 健全公共服务体系

全市设立湖州市旅游推广与营销中心、湖州市职工疗休养运作与服务中心和湖州公共服务（集散）中心等公共服务运作平台，强化"自驾中心、导服中心、票务中心、购物中心、客运中心、咨询与维权中心"六大中心建设。

3. 构建品牌体系

围绕全力打响"滨湖度假首选地"和"乡村旅游第一市"旅游目的地品牌，创新乡村旅游营销服务方式，强化乡村旅游目的地整体品牌营销力度，建立中国乡旅网、中国环太湖城市旅游推广联盟、长三角乡村旅游联盟和国际乡村旅游联盟。在北京、广州、深圳、上海、杭州等全国数十个城市设立湖州旅游推广与联络处。以国际乡村旅游大会、中国·湖州国际生态（乡村）旅游节为依托，大力培育全市十大乡村旅游品牌节庆营销活动和一系列特色农事（民俗）节庆活

---

① 《中共湖州市委关于坚定不移践行"绿水青山就是金山银山"理念 奋力开创新时代高质量赶超发展新局面的决定》，《湖州日报》2018年7月30日第1版。

动,全面构建"活动营销、媒体营销、广告营销和专业营销"四大旅游市场品牌营销体系。

(二)乡村旅游成为标杆

湖州努力打造"乡村旅游第一市",构建以洋家乐带动的"洋式+中式"模式、以旅游景区带动的"景区+农家"模式、以美丽乡村带动的"生态+文化"模式、以休闲农庄带动的"农庄+游购"模式的"四大乡村旅游发展模式",逐步形成了可复制、可推广的乡村旅游"湖州模式"。

20世纪90年代,依托安吉天荒坪抽水蓄能电站和南太湖"治太"工程景观集聚的巨大人流,在安吉大溪和吴兴太湖沿岸萌发了以餐饮为主的农家乐,其中大溪村有90%的农户从事农家乐经营。进入21世纪,习近平同志在浙江推进"千村示范,万村整治"工程,湖州市率先启动试点,乡村环境不断得以改善。随着人们生活水平的提高,城市的度假需求开始转向环境改善了的乡村,带动了乡村避暑、度假型农家乐的兴旺,催生了安吉的深溪、石岭、董岭,长兴的顾渚、金山、水口等在长三角颇有名气的农家乐集聚村。浙江省第一届农家乐现场会在安吉召开。随后,一些农技人员、工商资本开始投资农业,并利用农业园区发展美食、会务、住宿以及农事体验、农产品购物、农事节庆活动等综合性服务项目,休闲农业开始兴起,涌现了杨墩休闲农庄、城山沟桃源山庄、移沿山生态农庄、荻港渔庄等一批知名农庄,诞生了浙江省首批五星级农家乐特色点。安吉深溪村委会牵头组建农家乐合作社,规范服务标准,统一价格指导、票据管理和市场营销。长兴县围绕农业主导产业形成月月有农事节庆活动的品牌效应。德清县、长兴县和安吉县成功创建全国休闲农业和乡村旅游示范县。

"洋家乐"最早始于2007年。随着湖州市杭宁、申苏浙皖、申嘉湖三条高速通车,湖州进入高速时代,拉近了湖州与长三角各大都市的距离,面向高端消费人群的"洋家乐"悄然兴起。都市文创人才乡村创业,高端服务品牌入驻乡村。德清县大力发展以"洋家乐"为代表的乡村民宿旅游新业态,突出"原生态养生、国际化休闲"主题,走出了一条独具特色的乡村旅游发展之路。德清县也凭借良好的生态环境，开发出乡村新产业、新业态，实现了绿水青山向金山银山的顺利转化，农民也得到了实惠。2016 年德清"洋家乐"荣获全国首个服务类生态原产地保护产品。

2015 年，湖州市出台了《湖州市乡村民宿管理办法（试行）》和《关于全面推进民宿规范提升发展的实施意见》，安吉县出台了《安吉县精品农家乐创建提升标准》《安吉县精品农家乐验收考核办法》《安吉县农家乐管理办法》，德清县出台了《德清县西部民宿管理办法（试行）》等规章，进一步加强农家乐和民宿业规范化管理，促进产业转型提升。

2019 年，湖州市发布了《湖州市乡村旅游条例》，从乡村旅游投资模式、景区村庄建设和经营、休闲农业发展等 12 类问题提出 33 条规定。[①]

二　绿色金融发展成长迅速

作为"绿水青山就是金山银山"理念诞生地，湖州大力发展绿色金融，2017 年获批国家绿色金融改革创新试验区。实验区建设 3 年来，全市银行贷款机构余额增速均居浙江省前列，年均增长达 20.6%，其中绿色信贷年均增长达 31.4%，占全部贷款比重达 12.8%。连续两年被《亚洲货币》评为中国最佳绿色金融创新地区，连续两年被评为长三角"40＋1"城市群绿色金融竞争力第一。

（一）国内外绿色金融发展的缘起与实践

绿色金融提出的背景：一是环境保护，二是可持续发展。习近平总书记在党的十九大报告中指出，要"构建市场导向的绿色技术创新体系，发展绿色金融，壮大节能环保产业、清洁生产产业、清洁能源产业。"[②] 绿色金融从多方面呼应了生态文明体制改革的发展要求。首先，绿色金融将从资金供给侧结构性改革的角度解决绿色企业融资

---

① 《湖州市乡村旅游条例》，《湖州日报》2019 年 10 月 21 日第 A08 版。
② 习近平：《决胜全面建成小康社会　夺取新时代中国特色社会主义伟大胜利——在中国共产党第十九次全国代表大会上的报告》，《人民日报》2017 年 10 月 28 日第 1 版。

贵、融资难问题;其次,在抑制污染性投资的同时推动了绿色产业发展与绿色技术革新,有利于实现"三去一降一补"的发展任务;最后,绿色金融体系将有效推动环境治理与生态保护的投融资机制改革,并为环境风险管理体系提供金融服务,防范系统性风险的发生。①

早在 2008 年,证监会与环保部签署备忘录,在股票发行上市、再融资的过程中,必须明确企业是否认真地落实国家环保要求,这个约束要求很严格,可以说是绿色证券的一个起源。保险也相继开展了环境责任险等。2016 年 8 月 31 日,中国人民银行等部委联合发布了《关于构建绿色金融体系的指导意见》②,包括发展绿色信贷、推动证券市场支持绿色投资、设立绿色发展基金、发展绿色保险、完善环境权益交易市场、支持地方发展绿色金融、推动绿色金融国际合作、防范金融风险等方面。

(二)湖州绿色金融发展的政策体系

2015 年 7 月,"绿色金融·生态文明"南太湖论坛在湖州成功举办,湖州市启动创建全国绿色金融改革试点工作。2015 年 12 月,湖州启动绿色金融改革五年规划(2016—2020)编制工作。2016 年 2 月,湖州市政府将绿色金融改革创新工作纳入全市"十三五"规划。③ 至此,湖州市初步形成了"一规划、两方案、一体系"的绿色金融政策框架。"一规划"即编制《湖州市绿色金融改革创新五年规划》;"两方案"即出台《湖州市绿色金融改革创新 2016 年行动计划》和《湖州市金融系统绿色金融改革创新 2016 年活动方案》,明确各县区、各部门和金融机构职责分工和任务要求;"一体系"即初步建立《湖州市绿色金融统计指标体系》,形成以绿色信贷、绿色证券、绿色保险、绿色基金等为有机组成部分的绿色金融统计监测指标体系。同时,湖州还出台了《湖州市绿色金融"十三五"发展规划》

---

① 陈国庆、龙云安:《绿色金融发展与产业结构优化升级研究——基于江西省的实证》,《当代金融研究》2018 年第 1 期。

② 《关于构建绿色金融体系的指导意见》,《中国银行业》2017 年第 1 期。

③ 《湖州绿色金融之路》,《浙江日报》2017 年 7 月 31 日第 12 版。

等，明确今后 5 年湖州绿色金融的发展目标、任务等。[①]

2016 年 7 月，湖州市编制全国首套绿色金融统计指标体系。2016 年 9 月，湖州建立全国首个绿色银行评级体系。2017 年 6 月，湖州成功获批创建全国绿色金融改革创新试验区。[②] 湖州市根据七部委批复的《浙江省湖州市、衢州市建设绿色金融改革创新试验区总体方案》，结合实际情况，出台了《湖州市国家绿色金融改革创新试验区建设实施方案》，提出绿色金融改革的五大目标 21 项具体任务，并排出了政策、改革、任务、产品"四张清单"。

湖州市坚持以发展为目标，积极探索建立全国首个地方金融绿色金融指标体系，绿色银行的评价办法，绿色专营机构的评价标准，推动打造绿贷通小微企业的在线融资服务平台。

（三）湖州绿色金融发展的机制建设

加强绿色信贷管理审批。以新型动力电池和高端绿色家居两大主导产业为重点，引导全市金融机构建立动态评级检测制度，实行严格的环保评级和资质审核，减少高能耗、高污染行业的信贷投入。对绿色项目贷款实行"优先受理、优先审批、优先放贷"以及资金"重点保障"的绿色通道，推动绿色金融产品增量扩面，持续推进信贷绿色化。

创新绿色金融产品。针对新型动力电池、高端绿色家居等领域的绿色企业，继续鼓励和引导金融机构开发绿色金融产品创新，大力创新仓单、库存、知识产权和商标等抵质押模式，不断地推进科技企业互助合作贷款、循环贷款、借新还旧等担保及还款方式创新，推出排污权抵押贷款、知识产权抵押贷款等一系列符合绿色金融特征的金融产品。

完善绿色金融激励引导机制。建立绿色金融货币政策激励机制，每年安排 2 亿元再贷款、再贴现资金，定向支持银行机构发放绿色信贷。对于融资性担保机构以及合作并承担风险的银行机构，其实际发

---

① 廉军伟：《点绿成金：绿色金融的"湖州模式"》，《决策》2017 年第 8 期。
② 《湖州绿色金融之路》，《浙江日报》2017 年 7 月 31 日第 12 版。

生坏账后的绿色贷款净损失，符合条件的，按银行承担风险比例给予一定风险补偿。对符合条件的绿色企业（项目），按一定标准实施贷款利息补贴，单家企业贴息不超过 50 万元。

（四）湖州绿色金融发展的标准体系建设

2018 年 4 月 17 日，湖州市发布了《湖州市绿色企业认定评价方法》《湖州市绿色项目认定评价方法》两个地方标准。一是引入"普绿"概念。根据湖州面广量大的小微企业难以提供认定评价方法量化数据的现状实际，对规规模以上企业和规模以下企业实施差别化的认定评价。首先对企业（包括规上和规下企业）主营业务所属行业进行认定，识别"普绿"与"非绿"；在"普绿"的基础上，再对规上企业按照业务表现、环境表现和社会表现评价其绿度，按绿色程度分为"深绿、中绿和浅绿"。二是建立"银行＋中介"评价模式。建立"企业申请，主办银行初评，第三方中介机构复评"的评价模式。通过引入主办银行初评，将评价任务分解到各个银行，既缓解了政府机构人员力量不足的矛盾，又能倒逼银行提升能力建设。同时通过第三方评级机构复评，也可以防止以主观判断代替客观认定，避免"刷绿""洗绿"等行为。三是实施在线绿色评价。将"方法体系＋打分卡"嵌入湖州市绿色金融在线服务平台，金融机构信贷员在线输入企业（项目）各项指标数据，即可自动得出评价结果，开展绿色企业和绿色项目认定评价更加方便快捷。①

---

① 杨毅：《湖州市发布首个地方性绿色企业和项目认定评价方法》，金融时报—中国金融新闻网，2018 年 4 月 18 日，https://www.financialnews.com.cn/gc/gz/201804/t20180418_136685.html。

第五章

湖州市生态环境建设

习近平总书记指出，生态环境是关系党的使命宗旨的重大政治问题，也是关系民生的重大社会问题。我们党历来高度重视生态环境保护，把节约资源和保护环境确立为基本国策，把可持续发展确立为国家战略。[①] 湖州市牢固树立和率先践行"绿水青山就是金山银山"理念，始终把生态作为生命线，坚持把改善生态环境作为推进先行示范区建设的重要基础，高标准打好治水治气治废攻坚战，较好地解决了突出环境问题，切实增强了人民群众的获得感和满意度，走出了一条经济发展和生态环境保护互融共生、互促共进的生态文明建设新路。

第一节　国土空间格局科学调整与优化

国土空间是指国家主权与主权权利管辖下的地域空间，既是国民生存的场所和环境，也是生态文明建设的载体，优化国土空间格局是生态文明建设的重要内容。[②] 党的十八大将"优化国土空间开发格局"确定为生态文明建设的重要任务。国土空间是生态文明先行示范区建设的总体框架，国土空间格局必须坚持生态优先、绿色发展、科

---

① 习近平：《推动我国生态文明建设迈上新台阶》，《求是》2019 年第 3 期。
② 高延利、蔡玉梅：《构建新时代的自然生态空间体系》，《中国土地》2018 年第 4 期。

学管控原则。

在生态文明先行示范区建设的大框架下，湖州产业如何定位、空间如何布局，这实际上关系到先行示范区建设能否取得成功的关键。湖州具有良好的生态资源禀赋，这是生态文明建设的基础，但是资源要素利用相对较粗放，"两山"转化的路径还不够多，所以必须要从国土空间规划抓起，明确主体功能区和环境功能区，重点突出在城乡建设布局、农业空间布局和生态空间布局等方面。

一 优化生态空间布局，严守生态保护红线

习近平总书记在党的十九大报告中指出："我们要建设的现代化是人与自然和谐共生的现代化，既要创造更多物质财富和精神财富以满足人民日益增长的美好生活需要，也要提供更多优质生态产品以满足人民日益增长的优美生态环境需要。"湖州在实践过程中，始终遵循当生产与生活发生矛盾时优先服从于生活、当项目与环境发生矛盾时优先服从于环境、当开发与保护发生矛盾时优先服从于保护等规则，并把生态文明理念融入空间布局、产业发展、基础设施建设等各领域，以生态红线划出生态底线。[①]

（一）生态保护红线概述

"生态保护红线"一词早期是以生态红线区的形式出现，符娜等认为，生态红线区是指对于区域生态系统比较脆弱或具有重要的生态功能，必须全面实施生态保护的区域。[②] 生态保护红线，也称生态红线，后来逐渐规范为生态保护红线。对生态保护红线概念的追溯研究述评，蒋大林等作了较详尽的梳理。[③] 对于生态保护红线的概念，较认同的一个说法，是指在自然生态服务功能、环境质量安全、自然资源利用等方面，需要实行严格保护的空间边界与管理限值，以维护国

---

① 陈伟俊：《新时代生态文明建设的湖州实践》，《国家治理》2017 年第 48 期。
② 符娜、李晓兵：《土地利用规划的生态红线区划分方法研究初探》，《中国地理学会 2007 年学术年会论文集》2007 年，第 30—31 页。
③ 蒋大林等：《生态保护红线及其划定关键问题浅析》，《资源科学》2015 年第 9 期。

家和区域生态安全及经济社会可持续发展，保障人民群众健康。①

2008 年，我国公布了首个《全国生态功能区划》，探索了将生态功能重要性评价和生态环境敏感性评价作为开展生态功能区划分的基础方法。党的十八届三中全会通过的《中共中央关于全面深化改革若干重大问题的决定》明确提出，要加快生态文明制度建设，用制度保护环境。其中关于划定生态保护红线的要求是生态文明建设的重大制度创新。生态保护红线内的区域是生态空间中的核心功能区，以生态调节功能为主。2017 年，中共中央办公厅、国务院办公厅发布了《关于划定并严守生态保护红线的若干意见》，明确提出，2020 年年底前，全面完成全国生态保护红线划定，勘界定标，基本建立生态保护红线制度。这意味着我国正式开启生态保护红线战略。

（二）编制生态环境功能区划

近年来，湖州坚持把生态文明建设贯穿于经济社会发展全过程，转变规划发展理念，以保护型和管控型的规划理念科学划定生态红线、强化用地空间管控，实现了经济社会和生态环境的和谐发展。

在《浙江省湖州市生态文明先行示范区建设方案》中，按照实现生产空间集约高效、生活空间适宜居住，生态空间青山绿水的总体要求，提出：依托丘陵山地和水系湿地，构建"三区一带"的生态空间主体网架。"三区"即提高西苕溪上游丘陵山区、东苕溪中上游丘陵山区、合溪上游丘陵山区生态涵养功能。重点开展造林绿化、水土流失综合治理和矿山生态恢复治理，提高森林蓄积量和森林固碳能力。"一带"即加强南太湖湿地富集带的保护，重点修复太湖南岸线、环湖大堤和堤外过渡带的动植物栖息生境和湖陆之间水体交换通道，增强湿地群生态系统功能。加强骨干交通沿线、清水河道两侧生态廊道建设。

湖州是太湖流域重要的生态屏障和水源涵养地，在为区域经济发展作出重要支撑的同时，太湖一度遭受严重的环境污染。自 1991 年

---

① 李干杰：《"生态保护红线"——确保国家生态安全的红线》，《求是》2014 年第 2 期。

起，国家启动太湖治理工程，1998 年发起"聚焦太湖零点达标"行动，太湖治理基本实现阶段性治理目标。但进入 21 世纪，相关部门监测结果却表明，太湖水质再次恶化。2006 年 8 月 2 日，习近平同志在考察南太湖时发表了重要讲话①，指出"南太湖的开发问题一直是我脑子里装的一个问题，要利用好湖、开发好湖，做好南太湖综合治理开发的文章"，并提出了"高起点规划，统筹兼顾，既要保护好生态，又要追求经济发展，实现保护与开发的双赢"的总体要求。习书记同志的讲话坚定了南太湖走"绿水青山就是金山银山"发展之路的决心。

2014 年 7 月 30 日，浙江省召开湖州市生态文明先行示范区建设动员大会，时任浙江省委书记李强同志在动员大会上指出，希望湖州率先探索实践，尽快划定市域各类生态红线，研究制定"生态红线管理"办法，为浙江省创造典型经验。

（三）优化生态空间的安吉实践

生态保护红线，湖州先行先试。安吉县地处浙江西北部，是我国生态环境保护较好的地区之一。作为全国最早开始"生态县""生态文明建设试点示范区"创建的县域之一，安吉县近年来的实践，具有可推广、可复制的典型意义。

1999 年 1 月，安吉县成立了"绿色工程建设领导小组"。2001 年，安吉县委、县政府提出实施生态立县战略。早在 2000 年，湖州安吉提出生态县规划时就提出了"红线控制"的方案，这也是生态保护红线的雏形，就当时全国而言还是很少见的。当年做出的决定，意味着这个并不富裕的山乡小县，需斥资 5000 多万元，搬出划定区域内的企业。2017 年，安吉县又被列入国家自然生态空间用途管制试点的地区。如何设定管制自然生态空间？实际上就是根据不同空间的特性，进行差异化和梯度化管控，为实行最严格的生态环境保护制度夯实基础。在实践中，安吉县划定了生态保护红线、永久基本农田、城

---

① 张韬、沈洁：《南太湖，凿开混沌见双青》，《浙江日报》2017 年 5 月 22 日第 10 版。

镇开发边界三条红线，根据不同空间的特性，进行差异化和梯度化管控。在规划三条红线过程中，安吉县的城镇空间、农业空间和生态空间布局也得到了优化。安吉的生态保护实践探索，构成了一个实实在在的区域性模式，具有较强的普适性。①

二　优化农业空间格局，推进农业绿色发展

2018 年的中央一号文件，特别强调要拓展农业的生态功能。农业主体功能和空间布局是实现绿色发展的重要基础和前提，优化农业空间格局，必须坚持与资源环境承载力相匹配、生产生活生态相协调的原则。农业空间一方面要坚持最严格的耕地保护制度，保障国家粮食安全和重要农产品有效供给；另一方面，充分认识到农业的生态功能，积极发挥农业的生态、景观和间隔功能，大幅提升农业的生态效能。

《浙江省湖州市生态文明先行示范区建设方案》提出，按照农业区域化布局、专业化生产和规模化经营的要求，构建"三区三带"生态农业格局。提升杭嘉湖平原西部、长兴平原和安吉北部盆地三大农产品主产区的粮油生产能力，保障粮食安全。加快建设滨湖农业带、318 国道沿线、西部丘陵山麓三大现代农业综合发展带，重点发展有机农业、绿色农业和精品农业。②

湖州在优化农业空间格局中，突出了"依山、傍湖、沿路"产业带的引领，基本形成了有特色、有竞争力的现代农业发展格局。如湖州环太湖一带目前依然保持着较完整的岸线和农业生态景观，保持了江南水乡传统的民居生活方式，特别是山体湿地和溇港文化是滨湖农业带最具价值的农业资源。在推动滨湖农业带建设中，确定滨湖区域资源、用地、产业的整体发展策略，明确场地控制要素、空间发展结构、主导产业类型和项目准入门槛，实现滨湖带市域层面的一体化管控。目前，吴兴区现代农业产业园成功列入 2018 年国家现代农业产

---

① 郇庆治：《生态文明建设的区域模式——以浙江省安吉县为例》，《贵州省党校学报》2016 年第 4 期。

② 国家发改委等六部委：《浙江省湖州市生态文明先行示范区建设方案》（发改环资〔2014〕962 号）。

业园创建名单。

"318"国道长兴段沿线,农园新景实验示范带成为长兴县绿色农业的景观带、农业园区的展示带和休闲农业的体验带。整个示范带东起"318"国道长吕线路口,西至泗安花木城,全长25千米,涉及吕山、虹星桥、林城、泗安4个乡镇15个行政村。现已建成12个农业园区、成功创建7个美丽乡村。

三 优化城镇化布局,发挥要素集聚效应

随着长三角区域一体化上升为国家战略,为湖州市实现高质量发展提供了重大的机遇。但湖州中心城市一直以来在长三角城市群中能级相对偏弱,中心城市对全市辐射力带动力不够强。下一步,湖州应该紧紧围绕"现代化生态型滨湖大城市"的目标定位,在"绿水青山就是金山银山""滨湖""美丽"和"智慧"四个方面力求突破。其中南太湖新区是大湾区四大新区之一,要真正打造成为湖湾联动、集约高效、产城融合的绿色智慧走廊。南浔城区全力打造"中国第一水乡名镇、江南商务休闲胜地、长三角乐居宜业之城"。长兴地区加快融合,以沿太湖65千米岸线一体化开发为契机,加速长兴地区与中心城区的融合进程。

《浙江省湖州市生态文明先行示范区建设方案》提出:推进新型工业化、城镇化,促进要素、产业和人口集聚,构建"一带两组团"的城镇化格局。重点提升湖州中心城市能级,打造成具有滨湖特色的长三角连接中部地区重要节点城市;扩大中心城市对太湖沿线重点区块的辐射带动作用,统筹空间和产业规划,一体化提升建设滨湖特色发展带;积极承接杭州经济辐射,加强德清县和安吉县的交通联系及错位发展,品牌化推进临杭特色发展带;培育壮大沿杭宁高铁、杭宁高速的纵向经济发展轴和沿商合杭高铁、申嘉湖高速的横向经济发展轴。

重点打造南太湖城市带,进一步提升湖州中心城区综合服务功能,加快与南浔城区、长兴县城同城化发展。集约化建设德清组团和安吉组团,推进武康、乾元、雷甸一体化发展,加快递铺、孝丰同城化发展。提升织里、练市、新市等小城市功能,支持八里店、菱湖、

泗安、和平、乾元、钟管、孝丰、梅溪等省级中心镇建设。

四　优化全域空间结构，实施"多规合一"

开展"多规合一"是生态文明体制改革的战略要求，优化国土空间开发格局，必须要以推进以土地用途管制为核心的"多规合一"实践和创新。在生态文明先行示范区建设中，"多规合一"是湖州优化全域空间结构的一项制度创新。近年来，在德清县国家级、安吉县省级试点基础上，扩面推行"多规合一"。

"多规合一"整体上强化底线思维，将生态文明建设放在突出位置，科学统筹发展与保护的关系，统筹城乡空间功能，优化全域空间结构，形成"横向到边、纵向到底、多规协同"的全域空间规划"一盘棋"，建立覆盖全域的"多规合一"控制线和控制指标体系，是实施空间资源管理的科学依据。

德清县在探索空间规划"多规合一"方面，积累了改革创新经验。① 早在2004年，习近平同志在全省统筹城乡发展座谈会明确要求，各市县要研究制订市县域总体规划。同年，德清县作为浙江省首批市县域总体规划编制试点市县之一，开展县域总体规划编制实施工作，有效促进了全县经济社会全面发展。"多规合一"的核心是以城市总体规划和土地利用总体规划"两规合一"为基础，统筹生产、生活、生态"三生空间"，突出县域总体规划的战略性和纲领性，在没有新增规划的情况下，发挥对全域空间资源统筹管理的"一盘棋"作用，避免各部门之间的规划出现矛盾。这既是试点工作的主要任务，也是落实习近平同志"规划科学是最大的效益，规划失误是最大的浪费"的重要方法创新。2016年，德清县又被列入国家住建部县市"多规合一"试点县。德清县通过"多规合一"改革试点工作，布好、管好、建好一盘棋，使德清的"山水林田湖城乡"作为一个有机生命体迸发出新的活力和魅力，让美丽中国梦目标更进一步。城乡规划正通过编制、审批、实施、监管、许可等多方位改革，真正成为落实生态文明建设的基础保障、建设宜居城市的战略引领、推进治理体

---

① 《"多规合一"的德清模式》，《城市规划通讯》2017年第1期。

系和治理能力现代化的重要途径。

第二节　资源节约集约利用体系构建与发展

党的十九大报告指出，我们要建设的现代化是人与自然和谐共生的现代化，必须坚持节约优先、保护优先、自然恢复为主的方针，形成节约资源和保护环境的空间格局、产业结构、生产方式、生活方式，推进资源全面节约和循环利用。近年来，湖州积极构建资源节约集约利用体系，助推生态文明先行示范区建设。

一　推进重点领域节能降耗

（一）加大高能耗产业节能力度

湖州传统产业基础比较扎实，经过改革开放 40 多年的发展，已形成了一批独具特色的产业集群，如织里的童装产业、南浔的木业、德清的生物医药产业、长兴的蓄电池产业等，在全国占有比较大的市场份额和影响力。但与此同时，传统产业发展过程中也产生了能耗比较高、污染排放比较大的总量。生态文明建设，一个重要方面就是降低能耗。工业绿色发展是生态文明建设的必由之路，其本质是改变高消耗高污染、低质量低产出的发展方式，发掘绿色、循环、低碳发展。

2011 年，湖州市政府出台了《湖州市节能降耗"十二五"规划》。[①] 加大对水泥、造纸、火电、化工、制革等重点耗能行业节能力度，实施工业炉窑改造、余热余压利用、绿色照明、新能源利用、热电冷联产、电机能效提升等工程。

为淘汰落后产能，湖州先后对纺织、印染、蓄电池等 10 多个行业进行专项整治，截至 2017 年年底，关停小散乱企业 3000 余家，整治提升 1520 余家。以铅蓄电池行业专项整治为例，湖州市综合运用法律、经济和行政等手段，先后淘汰了 159 家落后生产企业和 320 条

---

① 参见《湖州市节能降耗"十二五"规划》（湖政办发〔2011〕150 号）。

落后生产线，通过淘汰、兼并、重组等方式，企业数由 225 家减少到 16 家，实现了布局园区化、企业规模化、工艺自动化、厂区生态化、产品多样化和制造智能化，产值由整治前的 18.7 亿元增加到 281.2 亿元，增加了 14 倍，税收由整治前的 1.6 亿元增加到 11.2 亿元，增加了 6 倍，培育了天能、超威两家上市企业，成为全球领先的绿色能源供应商，长兴县被授予"中国绿色动力能源中心"称号。

2018 年，湖州市发布《湖州市高能耗高污染企业整治工作方案（2018—2021 年）》（湖政办发〔2017〕79 号），提出到 2021 年，在各县区平衡基础上，累计腾出用能空间 90 万吨标准煤以上。全市单位 GDP 能耗在 2017 年基础上下降 28.8%，单位工业增加值能耗下降 39.3%，达到浙江省平均水平。

（二）加快构建绿色出行交通体系

加快构建公交优先的绿色出行城市综合交通体系，加强不同交通方式无缝衔接，完善智能交通管理系统。建成高铁站等 3 个公交换乘枢纽，新增调整城市公交线路 90 条以上，建设中心城市水上公交系统，公共自行车租赁网点实现全覆盖。建设和完善城市综合交通信息管理系统、公众出行服务系统和交通综合应急指挥中心。自 2013 年以来，加快建设以城市绿道为主的城市慢行道。一方面，结合中心城区"河长制""五水共治"整治工程，形成绿地景观与绿道网相互融合、相互渗透的建设模式；另一方面，结合西山漾景区、梁希森林公园等景区建设，打造集自然、生态、健康于一体的城市"绿走廊"。根据浙江省绿道网布局规划，结合湖州市区基础条件，市区 1567 平方千米范围内将规划建设 500 千米左右绿道，推广低碳绿色交通模式。

（三）推进智慧城镇建设

城镇化建设已迈入以生态文明为导向的新时代，实现可持续发展的新型城镇化，生态文明建设是一个重要领域。2014 年 3 月，《国家新型城镇化规划（2014—2020 年）》发布，对智慧城市建设提出了明确的要求，同年 8 月 29 日，国家八部委印发了《关于促进智慧城市健康发展的指导意见》作了进一步细化。

湖州以"智慧城市建设试点"工作为载体,积极推进智慧湖州建设。为了积极推进智慧城镇建设,制订并实施《2016 年湖州市智慧城镇创建行动方案》,重点推进智慧政务、智慧商务、智慧养老、智慧社区、智慧环保、智慧安保建设,各县区创建智慧城镇不少于1 个。

开展"海绵城市"建设。在城市建设过程中,让城市像"海绵"一样会"呼吸",吸收和释放雨水,弹性地适应环境变化,是近年来备受关注的新型城市雨洪管理概念。海绵城市建设,是落实生态文明建设的重要举措,是实现修复城市水生态、改善城市水环境、提高城市水安全、实现生态文明理念等多重目标的有效手段。2017 年,出台《湖州市海绵城市专项规划》和《湖州市海绵城市建设实施导则》,开展海绵城市建设。按照规划将打造一个示范区和一个示范点,即吴兴示范区和仁皇山新区。其中,仁皇山新区"海绵城市"试点工程已正式启动。

二 加快发展清洁能源

党的十九大报告提出了推进能源生产和消费革命,构建清洁低碳、安全高效能源体系,建设美丽中国的总体战略部署。湖州市近年来清洁能源建设持续加快,水电、风力、光伏、生物质等可再生能源多样化发展的格局正在形成。

(一)推广绿色电能,深挖清洁能源的供给潜力

截至 2015 年,湖州市投产运行的水电站 126 座,总装 185.5 万千瓦,占电力装机总容量的 30.2%。同时,大力推广太阳能、地热能、生物质能等可再生能源,加快发展清洁能源。扩大太阳能光电光热建筑一体化和分布式太阳能发电技术应用规模。推进"煤改气",发展天然气分布式能源。2016 年 4 月 26 日,湖州首个利用废弃矿场建设的光伏发电站——贝盛光伏一期并网发电。

大力开展生态文明实践创新。加强用能逐级预算化管理,严格能耗强度控制。加强项目用能管理,严格项目能评。提升节能信息化管理水平,完成市智慧能源在线监测平台建设,全市重点用能企业全部纳入监测范围。以浙江省排污许可证"一证式"改革为契机,加快环评审批改革，推进长兴县排污许可证"一证式"管理制度改革试点、德清经济开发区环评审批制度改革试点。在安吉县开展竹林碳汇试验区建设试点，建立一批固碳竹产品示范基地。发挥企业在环保产业领域的先发优势和技术优势，探索建立提供环境整治综合服务的"环境医院"，提升环保产业的市场竞争力。

（二）建设智能电网，推进购煤改购电

电力也是生态文明建设的一个重要因素。湖州市加速构建安全可靠、开放兼容、双向互动、高效经济、清洁环保的"生态＋电力"，让绿色可靠的电力成为推动湖州生态文明建设的重要引擎。2017 年，湖州市制订实施《湖州市构建"生态＋电力"助推生态文明建设实施方案》[①]，提出到 2020 年，电力在终端能源消费中的占比不低于33％，全市新能源人均装机不低于 600 瓦；"生态＋电力"基本建成，全社会能源利用进一步提质增效，电力发展的生态化进程进一步加快，"生态＋电力"在生态文明建设中的支撑和保障作用更加凸显；建设一系列生态文明建设示范点，打造生态电力文明建设示范带，建成湖州生态电力示范体验展厅，打响一批"生态＋电力"品牌，初步形成与全面建成小康社会相适应的生态电力文明。2019 年，湖州市正式发布《"生态＋电力"示范城市建设三年行动计划》，启动全国首个"生态＋电力"示范城市建设。在第 25 届联合国气候变化大会上，发布《中国湖州"生态＋电力"示范城市建设应对气候变化行动》白皮书，为世界提供湖州智慧、湖州样本。2020 年，启动湖州"生态＋电力"示范城市低碳发展机制，持续深化"生态＋电力"示范城市，鼓励部分行业企业、社区、家庭和个人群体开展低碳发展试点示范，逐步构建公众碳减排积分奖励、项目碳减排量开发运营的低碳发展机制。

湖州近年来推广的"以电代煤"，全社会用能单位煤改电、油改电，倡导"以电代煤、以电代油、电从远方来"。在全新的能源消费

---

① 参见《湖州市构建"生态＋电力"助推生态文明建设实施方案》（湖政发〔2017〕91 号）。

模式下，热泵、电采暖、电锅炉、双蓄等电能替代技术得到有效推广，电能占终端能源消费的比重持续增加，区域能源结构、产业转型升级、社会节能减排明显得到优化和改善。湖州市主要能源消耗，原煤消耗由 2012 年的 720.6 万吨上升到 2019 年的 904.8 万吨，7 年增长 25.6%；电力消耗由 2012 年的 101.7 亿千瓦时上升到 2019 年的 174.2 亿千万时，7 年增长 71.3%。"中国童装名镇"织里镇，全国 80%的童装产自这里，共有 1 万多家童装企业，"家庭作坊"式的生产模式加剧了散煤燃烧的危害。2012—2014 年，织里共完成 7600 余台燃煤锅炉改造，累计节约标准煤 5.5 万吨，减少烟尘 0.2 万吨、二氧化碳 22.1 万吨、二氧化硫 0.1 万吨。

（三）推动生产生活方式绿色化

随着生态文明建设的推进，全市农民生活条件不断提高。第三次农业普查主要数据显示，2016 年年末，湖州市 43.3 万户的饮用水为经过净化处理的自来水，占 90.6%，高于同期浙江省 88.8%的平均水平；使用水冲式卫生厕所的 46.5 万户，占 97.3%，高于同期浙江省 93.0%的平均水平。

《湖州市生态文明示范创建行动计划（2018—2022）》[1] 明确到 2020 年，农村卫生厕所普及率达到 100%。天然气占一次能源消费比重提高至 10%左右，非化石能源提高至 18%左右，可再生能源装机达到 150 万千瓦（占电力装机的比重达到 30%），煤炭消费总量、煤炭占一次能源消费的比重同比 2017 年实现负增长。

三　节约集约利用土地

湖州以绿色发展为引领，统筹推进"标准地"出让、"亩均论英雄"改革等组合拳，推动土地利用方式从增量依赖向存量盘活转变，走出了一条具有湖州特色的用地管地节地新路子。

2012 年，湖州市政府出台了《关于进一步深化全市土地节约集约利用的若干意见》（湖政发〔2012〕30 号）、《关于推进低效利用

---

① 参见《湖州市生态文明示范创建行动计划（2018—2022）》（湖政发〔2018〕18 号）。

建设用地二次开发的实施意见》（湖政发〔2012〕31 号）。2015 年又出台了《关于进一步深化改革提高环境资源利用水平的若干意见》（湖政发〔2015〕32 号）。

从 2016 年起，全市推广"四破"试点（破"僵尸企业"、破围墙圈地、破低效用地、破既得利益），在全面落实差别化土地使用税的基础上，稳步实施差别化用电、用水等政策，加大倒逼力度，促使"僵尸企业"、落后产能腾退土地。同时，开展"坡地村镇"试点，采用"点状供地，垂直开发"的模式，减少各类建设对平原优质耕地的占用。①

2017 年 11 月，为了全面提升国土资源节约集约利用水平，在全市开展"五未"（批而未供、供而未用、用而未尽、建而未投、投而未达标）等低效土地清理处置专项行动。2018 年，湖州市聚焦"批而未供、供而未用、用而未尽、建而未投、投而未达标"五类低效用地分类处置，联动"标准地"改革，实现土地资源要素的高效、集约配置，撬动经济高质量发展。回收未用地，实行土地标准化后再出让。通过异地置换、依法回收、分割转让等举措，化解"批而未供、供而未用"土地。所有回收的工业用地，按照"标准地"制度，以"345"（亩均税收 30 万元以上、亩均投资强度 400 万元以上和亩均产值 500 万元以上）指导标准再出让。②

四　推进绿色矿山建设

2000 年，时任国土资源部副部长寿嘉华基于西部大开发战略③，认为我国西部开发必须走一条资源开发与环境保护相协调的矿业发展道路——绿色矿业之路。此后，绿色矿山在各地的理论探索及矿山实践方面不断丰富。

---

① 周昕：《唤醒"睡眠土地"上万亩》，湖州在线，2016 年 12 月 17 日，http：//huzhou. zjol. com. cn/ch21/system/2016/12/17/020944115. shtml。

② 《湖州市"五未"土地处置＋"标准地"组合拳》，浙江省政府网，2019 年 3 月 12 日，http：//www. zj. gov. cn/art/2019/3/12/art_ 1554469_ 30986118. html。

③ 寿嘉华：《走绿色矿业之路——西部大开发矿产资源发展战略思考》，《中国地质》2000 年第 12 期。

　　湖州一直是个矿业大市，素有"华东建材基地"之称，而且水路交通便利，矿产品可直接通过长申湖运到上海及江苏南部。矿业在很长一段时间里占据湖州经济的半壁江山，曾有"上海一栋楼，湖州一座山"的说法。但矿山的开采，造成了环境的极大破坏。要金山银山还是要绿水青山，这是摆在湖州人面前的一道单选题。1999 年，湖州市在全国率先编制了《湖州市矿产资源保护与开发利用规划》，《规划》对全市矿山布局和矿业结构进行了优化，严格控制矿山数量和开采总量，优化矿山开采规模，提出"禁采区关停，限采区收缩，开采区集聚"规划目标，截至 2003 年，全市矿山数量迅速减少到 454 家，同时形成了 400 多座废弃矿山。由于我国第一部矿产资源法是 1986 年出台的，相应的政策法规和管理制度滞后，当时湖州矿业开发与管理总体处于粗放式时期，废弃矿地的开发利用也无法律约束，在城镇、居民周边的废弃矿地，零星有搭建房屋、种植农作物等方式自发利用。

　　吴兴区妙西镇当年就是一个靠矿致富的乡镇。2005 年前后该镇大大小小的矿山达 22 座，年产量多达 1800 万吨，石矿利税占镇财政收入的 90%，村民收入的 30% 也依赖开矿。但在高速发展的同时，也给生态环境造成了不可逆转的破坏。非煤小型露天矿山点多面广量大、环境污染严重、安全事故多发，造成绿水变浑、淤泥沉积、青山掉色。

　　湖州的绿色矿山建设大致经历了"试点探索、巩固提升、全域推进和两山融合"四个发展阶段。在创建绿色矿山实践中，湖州一直走在浙江省的前列。

　　2005 年出台了《湖州市人民政府关于创建绿色矿山的实施意见》（湖政发〔2005〕1 号），首次提出"建设绿色矿山"，启示了绿色矿山创建的试点工作。2009 年，出台了《鼓励绿色矿山创建实施办法》，明确了绿色矿山创建的鼓励措施。2012 年，湖州提出全域推进绿色矿山建设。2016 年，湖州被原国土资源部列为全国绿色矿业发展示范区。自 2017 年以来，以全国绿色矿业示范区建设试点为契机，坚持绿色发展引领，建设绿色矿业发展示范区，实现矿业与社会经济

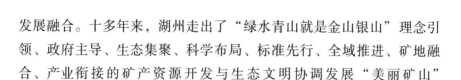

发展融合。十多年来，湖州走出了"绿水青山就是金山银山"理念引领、政府主导、生态集聚、科学布局、标准先行、全域推进、矿地融合、产业衔接的矿产资源开发与生态文明协调发展"美丽矿山"之路。

（一）制定绿色矿山地方标准

2003年，湖州市被省国土厅批准列入省矿山生态环境保护与治理工作试点市。2004年年初制定了《湖州市矿山生态环境保护与治理试点工作实施方案》《湖州市废弃矿山生态环境治理专项规划》《湖州市人民政府关于加强矿山自然生态环境建设工作的通知》《湖州市进一步加强矿山生态环境建设实施意见》《湖州市矿山自然生态环境治理备用金收缴办法》《关于鼓励复垦废弃工矿用地的试行意见》等一系列矿山生态环境保护与治理法规，治理废弃矿山的工作全面开展，湖州仁皇山、堂子山等一批废弃矿山自然生态环境治理重点示范工程建设稳步推进。

国家级试点市：2014年年底，国土资源部确定湖州市为国家工矿废弃地复垦利用试点地市，市编制完成了《湖州市土地整治规划（2011—2020）》《湖州市工矿废弃地复垦利用工程实施方案》等一批规划和方案，确定德清县、长兴县和吴兴区为工矿废弃地复垦利用试点实施区，试点期内（截至2020年）计划实施复垦利用试点项目191个，预计可形成土地8.57万亩，一批工矿废弃地复垦项目已经启动实施。

湖州市政府先后出台了《关于创建绿色矿山的实施意见》《湖州市鼓励绿色矿山创建实施办法》《湖州市市级绿色矿山管理办法》《国家绿色矿业发展示范区建设试点工作方案》等一系列指导性文件，明确了创建绿色矿山的指导思想、总体目标、创建标准和工作举措，为绿色矿山创建提供了政策依据，形成了"创建—认定—管理"一整套完整的体系。

在此基础上，绿色矿山建设地方标准应运而生，2017年3月，湖州正式发布了全国首个绿色矿山建设地方标准——《绿色矿山建设规范》①，开启了绿色矿山建设的新篇章。《绿色矿山建设规范》明确了绿色矿山建设的基本要求以及资源环境、企业管理、认定与监管要求。在资源利用方面，绿色矿山的矿产资源开采回采率不低于矿产资源开发利用方案指标，综合利用率达到95%以上，固体废弃物处置率达到100%；矿区应建有截排水系统，地表径流水经沉淀处理后达标排放；生产废水实行循环利用，实现"零排放"。在环境保护、生态修复方面，矿山粉尘达标排放，矿山粉尘浓度小于等于1毫克/立方米，矿区大气环境、矿区和矿界周围噪声排放要符合国家相关标准要求；开采区、加工区、运输系统、办公区、生活区和码头实现洁化、绿化、美化，绿化覆盖率达到可覆盖区域面积的80%以上；闭坑验收时，边坡治理率达到100%。

（二）创建国家绿色矿山主要成效

经过十多年的努力，绿色发展、生态优化的理念已深入人心。绿色开采，已成为自觉行动。

2016年年底，国务院在《全国矿产资源规划2016—2020年》中，将湖州市列为全国绿色矿业发展示范区建设试点。

2017年年底，经过严格控制，湖州矿山点量明显下降：从612家削减到56家（其中建筑石料矿山32家），减幅达91%；开采量从最高时的1.64亿吨下降到0.48亿吨，其中建筑石料开采量4822万吨。铁腕之下，湖州采矿企业纷纷转型升级或者关停。对于朝着绿色矿山目标转型的企业，政府提供引导和扶持，因矿制宜、因矿施建来建设绿色矿山；对于淘汰关停的矿山，采取变身建设用地、耕地、景观绿地等方法加以利用。2017年全年，湖州共完成老旧、废弃矿山复绿32座。

2018年年底，全市绿色矿山建成率达到94%，已建成各级绿色矿山66个，其中国家级绿色矿山（试点单位）8家，省级绿色矿山26个。国家级、省级绿色矿山占全市矿山总数的60%。

---

① 湖州市地方标准规范：《绿色矿山建设规范》（DB3305/T 40—2017）。

作为全国绿色矿业发展示范区建设试点，湖州市全域推进绿色矿山建设，到2020年，矿区绿色覆盖率达到可绿色面积的100％。按照"近期减点控量、远期全面关停"的总体要求，全市矿山总数控制在42个，年开采总量控制在6800万吨以内。

（三）矿山整治主要经验

1. 标准领跑，全域推进

湖州围绕"2020年湖州绿色矿山建成率100％"的目标，发挥标准的引领作用，全域推进绿色矿山建设。

在绿色矿山建设过程中严格执行湖州地方标准，充分发挥标准的领跑作用。首先提出了资源利用集约化、开采方式科学化、生产工艺环保化、企业管理规范化、闭坑矿区生态化的"五化"标准。其次提出了矿山绿化洁化美化标准，明确矿山"办公区、开采区、生产区、运料道路（系统）、码头区、生活区、企业环境"7个方面的22项洁化、14项绿化、17项美化标准。尤其是发布了全国首个绿色矿山建设地方标准——《绿色矿山建设规范》，为全国绿色矿山创建提供了"湖州标准"。[1]

2. 部门合力，健全机制

绿色矿山创建工作涉及国土资源、环保、水利、林业、财政、安监等部门。只有发挥各自部门的优势和职能，形成合力，共同推进，才能推进矿山企业的创建工作。湖州统筹各方力量，加强政策研究，出台行之有效的政策措施，建立针对绿色矿山建设的激励和约束政策组合，形成针对性、系统性、可操作性更强的政策措施，使矿业发展更健康、更可持续，筑起绿色矿山建设长效发展保障机制。[2]

3. 生态修复，产业重构

在全面推进老旧、废弃矿山的治理过程中，湖州市因地制宜，根据废弃矿山的特点，进行环境修复和生态涵养。矿山治理既要解决当下的紧迫性问题，更要考虑产业植入和循环的可持续性。通过生态复

---

① 湖州市地方标准规范：《绿色矿山建设规范》（DB3305/T 40—2017）。

② 刘艾瑛：《政府引导标准领跑》，《中国矿业报》2017年6月2日第A8版。

绿、景观再造、土地开发、复垦耕地、矿地村庄、搭建平台 6 种模式，让废弃矿山重新焕发生机。因开采塌陷的仁皇山矿坑经改造成了与景观亭阁相配套的清水池塘，以乔木、灌木、优质花草相结合的绿化结构，变成了湖州市民休闲健身的场所。

4. 科技创新，强化"生态＋"发展

为了协调资源开发和环境保护，湖州市在矿产资源开发、综合利用、加工、治理复绿、智能生产、智慧管理等实施科技创新，提升矿产资源开发水平，强化"生态＋"发展，打造生产智能化、管理智慧化的现代数字化矿山。

（四）对生态文明建设的重要意义

开展废弃矿山生态环境治理和矿地综合利用，是践行"绿水青山就是金山银山"理念的具体实践，是建设美丽湖州、创建全国生态文明先行示范区的现实需要，是修复生态环境、消除安全隐患，拓展建设用地空间、缓解耕地占补平衡难题的有效途径。

通过开展废弃矿地整治，缓解了土地供求矛盾：湖州市人多地少，经济和社会发展对建设用地的需求量大，土地的供求矛盾十分突出。如何解决这个矛盾，一方面需提高土地的集约利用程度，另一方面需大力开发土地后备资源。

绿色矿山建设，是贯彻落实"绿水青山就是金山银山"理念的生动实践，已形成可复制、可推广的"湖州绿色矿山模式"。

专栏

铁腕治理　成就国家级绿色矿山——湖州新开元碎石有限公司

湖州新开元碎石有限公司 1995 年成立，是设备技术先进、生产工艺环保的大型建筑石矿，湖州市重点骨干企业，首批国家级绿色矿山。2016 年被评为国家级高新技术企业、浙江省专利示范企业。

新开元从创建之初就十分注重矿山的生态环境建设和可持续发

展，坚持科技兴矿理念。2016 年入选湖州市生态文明标准化示范点。公司坚持矿产资源综合利用与绿色循环经济两大理念，积极开展安全高效开采技术、清洁高效加工技术和"三废"治理及综合利用技术攻关项目，其自行研发的生产废水循环利用技术、机制砂生产技术及数字化爆破技术自 2014 年起连续三年入选国土资源部矿产资源节约与综合利用推荐技术目录；"固液分离系统"项目获得中国建筑材料联合会科技进步类三等奖、国家安全生产监督管理总局"第六届安全生产科技成果奖"。公司累计取得国家授权专利41 项，其中发明专利 4 项，并受邀参与了国标《机制砂石骨料工厂设计规范》（GB51186—2016）和湖州市地方标准《绿色矿山建设规范》的编制工作。

第三节 生态环境保护体系建立健全

习近平总书记提出，良好的生态环境是最公平的公共产品，是最普惠的民生福祉。随着社会发展和人民生活水平的不断提高，人民群众对干净的水、清新的空气、安全的食品、优美的环境等的要求越来越高，生态环境在群众生活幸福指数中的地位不断凸显，环境问题日益成为重要的民生问题。[1]

近年来，湖州积极践行"绿水青山就是金山银山"理念，加快实施生态环境保护与修复，着力强化生态质量的提升，真正使全域美丽成为湖州最独特气质。

一 加强生态环境保护

（一）实施生态系统保护和修复

湿地的保护与可持续利用是一个地区生态文明建设水平的最重要

---

① 习近平：《决胜全面建成小康社会 夺取新时代中国特色社会主义伟大胜利——在中国共产党第十九次全国代表大会上的报告》，《人民日报》2017 年 10 月 28 日第 1 版。

标志之一,湖州一直坚持走绿色发展、特色发展之路,湿地保护工作也取得了阶段性成果。

湖州市境内湿地资源丰富,总面积 47812 公顷,占国土总面积的 11.2%。湿地动植物资源分布广泛,各类湿地生物资源种类达到了 1037 种,呈现出丰富的物种多样性,被誉为长三角保存最完好的原生态湿地之一。全市共有湿地面积 48777 公顷,拥有河流湿地、湖泊湿地、沼泽湿地和人工湿地 4 类 17 型。同时,国家、省级、市级三级湿地公园建设体系初步建立,截至 2019 年,湖州市现有国家级湿地公园 3 个,省级湿地公园 7 个,市级湿地公园 4 个,构成了全市湿地保护的骨干框架。

2005 年,湖州市与省森林资源监测中心共同编制完成《湖州市湿地保护规划(2006—2020)》,成为浙江省第一个地市级湿地保护规划,规划明确了湿地保护区划与分布、保护体系和重点建设工程等内容。2011 年,各县区开展湿地资源的二类调查工作,规划建设一批湿地保护区和湿地公园。吴兴区于 2014 年年初启动《吴兴区湿地保护利用规划(2014—2020)》的编制工作,重点划定保护红线,统筹区划布局、综合治理和监管体系建设。长兴县制定《长兴县湿地保护规划》《长兴仙山湖国家湿地公园总体规划》《扬子鳄自然放归总体规划》等,着力构建人与自然和谐的生态环境。2017 年,完成了《湖州市湿地保护规划(2016—2025)》中对生态环境、湿地等自然资源进行分析研究,并对弁山—长田漾、西山漾、南北横塘、溇港圩田、桑基鱼塘等以山、水、湿地构成的城市绿楔、城乡绿带提出了严格的保护措施和规划要求。该规划提出,全市在完善湿地监管体系方面,将建立 15 个湿地污染常规监测点,对湿地实施动态监测;在加速湿地生态修复方面,将种植截污净化与水源涵养植物 86 万株,恢复湿地植被 8 万亩;在强化污染源头治理方面,环保、农业等部门将联合推进工业污染治理、农业污染治理和生活污水治理。

(二)加大保护区保护力度

创建长兴扬子鳄、安吉龙王山国家级自然保护区,加大东苕溪水产种质资源保护区和长兴"金钉子"地质遗迹保护区保护力度。如长兴"金钉子"地质遗迹是距今 2.5 亿年左右的二叠—三叠系界线层型剖面和点位，它是在地层岩性、地质构造、地壳运动以及其他环境条件下经历漫长的地质历史过程中经过演化发展而形成的，人在其中极少参与。目前通过对其保护，被大多数人定位为专业人员的研究对象和普通民众了解地质遗迹知识的场所；但实际上从人地关系的角度看，它是人类赖以生存的基础——地球演变的一角，地球从二叠系到三叠系的过渡是人类无法改变的进程。人们通过地质遗迹研究和学习地球的历史发展，在早期更多的是人类敬畏自然的一种表现，通过地质遗迹的保护和地质知识的普及，可以将这种敬畏进行传递，激发人们尊重自然的意识。

野生动物是自然生态系统的重要组成部分，也是湿地生态保护的有效载体。湖州市立足丰富的湿地资源，积极开展濒危物种保护工作。其中，长兴扬子鳄保护区、安吉龙王山自然保护区、德清下渚湖湿地公园分别承担了浙江省珍稀濒危野生动植物抢救保护工程项目。德清下渚湖湿地公园的朱鹮繁育基地，2019 年孵化期结束后，朱鹮种群数量已经达到 406 只，进入全国朱鹮种群数量前三行列。长兴扬子鳄自然保护区已成功繁育扬子鳄 5800 余条。安吉龙王山自然保护区内的千亩田湿地已累计放归安吉小鲵的成体约 640 尾。

（三）首推四级"林长制"[1]

湖州市森林资源丰富，全市林业用地面积 460 万亩，林木蓄积量 700 万立方米，森林覆盖率达 50.9%。尤其是安吉县是浙江省重点林区县之一，该县林地面积 202 万亩，森林覆盖率 71.1%。为加快实施"生态立市"发展战略，强化森林资源管理属地责任，从 2016 年年底开始，湖州就探索制定"林长制"管理制度，建立健全森林生态安全治理长效机制。2018 年 4 月，湖州市政府印发了《湖州市"林长制"工作实施方案》，全面建立以市、县区、乡镇（街道）、行政村（社区）四级"林长"为主要内容的"林长制"组织体系，这标志着湖

_____

[1]　《湖州在全省首推四级"林长制"》，浙江省林业局网站，2017 年 11 月 27 日，http：//www.zjly.gov.cn/art/2017/11/27/art_ 1276365_ 13365368. html。

州在浙江省率先全面实施四级"林长制"。

以属地管理为主的四级"林长制",覆盖全市范围内的所有林区:各级"林长"对所辖区域森林资源保护管理负总责。其中,一级"林长"由市委、市政府主要领导担任;二级"林长"由县区党委、政府主要领导担任;三级"林长"由所在乡镇(街道、林场)党委、政府主要领导担任;四级"林长"由所在行政村(社区)领导担任。

二 坚持五水共治

水是湖州的魂,作为太湖流域的上游,湖州常年提供40%的入太湖自然径流量。这座因湖而生、以湖命名的城市,治水的意义更是非同寻常。

"五水共治"是根据浙江"水乡"省情和公众亲水诉求,深入贯彻"八八战略"的具体行动,是建设"美丽浙江"的战略重点,对于推进经济建设、政治建设、文化建设、社会建设和生态文明建设都具有重要意义。[①] 坚持综合施策,统筹推进环境污染治理。近年来,湖州积极推进环境整治行动,生态环境得到了极大改善,留住了绿水青山的底色。在重拳治水方面,湖州率先落实"四级河长制",2014—2019年,湖州市治水工作连续6年夺得浙江省"五水共治"工作最高奖项"大禹鼎",被评为全国水生态文明城市。

(一) 全国率先提出"河长制"[②]

所谓河长制是指在相应水域设立河长,由河长对其责任水域的治理、保护予以监督和协调,督促或者建议政府及相关主管部门履行法律责任,解决责任水域存在问题的体制和机制。

地处太湖流域的湖州长兴县,境内河网密布,水系发达,有547条河流、35座水库、386座山塘。得天独厚的水资源禀赋,造就了长兴因水而生、因水而美、因水而兴的文化特质。但20世纪末,这个山水城市在经济快速发展的同时,也给生态环境带来了"不可承受之

---

① 沈满洪:《"五水共治"的战略意义现实路径》,《浙江日报》2014年2月10日第6版。

② 光明日报调研组:《浙江探索实行河长制调查》,《光明日报》2018年2月2日第7版。

重"，污水横流、黑河遍布成为长兴人的"心病"。2003 年，长兴为创建国家卫生城市，在卫生责任片区、道路、街道推出了片长、路长、里弄长，责任包干制的管理让城区面貌焕然一新。借鉴"路长保洁道路"的经验，2003 年 10 月 8 日，长兴县委办下发文件，在全国率先对城区河流试行河长制，由时任水利局、环卫处负责人担任河长，对水系开展清淤、保洁等整治行动，这是全国最早的"河长制"任命文件。①

包漾河是长兴的饮用水源地，当时周边散落着喷水织机厂家，污水直排河里，威胁着饮用水的安全。为改善饮用水源水质，2005 年 3 月，时任水口乡乡长被任命为包漾河的河长，负责喷水织机整治、河岸绿化、水面保洁和清淤疏浚等任务。这是全国第一个镇级河长。

通过河长制责任管理后，包漾河水源地保护工作取得了良好的成效。2005 年 7 月，对包漾河周边的渚山港、夹山港、七百亩斗港等支流实行河长制管理，由行政村干部担任河长，开展河道清淤保洁、农业面源污染治理、水土保持治理修复等工作。这是全国第一批村级河长。

2007 年受太湖蓝藻暴发影响，长兴 4 条河道受到污染。2008 年 8 月，长兴县对 4 条河道开展"清水入湖"专项行动，由 4 位副县长分别担任 4 条河道的河长，负责协调开展工业污染治理、农业面源污染治理、河道综合整治等治理工作，全面改善入湖河道水质。这是全国第一批县级河长。至此，县、镇、村三级河长制管理体系初步形成。河长制长兴模式的经验：

第一，分级管理，健全责任体系。一是县级河长统筹管理。县四套班子成员担任辖区内主要河道河长，牵头制订"一河一策"工作方案及年度工作目标任务，带头推动河长制工作落实，统筹管理河长制工作。二是镇级河长重点牵头。乡镇班子成员担任辖区内主要河道河长，具体承担责任河道治理工作的指导、协调和监督职能，及时协调

---

① 中共长兴县委办公室、长兴县人民政府办公室《关于调整城区环境卫生责任区和路长地段、建立里弄长制和河长制并进一步明确工作职责的通知》（县委办〔2003〕34 号）。

解决各类难点问题。三是村级河长包干落实。村干部担任行政村内河道及小微水体河长，定期巡查辖区内生活污水的收集、处置、排放，河道滩涂违规乱垦殖、违章搭建占用河道、工矿企业、养殖业污水排放及环保设施运行情况，并做好劝导、宣传工作。

第二，建章立制，强化制度保障。对照河长制各项工作要求，制定出台河长定期巡查、投诉举报受理、河长培训等十项工作制度，为河长制工作的顺利开展奠定了坚实的制度保障。召开河长述职大会，按照"一级抓一级"的原则，由下级河长向上级河长就河长履职情况等进行述职，从而强化各级河长履职担当。将河长制落实情况纳入对乡镇"五水共治"、生态建设和综合考评体系中。对工作不力、考核不合格的，给予行政约谈或通报批评。

第三，因势利导，创新工作模式。一是信息化管理。通过开发建设长兴县河长制管理信息化系统、长兴县河长制智慧平台，启用无人机航拍监管等手段，不断提升河长制信息化管理水平。二是社会化参与。实行河道企业认领，实现企业角色由旁观者到守护者的转变；创建巾帼护水岗，发动妇女同志投身河道管护工作；发布河长制微信公众号，构建社会各界参与河长制工作的平台；建设河长制展示馆，为河长制的社会宣教提供专门场所。三是民主化监督。发挥人大、政协、纪委监督职能，组织人大代表和政协委员积极参与水环境治理工作的监督。

2013 年，浙江出台了《关于全面实施"河长制"进一步加强水环境治理工作的意见》，明确了各级河长是包干河道的第一责任人，承担河道的"管、治、保"职责。长兴首创的河长制，走出了湖州，走向浙江，逐渐形成了省、市、县、乡、村五级河长架构。2016 年年底，中央下发《关于全面推行河长制的意见》，在全国推广浙江等地的河长制经验。

2013 年 8 月 8 日，湖州市委、市政府制订了《湖州市水环境综合治理实施方案》和《湖州市建立"河长制"实施方案》（湖委办〔2013〕26 号），在浙江省率先实现整市推进。采取"工程治水、结构治水、科学治水"等多种手段，突击治脏、重点治浑、全面治污，深入推进水环境综合治理，推进经济转型升级。

2013年，湖州被水利部列为全国首批水生态文明城市建设试点。2014年5月，《湖州市水生态文明城市建设试点实施方案》获得浙江省政府批复。2016年，出台《2016湖州市"五水共治"工作实施方案》和《关于全面深化落实"河长制"工作的十条实施意见》，全面深化落实"河长制"工作，推进"五水共治"长效管理，促进水环境质量持续改善。2016年，湖州市在浙江省率先启动清淤治污工作。湖州建立了市、县区、乡镇、村四级"河长"管理网络，共有33名市级"河长"、185名县区"河长"、2045名乡镇级"河长"和2910名村级"河长"。自2017年以来，借着剿灭劣Ⅴ类水的契机，湖州推动"河长制"向沟、渠、塘等小微水体延伸，设立各类"塘长""渠长"对4733个需治理的小微水体进行管护。

（二）治水举措

1. 全面实施清淤治污攻坚行动

快速推进清淤泥治污泥工作。按照"全面启动、村村覆盖、无害处置、创新模式"的原则，启动实施河湖全域清淤，完成太嘉河工程、环湖河道整治工程清淤，启动445个行政村的河道清淤，完成河湖清淤900千米1800万立方米以上。实施重点航道综合整治工程，京杭运河（湖州段）三级航道整治工程开工建设，有序推进思练线支线、埭菱线东林段、千善线、双善线等航道的养护工程，完成航道疏浚30千米54万立方米。全面落实内河运输船舶生活垃圾、船舶油污水上岸工作。开展城市排水管网清淤，完成管道清淤1000千米。推进水土流失治理，完成水土流失治理面积3平方千米，造林更新9300亩、平原绿化1.38万亩，林业生态修复1万亩，平原林木覆盖率达到29%，恢复湿地植被2万亩、治理湿地面积10万亩。培育推广污（淤）泥规范化处置试点，建成淤泥循环利用堆场4个、机械化循环利用企业1家、淤泥固化技术应用试点1个和污（淤）泥资源化利用示范企业1家，建设完成污泥规范化处置项目3个。

持续推进"清三河"巩固深化。切实抓好"清三河"达标县区创建及复评工作，加快推动吴兴、南浔争创省级"清三河"达标区，新增省级"清三河"达标县区1家；切实巩固创建成果，确保三县通过"清三河"达标县复评。完善"清三河"长效管理机制，推广"4+N"河道保洁体系（以市场化保洁、专业队伍保洁、城乡一体化和纳入美丽乡村保洁四种保洁模式为主导，"以养代管"等富有区域特色的保洁模式为补充的长效保洁体系），实现河道保洁责任、保洁方式、资金保障和日常监管全覆盖。

2. 加快推进污水处理提升行动

全面完成农村生活污水治理。深入实施农村生活污水治理"三年行动计划"，明确县区主体责任，落实治理点位和受益农户，严控标准，强化监管，抓实验收，新开展治理184个村，新增受益农户49438户，实现农村生活污水治理规划保留自然村全覆盖，农户受益率达到75%以上。抓好已投用农村生活污水治理设施的长效管护，建立县、镇、村、农户、第三方机构职责明确的"五位一体"的农村生活污水治理设施运维管理体系。

加快提升城镇污水处理设施"三率"。以提高污水处理率、运行负荷率、达标排放率"三率"为目标，扩建污水处理厂5座，新增污水处理能力2万吨/日；同步推进配套污水管网建设，新增污水管网185千米以上，县以上城市污水处理率和污水处理厂运行负荷率较2015年有明显提高，城市污水处理率提高3个百分点。全面推行污水处理厂第三方运行，切实加强污水处理厂运行考核管理。污水处理厂污泥无害化处置实现全覆盖。全面完成污染物减排年度任务。

3. 深入开展工业治污提质行动

不断深化重污染高耗能行业整治。巩固提升铅蓄电池、电镀、制革、印染、造纸、化工六大重污染行业整治成果，建立长效监管机制。编制十大重点行业清洁化改造方案，推动造纸行业实施低污染制浆技术、印染行业实施低排水染整工艺改造，制革行业实施铬减量化和封闭循环利用技术改造，创建2家以上"领跑"示范企业。加大列入国家、省淘汰目录的落后产能淘汰力度，通过资源要素差别化管理和行政执法举措，坚决关闭规模小、能耗高、污染重、治理无望的企业和生产线，完成危重企业削减工程1个，整治提升企业43家，腾出 10 万吨以上标准煤的用能空间。

深入推进"低小散"行业区域性污染整治。推动长兴喷水织机、德清小化工、吴兴小砂洗小印花、南浔小木业等"低小散"行业整治，坚持"改造提升一批、整合入园一批、合力转移一批、关停淘汰一批"，综合运用市场、经济、法律、行政等多种手段，倒逼、激励、服务措施相融合，不断提升块状行业发展水平。淘汰提升"低小散"企业 1000 家以上，吴兴区印花砂洗专业园区投入使用。

加强工业园区污染集中治理。强化工业集聚区污水集中处理设施建设及改造，完成安吉梅溪、长兴李家巷等污水处理设施建设，全市工业集聚区污水集中处理设施建成率达到 100%。加快对企业废水处理设施提升改造，对纳管企业总氮、盐分、重金属和其他有毒有害污染物进行全过程管控，继续推行造纸、印染、制革等重点行业的废水输送明管化，杜绝废水输送过程污染。

4. 大力实施农业治污规范行动

严格控制农业用水。按照农艺、设施、品种、管理多点节水的工作思路，大力推广节水灌溉，实施"双百万"节水灌溉，全市新增改善灌溉面积 4 万亩，建成高效节水灌溉面积 1.45 万亩。大力推广节水型饲养技术，减少养殖废水产生总量。提倡畜禽集中供水与综合利用；推进封闭控温式的水禽平地旱养或半封闭式网片离地旱养等水禽旱养技术，对存栏 1500 羽以上的 548 家规模水禽场进行治理，建设标准化水禽场 10 个。

减少化肥农药使用。推广统防统治、绿色防控、商品有机肥的使用，普及测土配方施肥和推广水肥一体化技术，着力实现农药、化肥减量增效。加快构建农企合作推广配方肥机制，推广测土配方施肥面积 308 万亩，推广商品有机肥 6.34 万吨，推广应用配方肥 2.48 万吨，化肥减量 2220 吨。实施农药减量控害工程，加强病虫害监测预警，推广病虫害统防统治 57.4 万亩，推广农药减量技术应用面积 135 万亩，农药减量 145 吨。

全面推进"四基本"工作。按照资源化、无害化、减量化的工作思路，基本实现畜禽粪便及病死动物、秸秆、废弃农膜等资源化利用和无害化处理。开展 50 头以下猪场排泄物治理工作，南浔区、德清县率先建立线上智能化监控网络，新建成畜禽粪便收集处理中心 4 个。注重农牧结合、种养配套，新建成生态循环农业示范区 5 个、示范主体 50 个，新增生态消纳地 10 万亩，沼液消纳利用量 108 万吨。继续加大温室龟鳖养殖整治力度，拆除温室龟鳖养殖大棚 148 万平方米，其中，吴兴区、德清县实现温室龟鳖养殖"清零"，南浔区拆除面积 70 万平方米以上。全面推行农业投入品废弃包装物回收和处置工作。

（三）治水成效

第一，实现了 6 个全覆盖。湖州"五水共治"累计投入资金 429 亿元，实现了 6 个全覆盖，即排污口标示全覆盖，农村生活污水第三方运维全覆盖，建制镇截污纳管全覆盖，河道清淤全覆盖，重点污染产业整治全覆盖，绿色矿山全覆盖。在浙江省率先实现镇级污水处理厂全覆盖，规划保留自然村污水处理覆盖率达 70%、农户受益率达 56%。

第二，水环境质量持续改善。全市 7373 条 9380 千米河道，实现了"河长"全覆盖，完成了 245 千米垃圾河、259 千米黑臭河治理任务。2016 年，共完成河湖库塘清淤 2123 万立方米。通过河道综合治理，2017 年全年，全市 77 个县控以上地表水监测断面在浙江省率先全面消灭Ⅴ类和劣Ⅴ类水质，Ⅲ类及以上断面首次达到 100%，比 2013 年上升了 16.7 个百分点，全市主要水系中，东苕溪、西苕溪、长兴水系、东部平原河网、城市内河水质状况均为优。尤其是东部平原河网水质明显改善。列入"水条"考核的 13 个断面水质 100% 满足考核要求，2017 年全年，全市县级以上主要集中饮用水水源地及各备用水源地水质达标率稳定保持在 100%。水质达到或优于地表水环境质量标准Ⅲ类标准的监测断面占比，从 2006 年的 79.2% 提升到 2017 年的 100%。

第三，南太湖治理开发成效显著。十多年来，湖州保护太湖的行动不断向纵深推进。实施总投资近 100 亿元的太湖流域水环境综合治理工程，太湖沿岸 5 千米范围内关停搬迁了沿岸所有工业涉污企业，

13个行业提标改造及转型升级任务全面完成，妥善安置了常年生活在太湖上的渔民750多人，规划建设了环境优美、临湖亲水公共休闲平台——渔人码头，实现了"一溪清水入太湖"，为太湖流域乃至长三角地区构筑了一道生态安全屏障，也为全国大江大河的流域治理和东部经济发达地区实现人与自然和谐发展提供了有益经验。

表5-1　　　2005—2019年湖州市废水及主要污染物排放

年份	废水（万吨）			化学需氧量（COD）（吨）			
	总量	工业废水	城镇生活污水	总量	工业	城镇生活	农业
2005	16019	9517	6502	22392	7611	14781	—
2006	16879	9862	7017	22276	7703	14573	—
2007	17911	10326	7585	21144	7252	13892	—
2008	19345	10706	8639	20267	7234	13033	—
2011	22850	11855	10995	51657	—		
2012	22384	11173	11211	49148	9482	17928	21738
2013	22436	9843	11647	47545	9196	17294	21055
2014	22023	10024	11999	44317	8436	15324	20558
2015	22913	8613	14299	42595	7862	16101	18631
2016	22930	8531	14394	23401	7571	15830	—
2017	23238	8470	14762	21521	5048	16443	30
2018	22519	8284	14235	19456	4152	15296	8
2019	23458	7797	15661	16282	3499	12782	1

资料来源：湖州市环保局《湖州市环境状况公报》。

2017年湖州生态满意度测评名列浙江省第三，"五水共治"公众满意度排名较上年提升两名。2018年，湖州市正式成为全国首批河湖管护体制机制创新市。2019年，水质达到或优于地表水环境质量标准Ⅲ类标准的县控以上水质监测断面比例为100%；全市主要水系东苕溪、西苕溪、长兴水系、东部平原河网、城市内河水质状况均为优；县级以上集中式饮用水源地水质达标率继续保持为100%；主要入太湖口水质监测断面连续 12 年达到或优于Ⅲ类水标准。

（四）"五水共治"的湖州经验

从湖州的"五水共治"经验来看，河长制是由自下而上，在不断探索实践的基础上形成的一项制度创新。长兴、湖州的"五水共治"首创实践，为后来中共中央办公厅、国务院办公厅《关于全面推行河长制的意见》和《浙江省河长制规定》的立法，提供了地方经验。

1. 关键在于制度设计

制定出台"河长制"十条工作措施，进一步细化工作职责、固化工作制度，明确各级"河长"及牵头部门工作责任和具体要求。提升"河长"履职能力，建立常态化的基层"河长"业务培训机制，健全基层治水网络建设和动态化的信息公开机制。强化"河长制"工作的督察考核和问责追责，探索创新"河长"述职、问政"河长"等责任落实机制，切实推动各级"河长"治、管、护职责的落实。建立健全跨区域治水联动协作、协调机制，形成上下游、左右岸协同共治的格局。

2. 创新运用科技治水手段

探索推广石淙河长工作站、安吉河道视频等管护模式，加大视频监控、GPS 定位等信息化技术在长效管理中的运用，实现人技双网监管。开发运用"河长工作站"手机 App，建立市、县两级"河长"信息化管理平台并投入使用，提升日常管理实效。推进"河长制"管理信息化平台建设。目前，已经初步建成集水质查询、污染源分布、巡查日志、信访举报处理、应急指挥、统计报表等功能于一体的数据库。

3. 集中力量推动"水岸同治"

污染在水里，根源在岸上。为此，湖州市把重点放在农业转变生产方式、工业转变发展方式、城乡居民转变生活方式上，集中力量推动"水岸同治"。作为浙江最大的淡水养殖县，德清在全国率先探索养殖尾水全域治理模式。通过尾水治理，水产品品质大大提升，养殖户收益大幅提高。

4. 全面发动全民参与治水

百姓自发担任的"民间河长"也成了治水的中坚力量，全市农村"家庭护水公约"实现全覆盖，护水成为老百姓的自觉行为。抓住"世界水日""世界湿地日""浙江生态日""湖州生态文明日（8月15日）"等时间节点，联合相关职能部门开展系列宣传纪念活动。调动妇联、团委等群团组织设立治水特色项目，设计一批全民参与载体；深入挖掘先进典型人物事迹，开展"巾帼护水队""十佳'河长'"评选等活动，发挥典型示范带动；坚持以文治水，与传统民俗节庆相结合，通过水文景观、水文艺精品、护水公约等激发群众护水内生力，壮大民间护水力量。在安吉县有一支西苕溪护水队，队员都曾是矿产企业的职工，主要负责当地运砂船的收费。采砂作业全面禁止后，他们自发组织起了这支民间志愿队伍，主要查找西苕溪沿岸企业偷排等污染行为。德清县钟管镇启动"民间河长"竞聘，规范"民间河长"职责，新增了一支有能力、带头示范的社会力量加入治水队伍，主要负责河道的日常巡查监督、水质污染源调查、宣传教育引导等，与责任"河长"共同治水。目前，全市共有各类"民间河长"、河道志愿者2.52万名。

5. 形成了一批可推广的体制机制成果

湖州市合力打造"河长制"升级版，创新建立了河湖水域保护、长效保洁、综合执法等一批具有湖州特色的河湖管护体制机制，完成了一大批"水清、流畅、岸绿、景美"生态示范河道，被水利部列入全国首批河湖管护体制机制创新市。

三　推进清洁空气行动

水清、气蓝，是百姓生活幸福感的最直接体现，也是乡村振兴"生态宜居"的一个重要标志。

（一）主要举措

2013年1月，湖州市编制了《湖州大气复合污染防治实施方案》和《湖州市2013年大气复合污染防治行动计划》等专项规划，明确目标任务、细化责任分工，强化保障措施，重点开展了建筑、道路扬尘治理、矿山粉尘治理、重点行业大气粉尘治理、有机废气治理等一批重点工程。自2014年起，湖州市出台《湖州市大气污染防治（治霾318）攻坚行动实施方案》，实施大气污染防治三年行动计划，开展"治霾318"攻坚行动，重拳出击"治扬尘、治废烟、治尾气"。

近年来，湖州PM2.5浓度不断下降，但长三角区域臭氧超标问题越来越突出，臭氧治理成为大气污染防治的另一个重点。2017年，湖州围绕挥发性有机物和氮氧化物两大生成臭氧的前体物，加快剩余火电、热电、水泥、平板玻璃、工业锅炉等重点行业企业清洁化排放改造。禁止审批20蒸吨/小时以下燃煤锅炉，城市禁止审批燃煤项目（除发电和集中供热外），积极创建清洁能源示范县区。全面取缔露天烧烤。

湖州不断深化扬尘治理，将扬尘治理费用纳入项目招投标预算，强化资金保障，要求工地配备洒水清洗、雾炮降尘等设施，全面落实施工工地"7个100%"要求。目前，德清、长兴、安吉、南浔的渣土运输车、工程车公司化、本地化、专业化改革基本完成。

深入实施大气污染防治计划，强化区域联防联控、多污染物协同控制和源头治理。目前，湖州市正探索建立苏锡常湖大气污染防治区域协作机制，推动区域联防联控。

2018年完成445家涉VOCs重点企业深化整治，在省内率先推广涉挥发性有机物企业环保设施用电过程监控。

（二）主要成效

通过多年的努力，蓝天保卫战取得了实效。

2016年，积极推进秸秆肥料化、饲料化、能源化、基料化、原料化"五化"利用，全年秸秆综合利用率达93.5%，做法成为全国示范。

空气质量改善明显。2015年PM2.5日均浓度比2013年下降了24.4%。2016年，市区PM2.5浓度47微克/立方米，同比下降19%，下降幅度位居浙江省各地市第一名。市区空气质量优良率65.6%，同比提高6.4个百分点。2017年，市区PM2.5年均浓度42微克/立方米。2019年，市区PM2.5浓度下降至32微克/立方米，同比年下降8.6%，全市域首次达到国家二级标准要求；空气优良率为76.7%。

　　尾气治理提前完成。中心城区实施黄标车禁行管控，全面推进特殊车辆"黄改绿"，基本实现了黄标车"清零"。淘汰黄标车10874辆，在浙江省第一个完成淘汰任务。

　　废烟治理成效显现。淘汰高污染燃料小锅炉2942台；所有水泥熟料生产线脱硝、除尘改造实现全覆盖；完成建筑工地扬尘治理2500万平方米；有证餐饮企业油烟净化装置安装率达100%。

表5-2　　　　　2005—2019年湖州市废气污染物排放　　　单位：万吨

年份	二氧化硫			烟尘		
	总量	工业	生活	总量	工业	生活
2005	6.31	6.07	0.24	1.24	1.19	0.047
2006	5.97	5.72	0.25	1.58	1.53	0.054
2007	5.13	4.95	0.18	1.4	1.34	0.064
2008	4.44	4.19	0.25	1.28	1.21	0.073
2012	4.05	3.85	0.2	2.79	2.69	0.024
2013	3.89	3.68	0.21	2.63	2.53	0.024
2014	3.84	3.65	0.19	3.27	3.17	0.19
2015	4.02	3.81	0.21	3	2.89	0.045
2016	2.86	2.82	0.26	2.05	1.96	0.026
2017	2.22	2.21	0.004	1.51	1.50	—
2018	1.88	1.88	0.004	1.43	1.43	0.004
2019	1.53	1.53	0.004	1.13	1.12	0.004

资料来源：湖州市环保局《湖州市环境状况公报》。

　　通过环境修复治理，提升了生态环境质量，换来了绿水青山的美丽回归，增强了百姓的环境获得感，全市上下更加自觉地投身于生态建设和环境治理之中，实现了共建共享。

第六章

湖州市生态文化建设

生态文化是以尊崇自然、促进资源可持续利用为基本特征，使人与自然和谐发展，实现可持续发展与进步的文化，是一个城市的历史文化、建筑风格、形态格局及其市民的综合素质、文明程度、价值取向、精神信念、理想目标、道德面貌的综合反映。[①] 生态和文化是湖州的最大特色，是不可移动的高端要素，根植于湖州的历史、体现于湖州的现状、引领着湖州城市未来发展并区别于其他城市的灵魂，是湖州的"精神名片"。近年来，湖州以生态文明建设为引领，依托自身独特的自然地理优势和山水、古镇、历史人文优势，因地、因时制宜，推进生态文化建设，将"绿色因子"注入现代生活，将资源禀赋、特色优势转化为区域发展优势，走出了一条符合湖州客观实际的生态文化建设之路。

2011 年，《湖州市推进生态文化建设行动计划（2011—2015年）》（湖委办通〔2011〕2 号）正式发布，该计划明确提出开展生态文化建设的总体要求，具体体现在加强生态文化研究，深入开展生态文明宣传教育和生态知识普及，引导广大干部群众增强生态意识、参与生态建设、弘扬生态文明，树立人与自然和谐相处的价值观，构建主题突出、内容丰富、贴近生活、富有感染力的生态文化体系，同时将生态文化科学研究、生态文明的宣传教育、生态创建与实践行动

---

① 卢风：《论生态文化与生态价值观》，《清华大学学报》（哲学社会科学版）2008 年第 1 期。

等重点工作逐一分解，逐条分配到相关市直机关责任部门，并从组织领导、队伍建设、硬件设施、宣传报道等保障措施方面提出具体要求。在行动计划的引领下，湖州在生态文化建设各领域开展了积极探索，依托自身独特的生态优势和山水、古镇、历史人文优势，不断把文化优势转化为生态工业、生态农业和生态旅游业的发展优势，推进生态文化建设。截至 2020 年，全市有省级以上生态文化基地 50 家，遍及农业、工业、服务业、旅游业、制造业等各个领域，类型不同、性质不一，均继承和发扬了具有民族及区域特色的生态文化传统，发挥着传播生态文化的作用。

第一节　"五名工程"助推生态文化优势价值转化

江南古邑湖州，古称菰城，秦时称乌程；三国时又称为吴兴，取吴国中兴之意；后因地滨太湖而得今名。作为江南水乡唯一一座以太湖而得名的城市，"一湖滨城，两溪交汇、三省通衢、四水环绕"，自古以来就以"山水清远""万桥之乡"和"水晶宫""水云乡""百湖之市"以及千年古城而闻名遐迩，素有"苏湖足，天下足"之美誉，历来被誉为"丝绸之府、鱼米之乡、文化之邦"。

湖州的文化恰如其名，与生态紧密融合，特别是与水不可分割。"具区（太湖别名）吞灭三州界、浩浩荡荡纳千派"（宋·苏轼），湖州先民的避水、治水、用水、防水、亲水等活动相伴相生，明王世贞《清容轩记》中有记载"吴兴水至多，割地几十之五"，城市可谓从湿地上崛起，早在 12.6 万—78 万年前，就有先民们在安吉县溪龙乡上马坎以及长兴县泗安镇七里亭等滨水的坡地上劳作生息，这是太湖流域和浙江省关于古人类活动的最早记录。[①] 米芾的《苕溪诗》、张

志和的《渔父词》、朱庆余的《吴兴新堤》、苏轼的《登岘山》、赵孟頫的《题苕溪》和《吴兴赋》、戴表元的《湖州》、杨维桢的《山水歌》、韩奕的《湖州道中》、余怀的《苕溪四时歌》、厉鹗的《泛舟碧浪湖》，这些先人留下的诗句透露出湖州生态文化深厚的历史底蕴。湖籍著名作家徐迟，曾满含深情地写下了一篇《水晶晶的湖州》，以表达对故乡的无限眷恋；全国政协委员、经济日报常务副总编辑罗开富先生，则以一本《湖州人文甲天下》帮助人们理解"中国书画史，半部在湖州"的秘密。[①]

以"绿水青山就是金山银山"理念为引领，依托自身独特的生态优势和山水、古镇、历史人文优势，推进"五名工程"建设，是湖州建设生态文明先行示范区的内在要求，是将资源禀赋、特色优势转化为发展优势的现实载体，是不断提升湖州生态文明建设水平的有效举措。

一　名山工程

一座名山既可以是一种信仰，也可以是一方经济发展的动力，还可以是一个地方的名片。山不仅承载着自然生态资源、自然景观，而且孕育着人类文明发展历史。湖州多山，其各具特色。德清县莫干山以悠久的历史和良好的自然环境闻名，具备休闲度假名山基础。安吉县龙王山地势险峻，多悬崖峭壁、山涧瀑流、河谷幽深，有"绿色宝库""浙北绿色珍珠"等美称，具备打造国家级自然保护区的基础。长兴县顾渚山山清水秀，岗峦叠翠，空气清新，环境幽雅，湖光山色，清丽优美，"茶生其间，尤为绝品"，被誉为"中国茶文化的发源地"。南太湖新区管辖的弁山与太湖唇齿相依，其文化特质可总结为清远山水、观音得道、隐逸文化、诗画传统、太湖奇石、茶道精粹、项羽练兵、黄龙传说等。吴兴区西塞山文化底蕴深厚，一曲《渔歌子·西塞山前白鹭飞》凸显西塞山的山水清远和理想化的渔人生活方式。同时，茶文化、宗教文化、法学文化集聚于此，茶圣陆羽曾在这里写下世界上第一部茶学专著《茶经》，宗教文化源远流长的福源

---

① 程民：《徐迟笔下的湖州》，《文艺争鸣》2005 年第 4 期。

寺遗址、元明观、栖贤寺、龙泉寺等名刹古寺见证着岁月的变化，法学泰斗沈家本墓为后人所景仰。

基于湖州名山的自身特色和发展基础不同，结合不同的发展定位和建设目标，以项目为抓手，突出名山建设重点，提升名山软件水平、凸显名山整体形象，重视名山消费感受，强调名山整合营销，树立湖州名山品牌。通过名山工程的建设，实现湖州名山由"有名变知名，知名变著名"，最终形成在全国乃至世界具有一定影响的湖州"名山"。

（一）莫干山重点名山工程

以莫干山第一圈层区域为核心，将莫干山镇、筏头乡、三合乡以及武康镇部分区域作为环莫干山带，提升特色，引入新元素，形成山上山下联动发展，以项目为抓手，重点推进六大专项行动。一是打造国际休闲度假核心区。以莫干山景区为中心、融合现有"洋家乐"等高端度假酒店等项目，打造环莫干山第一圈层的国际休闲度假会议核心区块。二是完善国际休闲运动区，以筏头乡和三合乡为核心，打造"莫干山国家山地户外运动基地"。三是提升旅游观光区，改造和提升莫干山建筑艺术与历史文化景观、自然风光景观，打造以庾村为中心的风情小镇，促进山上山下旅游资源联动发展。四是创建高品质生态农业区，创建莫干山地理标志农产品和有机农产品品牌，重点培养茶产业——莫干黄芽，按照有机茶叶标准种植，塑造莫干黄芽优质生态高端品质。五是培育休闲养老产业聚集区，结合休闲与养老、集中休闲养老和分散休闲养老，做大养老产业规模，打造成为全国知名的休闲养老基地。六是布局高端服务业集聚区，重点发展创意产业、研发设计、地理信息产业等。

（二）龙王山工程

在省级自然保护区的基本上，将龙王山按照相关标准，建设成为国家自然保护区。保护区内相关工程项目以科普教育、徒步探险为主，环龙王山带发展保护区的延伸工程和配套工程，努力培育与自然保护区有关的产业和项目，做好生态文章，大力发展各类生态旅游，加大基础设施建设，引进教育影视、创作、科研等有关的项目。

（三）顾渚山工程

顾渚山以茶元素为特征，累积了千年的以茶文化为特征的人文历史，其中大唐贡茶苑和紫笋茶最具历史特色，同时茶叶也是古代丝绸之路重要的商品。以顾渚山为核心区域，突出茶文化元素，构建特色鲜明的具有历史特色的茶文化休闲旅游区块，形成"一带·四片区"的空间结构。

（四）弁山工程

弁山是南太湖滨湖一体化重要组成，是南太湖国家级旅游度假区的不可或缺的一部分。弁山以"弁山清空世界"为主题印象，打造具有居住、休闲、会议、养生度假、禅修、生态功能，体现湖州独有气质的太湖观音文化园。

（五）西塞山工程

西塞山拥有非常适合休闲度假的生态环境，以西塞山所包含的中国式理想生活意境为引领，以良好的乡村生态环境为基础，融合陆羽茶文化，宗教养生文化，打造吴越文化特色的名山。2015 年，西塞山旅游度假区获批省级旅游度假。截至 2019 年年底，已引进项目 17 个，总投资达 266.8 亿元。

二 名湖工程

（一）南太湖历史文化源远流长

湖州是典型的水乡泽国，枕水而居，因水而兴，依水而美，特别是太湖流域自古被称为"国之仓庾"。太湖由浙江、江苏两省共同拥有，方圆 800 里，总水域面积 2400 平方千米。南太湖历史文化底蕴深厚，距今有 6700 多年历史的邱城遗址是马家浜文化、良渚文化、崧泽文化多层文化的发源地；有始建于梁代，距今 1700 多年历史，传说为观世音道场的法华寺，有"比丘尼道迹身化青莲之说"及"妙善公主虔修成佛之说"，相传观音"湖州出生、弁山成道"；有因苏东坡种梅花而得名的小梅山；还有项羽、春申君黄歇、范蠡、西施、王羲之、杜牧、颜真卿、苏东坡、黄庭坚、赵孟頫等历代名人留下的不朽诗篇或历史遗迹。

南太湖还拥有世界灌溉工程遗产——太湖溇港水利系统、全球重要农业文化遗产——桑基鱼塘系统。早在春秋战国时期，为了有利于农业生产，包括湖州在内的太湖流域先民们首创了规模化、棋盘化农田水利系统——"塘浦（溇港）圩田"，这种农田水利系统是在屯田制度和初级形式的围田基础上逐步发展起来的。塘、浦、溇、港一类的河道也应运而生，打开古地图便可看见一条条南北向的"溇"、"港"伸向太湖，一条条东西向的横塘相间其上，如梳齿般繁密的人工河道构成棋盘式的溇港圩田系统。溇港圩田系统作为一项太湖流域滩涂开发形成的独具特色的灌溉排水工程，它在改变湖州的城市形态和生产生活方式的同时，也催生了颇具地方特色的溇港文化。由溇港、頔塘、太湖等人工运河构成的水网体系，类似今天的公路网，是太湖流域一种重要的交通方式，将太湖流域的村落、市镇等联系起来，推动了商贸的繁荣，市镇的兴盛以及文化的交融。

桑基鱼塘系统是湖州地区先民遵循着植桑、养蚕、蓄鱼生产规律，将桑林附近的洼地深挖为鱼塘，垫高塘基、基上种桑，以桑养蚕、蚕丝织布、蚕沙喂鱼、塘泥肥桑，形成多层次可持续的生态农业复合循环系统，是目前保存最为完整的古代生态循环农业系统，2017年11月入选全球重要农业文化遗产。

（二）实施以南太湖沿线开发为重点的名湖工程

以南太湖滨湖一体化建设为契机，整合南太湖旅游度假区滨湖及弁山、长兴县和吴兴区的部分自然景观和人文、宗教、历史资源，高起点、高标准建设好公共服务基础设施，优化空间布局，提升生态环境，形成水上、岸上联动发展，重点实施六大专项行动。一是加快建设长兴太湖龙之梦乐园，提升接待能力。二是完善月亮湾商务度假区，以月亮湾为商务度假核心区，紧紧围绕太湖明珠、湖州雷迪森温泉度假酒店、太湖名爵游艇俱乐部、太湖温泉水世界、月亮广场等，进一步提升商务度假的优良环境品质，打造国内一流、国际知名的商务度假中心。三是建设山水休闲带，以长田漾湿地、长兴图影湿地和弁山为核心，重点建设长田漾湿地公园、苍弁湿地旅游综合体、太湖图影生态湿地文化园等项目。四是打造宗教文化带，立足法华寺独特的宗教文化内涵，将弁山的法华寺—小梅山打造成为以宗教朝觐为核心的集主题文化体验、自然观光、特色休闲为一体的国内知名、长三角独特的宗教文化带。五是构建文化带，整合湖州影视城景区，积极打造南太湖文化娱乐带。六是打造太湖溇港带。通过设立溇港古村、建造溇港博物馆等，重点开发至今保存相对完好的太湖古溇港，再现以溇港圩田为特色的太湖水乡风貌，完美展现塘浦圩田所催生的稻文化、鱼文化、丝绸文化等文化景观。

三 名镇工程

（一）南浔古镇延传至今

湖州历来百姓富足、文化繁荣，文人骚客所驻足留恋的自然胜迹和出文化孕育的古城古镇古村落层出不穷，而最为著名的，就是与周庄、同里、角直、西塘和乌镇并称江南六大古镇的南浔古镇，可称为明清文化的活化石。

耕桑之富、甲于浙右。南浔古镇位于湖州市域的东侧，地处江浙沪两省一市交界处，已有 800 年的历史。南宋时期，这里土润而物丰，民信而俗朴，行商坐贾逐渐汇集。桑蚕种植和家庭手工缫丝是南浔镇的主要支柱产业。明清时期，随着对育蚕、植桑以及缫丝技术的改进，南浔所产的辑里湖丝声名鹊起，镇上家家户户门前都是桑树成荫，形成了"浔溪溪畔尽桑麻""无尺地之不桑，无匹妇之不蚕"的盛况。

1851 年的伦敦世博会，南浔辑里湖丝荣获金奖。辑里湖丝在国际上的声名鹊起，造就了一大批靠经营蚕丝发迹，发展蚕丝外贸的丝商巨富。他们还放眼江、浙、皖等地，投资铁路、盐业、典当业、银钱业以及房地产等领域，成为中国近代最大的丝商群体。民谚有云"一个湖州城，不及南浔半个镇"，当年的南浔商贾云集，经济繁荣。

南浔古镇内拥有清丽典雅、别致内蕴的传统民居，在传统建筑形式的大宅园林中，大胆巧妙地融合了西方的建筑风格，形成了中西合璧独特的江南宅第建筑艺术。古镇内拥有嘉业堂藏书楼、小莲庄、尊德堂、南浔张氏旧宅建筑群、江南运河南浔段、南浔丝业会馆及丝商建筑 5 处全国重点文物保护单位，周庆云旧宅、刘氏景德堂旧址、生计米行等 21 处历史建筑，庞氏旧宅、南浔粮站总粮仓、洪济桥、通

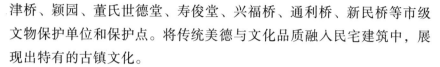

津桥、颖园、董氏世德堂、寿俊堂、兴福桥、通利桥、新民桥等市级文物保护单位和保护点。将传统美德与文化品质融入民宅建筑中，展现出特有的古镇文化。

（二）实施以南浔古镇保护发展与文化传承为重点的名镇工程

南浔古镇通过著书编册，通过成立专业化、系统化联络会、研究会等方式，把传承与弘扬古镇文化作为一项长期的系统工程。2011年6月，湖州南浔古镇管理委员会作为区政府派出机构正式成立，对古镇区开展保护、利用、规划、建设和管理工作。从保护利用的角度，全面系统梳理了古镇的房产、古建筑、居民等情况，形成了包括一本册子、一套图纸、一个软件在内的较为翔实的数据库，为古镇保护利用工作奠定了扎实的基础。在此基础上，以国家5A级旅游景区为契机，充分挖掘南浔古镇的历史、人文、建筑、场馆等资源，注重古镇核心区的改造与提升，大力培育南浔古镇的新增长点。

一是完善南浔古镇核心区。对南浔古镇的南片、北片和中部三个片区进行"动、静、闲"分类开发建设。南部片区依托江南宅院，吸引名人入驻，形成创智产业集聚区；以中国文化为本底，古镇家庭为载体，面向天下招募收藏家，打造百家微型家庭博物馆，形成雅文化圈。北部片区以海派文化、民国文化等时代文化背景为主题，打造水乡情调高端民宿带；结合运河周边田园环境，开辟家庭式农家乐园休闲旅游项目，构建休闲圈。中部片区以轮船码头为中心向外辐射，将码头周边的街头市场改造为码头商贸集散地，构建沿河商贸圈。

二是打造南浔"两大文化"品牌。挖掘南浔古镇海派文化，吸引学术专家学者、民间志士著书立学。成立专门研究会，有计划、有步骤地对古镇的历史、建筑、文化、民俗、宗教、艺术等文化形式进行系统研究和挖掘。利用南浔富商望族历史资源基础，结合当代家族企业发展，设立具有国际影响力的家族财富论坛、现代版的"四象八牛七十二黄金狗"财富榜发布会等，把南浔古镇打造成高端财富论坛中心，树立南浔高端品牌，加固商贾重镇形象。

三是提升旅游接待服务功能。提升接待功能，开辟方便团队住宿的集中性接待区；挖掘南浔本土平民文化，为团队旅游与年轻人提供方便实惠的居住空间。加强通景道路沿线环境整治和指示标牌设置工作，提升旅游公共交通服务功能，完善游览服务体系。升级服务功能，推进智慧旅游，完善智慧旅游基础框架，逐步实现免费 WiFi 全覆盖，鼓励运用电子信息屏、手机 App 等高科技设备与手段，开展智慧旅游平台服务。

四是丰富古镇景区旅游资源。在现有南浔古镇景区的基础上进行积极扩展，优化国际香草产业园的建设规划，构建休闲旅游、医疗度假产业、养老社区、婚庆产业、高附加值农业产业园五大板块，力争将香草园打造成国际国内著名的现代农业休闲旅游观光园，使之成为南浔新的城市名片。

四 名人工程

湖州人杰地灵，历代名人荟萃。由汉代至清代正史立传的有 285 人，近代以来，更是才俊辈出。自有科举以来，据旧志记载统计，唐代至清末，湖州进士及第的共有 1530 人，历代的状元就有 18 人。而状元的辈出，又是封建时代该地区文化昌盛、社会和谐的重要表现。湖州历史上还涌现了画家曹不兴、史学家沈约、诗人孟郊、著名画家赵孟頫、文学家凌蒙初、水利学家潘季驯、法学家沈家本等一大批在中国历史上举足轻重的名人。民国时期，湖州出了陈英士、张静江、朱家骅、陈果夫、陈立夫和吴昌硕、俞平伯、钱玄同、沈尹默等名扬海内外的志士仁人和文化名人。现今两院院士（中科院院士、工程院士）包括钱三强等 38 人。众多的历史名人文化，是弥足珍贵的文化资源和极其宝贵的精神财富。

（一）发扬光大"湖笔文化发源地"品牌

作为中华文房四宝之首——湖笔的发源地，湖州善琏几乎人人为笔工，家家产湖笔。湖笔作为国家非物质文化遗产享有"湖颖之技甲天下"的盛誉，经过多年传承，由湖笔繁衍、发展形成具有鲜明地域特色的湖笔文化。整合赵孟頫、吴昌硕、王一亭、赵延年、沈尹默、费新我等书画名家资源，形成合力，共同打造"半部书画在湖州"品牌，进一步夯实湖州中国书法城的基础。丰富"湖笔文化节"的内涵，借助书画名家在海内外的影响力，通过举办国内外书画论坛，加强与国内外的文化经济交流；通过开展"跟着书画家游湖州"、书画进校园等各种节庆活动，进一步提升湖笔文化节的影响力。整理蒙恬、智永等历史上与湖笔相关的名人，结合善琏湖笔特色小镇建设，在振兴历史经典产业的同时，做大做强湖笔文化创意产业，打响"湖笔文化发源地"知名品牌。

（二）培育"中国茶文化发源地"品牌

湖州因"茶圣"陆羽在此撰写世界上第一部《茶经》，后长留于此而成为世界茶人的朝圣地。长兴自大唐起就尊为贡茶的紫笋茶，紫笋茶、顾渚山下的金沙泉、紫砂壶号称长兴"品茗三绝"，顾渚山更曾建有中国历史上第一座贡茶院。进一步挖掘和修缮陆羽在湖州的活动遗迹，结合杼山、顾渚山等名山建设，广泛利用各种媒介，积极宣传"湖州中国茶文化发源地"，提升湖州作为茶文化发源地的影响力。继续推进"溪龙安吉白茶故里"风情小镇建设，做大安吉白茶产业，推进第一产业、第三产业融合；围绕宋徽宗《大观茶论》，进一步挖掘安吉白茶的文化内涵；借助中国安吉白茶博览会、华东林交所平台，进一步扩大和提升安吉白茶的知名度和品牌影响力。继续办好中国湖州国际茶文化研讨会，加强中外茶文化交流活动，特别是湖州与日本、韩国、新加坡的文化交流，扩大湖州在海外的知名度。现如今湖州茶文化已发展成为贯穿于茶叶的采摘、制作、选水、煮茗、列具、饮用、礼仪以及茶诗、茶画、茶歌、茶舞等各个方面的全方位、多层次的文化。

（三）培育"世界丝绸之源"品牌

湖州作为世界丝绸文化发祥地之一，历史悠久，钱山漾遗址被誉为"世界丝绸之源"，有4700多年历史。随着"一带一路"国家倡议的深入实施，湖州承载着丝绸传承、产业发展和文化传播的当代使命。加快编制钱山漾遗址保护规划，高起点规划、建设钱山漾遗址国家考古主题公园，力争纳入良渚遗址申遗范围。积极宣传慎微之作为钱山漾遗址发现者的贡献。打响以"四象八牛"为代表的"近代中国第一丝商群体"品牌，结合"文博南浔"建设，继续挖掘"四象八牛"财富之路、开放之路。以湖州丝绸小镇建设为抓手，不断提升

湖州丝绸产业竞争力，变历史经典产业为时尚产业。

（四）传承良好家风文化

系统整理湖州历史上的名门望族，重点以沈氏、钱氏、潘氏、钮氏、俞氏、章氏、慎氏等为主。充分利用湖州望族在海内外的影响力，进一步加强与海外望族后裔的沟通和联系，扩大湖州的知名度。加强对族谱、后裔的研究，使望族成为留住乡愁、守望家园的一个纽带。系统梳理名门望族的优秀家规、家训、家风，继续推进"文化礼堂、幸福八有"为主题的农村文化礼堂建设，不断探索创新，为全省各地提供更多的宝贵经验。

（五）弘扬梁希的生态林业思想

充分挖掘梁希的生态林业理念，适时举办梁希生态林业学术研讨会。进一步发挥梁希国家森林公园综合功能，重点开发梁希公园森林休闲旅游。加快推进梁希森林公园二期建设，切实增强森林公园的文化内涵，把现有梁希纪念馆扩建为湖州生态文明建设成果展示馆。

（六）弘扬潘季驯的治水思想

充分发挥潘季驯在海内外的影响力，成立湖州市潘季驯研究会，举办潘季驯治水国际学术研讨会。开展湖州水文化遗产普查工作，大力宣传水文化，促进全社会对水的认识，保护和继承湖州水文化遗产。

五 名品工程

在漫漫历史长河中，湖州不断涌现出众多具有地方特色的各类产品，能够彰显区域文化的产品非常丰富，尤其在丝绸、制茶、制笔、酿酒、养鱼等方面历史悠久。春秋战国至南北朝，湖州绫绢就已出口到十几个国家，唐代时被列为贡品，明清时期辑里湖丝更成为宫廷织造和各地丝绸名品的首选原料，曾获1815年巴拿马国际金奖。充分挖掘湖州地理标志产品、非物质文化遗产、老字号、湖州制造区域品牌等资源，依托名品优势聚力发展。

（一）壮大地理标志名品

不断加大投入，大力提升基础设施建设，进一步改善农业生产条件。积极培育壮大家庭农场、专业合作社、专业大户、龙头企业等新型农业经营主体。重点打造以茶叶、湖羊、太湖蟹等地理标志产品为主的生态型农业名品。研究和制定地理标志产品标准，确保产品质量。鼓励和支持企业与浙江大学、省农科院等相关研究机构合作，组建科技创新团队，加快建设安吉白茶产业研究院、湖羊研究所等研发中心，着力提升地理标志产品的整体竞争力。不断挖掘地理标志产品的人文底蕴，加强地理标志产品公共品牌的建设。2021年，出台了《湖州市地理标志运用促进和保护工程实施方案》，推动地理标志和特色产业发展、区域公用品牌建设、生态可持续发展、历史文化传承有机融合。

（二）打造"湖州制造"品牌

深入实施品牌战略，重点突出长兴新能源、南浔木地板、安吉绿色家居、织里特色纺织产业区域公共品牌，加速产业转型升级和"浙江区域名牌"的创建。鼓励和扶持核心企业加大研发投入，多种途径设立技术研发中心，加快科技成果嫁接转化。鼓励企业积极参加国内外标准化活动，加大力度培育高素质的现代企业家和产业工人，引导大企业向总部型、品牌型、上市型、高新型、产业联盟主导型、国际型企业发展。建立省、市级名牌梯队培育库，在有一定规模、创新能力强、成长性好、发展潜力大的大企业中开展名牌培育。引导企业发展电子商务、现代物流、工业旅游等为主的新型商业模式。

（三）挖掘非物质文化遗产

充分挖掘湖州的非物质文化遗产资源，保护好与非遗有关的遗迹、历史资料，加大对非物质文化遗产的保护、开发力度。鼓励多渠道设立研究机构，对遗失的传统技艺进行恢复、开发和保存。扶持企业通过创新，开发非遗产品的衍生产品，提升市场影响力。研究出台具体各类非遗产品（服务、技艺等）生产制作标准规范，大力寻找民间技艺制作大师，尝试在职业教育中开设非遗课程，培养非物质文化遗产承传人才。2018年，出台了《非物质文化遗产保护与传承通用指南》地方标准，为湖州市非物质文化遗产保护工作提供依据，提高遗产保护与传承的科学性、规范性。

（四）提升老字号特色名品

促进企业完善法人治理结构，深化企业内部人事、劳动、分配制度改革，全面提升企业制度建设和管理水平，推动符合条件的企业实施股份制改造。通过资金扶持、多渠道培训等手段，寻找传统名品的技艺传承人。鼓励和扶持企业通过加大研发投入、联合研究机构等多种方式进行产品创新。研究出台具体各类特色名品生产制作标准规范。保护、筹建和利用好历史文化特色街区，形成名特优产品的空间集聚。

（五）布局线上"名品馆"

开发专业的名牌产品网站，全面展示湖州目前的各类市级以上的著名（驰名）商标、名牌产品、中华老字号、各级非物质文化遗产、湖州市特色产品、地理标识产品和区域特色品牌及背后所体现的历史文化，形成"湖州名品虚拟馆舍"。开发电子版的"湖州市名品乡土教材"，以专业网站、手机 App 软件来进行传播。建设"湖州市 e 名品"电商平台，积极探索湖州名品传播的新模式。

（六）完善线下"名品馆"

完善集保护、休闲、体验和购物等综合功能"名品"线下展示场馆，通过声、光、电等手段展示湖州市名品及其产生历史、制作工艺、流程、文化内涵；逐步在湖州市以外的地区设立名品馆，逐步扩大名品的影响力持续性；精心设计不同类型的、差别化的名品旅游线路。

第二节　生态文旅产业全域化实践探索

湖州有深厚的文化底蕴，优越的区位条件，繁荣的现代经济，和谐的社会环境。近年来，湖州坚持以"绿水青山就是金山银山"理念为指引，把生态作为休闲旅游的立身之本，以国家全域旅游示范区、国家级旅游业改革创新先行区和全国旅游标准化试点城市三大"国"

字号改革为总抓手推进全市旅游发展、提升与跨越。全域旅游产业日益兴旺，旅游项目建设实现了从数量到质量的飞跃，连续5年实现了年度投资超百亿元，月亮酒店、天使乐园、裸心谷、大年初一、太湖龙之梦、阿里拉度假村、湖州影视城、慧心谷等一批旅游业标杆项目纷纷落户湖州。目前，全市现有总投资超百亿元旅游项目6个，在谈的百亿元旅游项目2个，在旅游项目的助力下，湖州市已形成了以"乡村旅游"和"滨湖旅游"为引领的旅游产业体系，成为全市第二个超千亿元的大产业。

一　生态文旅融合，全域发展

文化产业本身具有高融合度、高附加值的产业。一方面，近年来湖州在文化强市建设中，从文化搭台唱戏理念出发，湖州充分挖掘地方生态优势与文化优势，将文化元素融合节庆、旅游、互联网，丰富了文化公共产品供给，繁荣了群众文化生活，促进了文化产业发展，创构了"湖笔文化节""你好南浔"等一批重点节庆品牌项目，打造了湖州影视城、文创中心、太湖龙之梦等一批重点项目，促进了文化产业的创新发展。

另一方面，湖州以"旅游+"的全新理念，全面推进旅游与第一、第二、第三产业的高度融合，做好"旅游+文化、旅游+农业、旅游+会展、旅游+健康养老、旅游+特色小镇"等文章，着力推进"乡村旅游"和"滨湖旅游"两大业态发展，加快形成空间布局科学、产业结构合理、优势特色鲜明、规模效益并重的旅游产业发展格局。旅游产业融合在深度和广度上取得实质性推进。[1]

（一）彰显"太湖南岸好风光"[2]

湖州濒临太湖，拥有良好资源禀赋，在休闲文化产业发展上突出滨湖度假的生活本质，坚持一体化、生态化、个性化、国际化发展原则，建设"滨湖十景"[黄金湖岸（月亮酒店）、南浔古镇、菰城景

---

① 参见《湖州市"十三五"旅游产业融合发展行动纲要》（湖旅组办〔2016〕5号）。
② 参见《湖州市加快市本级旅游业发展四年行动方案（2017—2020）》（湖政办发〔2017〕81号）。

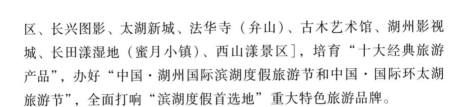

区、长兴图影、太湖新城、法华寺（弁山）、古木艺术馆、湖州影视城、长田漾湿地（蜜月小镇）、西山漾景区]，培育"十大经典旅游产品"，办好"中国·湖州国际滨湖度假旅游节和中国·国际环太湖旅游节"，全面打响"滨湖度假首选地"重大特色旅游品牌。

1. 生态旅游，用好"绿水青山"

以国家生态文明先行示范区建设为契机，湖州充分发展优良的生态资源，以经营美丽乡村为载体，全力做好"生态＋"文章，打造南太湖、仙山湖、图影、扬子鳄、中南百草原、安吉灵峰6大生态旅游功能区和基地，培育莫干山、仁皇山、南郊、西塞山、安吉大竹海、安吉龙王山国家森林保护区等10个生态旅游景区，办好"中国·湖州国际生态（乡村）旅游节"，全面打响"生态旅游"品牌。

2. 工业旅游，建好"产业基地"

重点依托湖笔、丝绸、工艺品、家纺、食品、化妆品等工业产业，通过创建工业旅游示范基地和推出工业旅游创意特色线路等工作举措，培育南浔善琏湖笔、安吉天荒坪、长兴天能·超威新能源等工业旅游示范基地，打造江南天池、丝绸特色小镇、湖笔特色小镇等工业旅游A级景区，开辟吴兴美妆小镇、世界丝绸之源、南浔智能电梯、长兴绿色能源、安吉江南天池5条工业探秘游精品线路，办好"中国·湖州世界丝绸之源旅游节""江南天池·天荒地老旅游节"等一批工业旅游节庆活动，全面打响"工业旅游"品牌，将工业旅游培育成为展示湖州工业综合实力、企业风采的重要窗口和新的经济增长点。

3. 文化旅游，渗透"传统元素"

以湖笔、丝绸等历史经典文化为抓手，将大运河世界文化遗产、桑基鱼塘农耕文化遗产、太湖溇港世界灌溉文化遗产融入旅游元素，开展旅游与文化融合之旅。建设古镇文化、城市文化、溇港文化、莫干文化、竹子文化和古生态文化6个文化旅游基地，培育菰城景区、南浔古镇、新市古镇、长兴大唐贡茶院、安吉竹博园、邱城遗址等"文化景区"。对湖州市区衣裳街、小西街等历史街区进行规划引领、凸显元素、保护利用并重的休闲景观开发，在保护文物古迹遗存，整理丰富文化资源的同时，建成了一批功能多元的场馆与街景；南浔古镇、新市古镇、荻港渔村也先后进行了融文化旅游休闲为一体的开发，既蓄积了休闲旅游资源，又促进了文物非遗的保护传承。

4. 节庆旅游，带动多元文化产业

传统的节庆文化、地方的商贸文化，以及国内外大型文艺节庆活动，在湖州大地上都形成了一个以节庆为核心带动力的多元文化产业，焕发出蓬勃生机与力量。近十年来，湖州主办了中国湖州·国际生态乡村旅游节、中国陆羽茶文化节、中国（安吉）美丽乡村节，积极开发了具有乡镇特色文化节，如新市蚕花节、长兴采桃采梅节等。以湖笔文化节为例，从2001年到2020年，湖州连续举办十届中国湖州国际湖笔文化节，通过大型文艺晚会、焰火晚会、湖笔文化论坛、文房四宝艺术博览会、科技经贸洽谈会、湖笔文化之旅等活动，展示了湖州人文精神，提高了城市文化品质。推动了文化设施建设，促进了文化精品的生产，丰富了群众文化生活，加快了文化旅游融合。与此同时，长兴、德清连续十多年举办长兴经贸洽谈会、游子文化节、吕山湖羊节、杨墩枇杷节、城山沟桃子节、荻港鱼文化节等文化搭台经济唱戏的乡村节庆，对促进文化与经济融合，丰富群众文化生活，提升人民幸福指数，渐呈乱花迷人态势。

5. 康养游憩，构建健康养生基地

以市委、市政府《关于大力促进健康产业发展的实施意见》为指导，湖州积极打造长三角"健康谷"和构建长三角诊疗康复护理中心、生态养生养老中心、户外运动健身中心、健康产品产销中心，全力构建健康养生基地。培育健康·蜜月小镇、水口茶文化、西塞山3个健康养生基地，建设健康·蜜月小镇、长兴水口、西塞山、安吉景坞·董岭、南浔荻港、德清莫干山6个养生旅游景区，打响"中国·湖州健康养生旅游节"品牌。以德泰恒、鑫远·太湖健康城、安吉圣氏医药等康复疗养中心、养生馆等为载体，推荐文化内涵深厚、优势突出、特色鲜明，在中医药文化传播方面具有独特作用、历史悠久、传承良好的企业，开展与健康相关的旅游业态，开发中医药健康旅游产品，把全市打造成为全国中医药健康旅游示范区，打响"健康养生旅游"品牌。

（二）展示"美丽乡村好生活"①

湖州市在"绿水青山就是金山银山"理念指引之下，形成乡村可持续发展的新常态，打造乡村地域生态文化品牌，兼具文化的涵聚性、淀积性和经济的引领性、模范性，在以文化创造价值，以品牌融合资源，以和谐多元关系与生态智慧创建美丽乡村等方面树立了鲜活样本，具有重要的理论研究意义和实践指导价值。②

1. 民宿经济催生乡村旅游再现新动能

湖州依托"绿水青山"发展生态农业、乡村休闲旅游，让"绿水青山"流金淌银，走出了一条由"农家乐"到"乡村游"，到"乡村度假"再到"乡村生活""乡村宜居"的乡村生态产业发展之路。莫干山的"洋家乐"单张床位 1 年上缴税金最高达 14 万元，村民用"山里一张床，赛过城里一套房"来形容民宿的经营收入。③

2. 文化休闲场馆兴建促使村落文化再生

在农村兴建特色文化休闲场所，注重将地域文化元素融入公园、广场，成为景观组成部分，美化环境，提升品位。德清新市厚皋村在原垃圾场上建造一个蚕文化主题公园，充分彰显了水乡蚕文化特色；安吉报福中张村围绕畲族文化做文章，建设富有畲族特色文化广场；吴兴区、德清下渚湖街道、长兴小浦镇等 1 区 4 乡镇（街道）被浙江省评为休闲文化示范单位。

安吉以生态民俗类"非遗"为重点，在现有地域文化展示馆（专题馆）的基础上，进一步整合资源、加大投入，新增、改建或提升一批，形成"1 + X"的最美博物馆集群。安吉梅溪镇马村蚕桑文化展示馆就集"非遗"传承人的技艺展示、参与体验蚕桑生产、品尝蚕桑

---

① 庞旭瑞：《"湖州模式"对我国新农村建设的启示》，《中北大学学报》（社会科学版）2010 年第 2 期。

② 陆韵：《乡村生态文化品牌的塑造与传播——以安吉县山川乡"浪漫山川"为例》，《湖州师范学院学报》2015 年第 11 期。

③ 王德胜：《践行"绿水青山就是金山银山"理念的样板地模范生——浙江省湖州市践行"绿水青山就是金山银山"理念的经验与启示》，《吉林日报》2018 年 12 月 5 日第 16 版。

宴为一体展示村落文化。安吉 21 个村落展示馆陆续推出体验活动，成为建设"中国最美乡村生态博物馆群"的重要内容；此外，还将建设中国最美乡村影剧院群、乡村图书馆群和中国最美农村文化礼堂群、竹文创工坊群。乡村图书馆群以图书分馆、城市书房、农家书屋、企业书柜、驿站书吧等多种形式，结合纸质图书和电子阅读，建成布局合理、发展均衡、覆盖面广、全面开放的乡村公共图书馆服务网络；农村文化礼堂群以"文明风尚健康生活"为主题，以星级评比为抓手，建成覆盖城乡、特色鲜明、功能齐全、管理规范的文化礼堂网络；竹文创工坊群将以培育孵化"小精尖"竹文创企业为主，扶持"小精尖"特色竹文创微型企业或竹文创大师工作室，形成本土化、特色化、精致化的最美竹文创工坊群。①

3. 新乡贤文化建设助培文明乡风②

湖州市率先在全国掀起"培育和弘扬新乡贤文化建设"热潮，利用新乡贤助推农村基层群众自治，助培文明乡风，助育和助行社会主义核心价值观，对全市文明创建起了巨大的引领作用。长兴县根据"新乡贤"标准，成立"新乡贤寻访团"，汇编《长兴历史名人录》，寻访各类新乡贤 2000 余名，长兴县科协历时两年走访收集 30 多位长兴籍教授专家的成长史汇编出版《精英曲》，聘请 11 位专家教授与教育、文化、农业等部门长期开展结对帮扶；德清县乡贤参事会根据成员自身特长，组建了"德清嫂"美丽家园行动队、"新财富"创业帮扶指导队、"老娘舅"平安工作队、"喜洋洋"洋北文化社等乡贤团队；南浔区遴选由中国好人 5 名、浙江好人 6 名、市级道德模范 20 人组成文明示范团队，这些乡村道德文明榜样对群众素质提升、社会风气净化起到了春风化雨的作用。

4. 模式标准引领全国示范

制定乡村旅游集聚区、示范村、示范农庄、示范农家、乡村民

---

① 《来湖州安吉看"中国最美乡村生态博物馆群"》，浙江在线，2018 年 5 月 17 日，http://zj.cnr.cn/gedilianbo/20180517/t20180517_524236553.shtml。

② 许军：《新乡贤统战：基层统战工作的整合拓展与全新模式——以浙江省县以下实践为案例》，《统一战线学研究》2018 年第 4 期。

宿、湖州人家、生态度假庄园、生态休闲农场八个标准，引导乡村旅游个性发展、差异竞争、特色生存，生态乡村民宿标准上升为民宿标准，生态度假庄园标准为国际首创；国家乡村旅游扶贫和发展工程检测中心、国家旅游扶贫和发展培训基地两大"国"字号平台落户湖州，国际乡村旅游大会永久会址落户湖州，湖州模式、湖州发布引领全国。

5. 文明创建倡导乡风文明新风

深入开展文明乡镇、文明村、文明家庭等群众性精神文明创建活动，引导农民家庭立家规、传家训、树家风、圆家梦。组建农村志愿者队伍，推动志愿服务向农村延伸。在全市70%的行政村建立"道德评议会"，广泛开展乡风评议，以乡风馆为载体提升乡村道德水准，形成了新人新事有人夸、歪风邪气有人管的良好社会氛围。

6. 环境整治促进乡村和谐

乡村生态环境是村民最大的公共利益所在，湖州通过推进生态文明建设，关停污染严重的企业、石矿、养殖场，开展植树造林、修复生态等活动，一方面天变蓝、水变清、地变净；另一方面农村社会的利益关系发生了深刻调整，广大村民的最大公共利益得到了维护，而原有既得利益主体的不合理利益得到了削弱，甚至消除，合理调整农村主体的利益关系，缓解农村社会中贫富不均的问题，从而促进乡村文明的发展。

二 完善体制机制，激发活力

（一）完善公共文化服务体系

1. 传承乡村文化，推动公共文化服务体系标准化、均等化、品牌化建设

近年来，湖州通过文化体制机制的不断改革，激发市场活力，厘清政府文化职责，专注于公共文化服务体系建设完善，丰富公益性公共文化产品的生产供给。以公共文化服务标准化、均等化、可持续为重点，着力改善文化民生，强化基础设施建设，建立并完善公共文化服务体系。继完成农村文化"八有"保障工程后，2013年又启动"文化礼堂·幸福八有"工程建设，成为湖州农村文化集聚地和传承历史文脉、文化基因的重要平台。

2. 培育乡村文明，面向基层群众开展丰富多彩的文化活动

以湖笔文化节、全民读书节、农民文化节、广场舞大赛等大型文化活动为代表，在全市区域内向全体公民提供内容精彩、形式多样、深受群众喜闻乐见的公共文化产品，"文化走亲"项目获得第十六届全国"群星奖"项目奖，该项目已在浙江省铺开，延伸到长三角40余个城市和地区，成为湖州群众文化活动一张金名片。

（二）推进全域旅游标准化建设

编撰完成并着力实施《湖州市创建国家全域旅游示范区实施方案》，并制定《关于加快湖州市村庄景区化建设指导的意见》《通景公路建设与规范管理》《旅游交通指示牌设置规范》《旅游厕所建设和服务规范》等指导实施意见。

（三）构建休闲文化产业体系

近年来，湖州以"绿水青山就是金山银山"理念为引领，以创建全域旅游示范为载体，结合南太湖地理区位优势和产业基础，整合乡村和滨湖特色旅游资源，建设滨湖度假胜地、文化休闲名城。通过探索建立旅游产业发展基金，强化重大旅游项目支撑，积极推进旅游与健康、养老、农业、教育等产业深度融合，打造休闲文化产业体系，同时从设施、业态、服务、文化、管理等层面加快产业体系升级，推动市域旅游从"小、散、弱"向"大、聚、强"转变，以适应新时代旅游需求变化，提升滨湖和乡村旅游层次，推动农业增效、农民增收，提高城乡居民生活质量，满足居民休闲消费。目前，湖州休闲产业体系已逐步从"观光时代"向"休闲时代"过渡，呈现出从"景区时代"向"目的地时代"和全域化发展的态势，为绿色产业引领、全域融合发展的休闲生态旅游提供"湖州实践"。

1. 重大旅游项目建设

为推进休闲文化产业发展，湖州市制订颁布了一系列旅游项目建设行动计划和方案①，制定落实"领导联系、季度例会、督察通报、

---

① 参见《湖州市加快市本级旅游业发展四年行动方案（2017—2020）》（湖政办发〔2017〕81号）。

项目预评、专题会商、专项考核"六项制度，围绕"名湖、名城、名镇、名村、名人、名品"工程，按照"竣工运行一批、开工建设一批、推进前期一批、招商引资一批、精准储备一批"的总体要求，从滨湖度假、菰城休闲、古镇旅游和乡村生活以及城市旅游与月光经济融合发展层面，打造南太湖生态文化休闲度假、历史文化名城、南浔古镇文化、德清名山湿地、长兴古生态茶文化、安吉竹乡生态文化生态旅游六大板块。

2. 旅游发展平台建设

一是推进旅游度假区建设。提升湖州太湖国家旅游度假区的建设和管理水平，为全国旅游度假区建设树立样板；整体推进吴兴西塞山省级旅游度假区和南郊旅游风景区建设，积极创建国家级旅游度假区；按照国家级旅游度假区标准，全面提升南浔古镇省级旅游度假区建设和管理水平。二是深化乡村旅游集聚示范区建设。以湖州（吴兴）妙西茶文化、吴兴滨湖、南浔荻港水乡、南浔浔练四大乡村旅游集聚示范区为重点发展平台，推进乡村生态旅游集聚化、产业化、市场化、品牌化、特色化、国际化发展。三是推进旅游风情小镇（特色小镇）建设。积极培育吴兴区妙西镇、道场乡、东林镇、织里镇（义皋古镇）、常路街道和南浔区南浔镇、双林镇、和孚镇、善琏镇、千金镇、练市镇等省级旅游风情小镇，扎实推进蝴蝶原乡小镇建设省级旅游类特色小镇。

（四）推动休闲文化产业一体化发展

随着大融合时代的到来，对休闲文化产业中的产品、管理、营销和品牌整体谋划，立足全省、全国乃至全球推动产业的一体化发展。推进资源全域整合、产品全域融合、要素全域配套、结构全域优化、营销全域统筹、品牌全域共育、社会全域参与。"湖州2000——菰城之旅"和全域旅游卡（"湖州旅游 e 卡通"）发放为主体的统一特色旅游产品培育和"乡村旅游第一市、滨湖度假首选地——清丽湖州"统一旅游目的地形象品牌的打造，是全域旅游时代全面增强湖州旅游整体竞争力和市场影响力的必由之路。

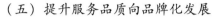

（五）提升服务品质向品牌化发展

提高对旅游基础设施的完善、人才队伍的素质、服务水平的重视程度是新时代旅游发展的方向。随着全域旅游时代的到来，湖州从加强旅游公共服务中心建设、休闲文化运行主体培育，强化旅游服务标准体系建设、服务网络体系和人才队伍建设等方面入手，构建公共服务平台和运行体系，全面提升公共服务能力。同时围绕旅游企业环境、文化、服务和品牌四大建设，全面提升企业文明旅游、经营管理和旅游服务水平，全面打响"湖州旅游"和"湖州服务"品牌。[①]

第三节 绿色生活方式及养成

绿色生活是一种以生态文明理念为核心，注重勤俭节约、绿色低碳、文明健康的生活方式的统称。从生活资料供给理解，绿色生活就是生产、流通、消费、回收等环节的绿色化。从日常生活领域理解，绿色生活就是衣食住行等生活领域的绿色化。区别于其他类型生活方式，绿色生活有三个特征。一是生态化。绿色生活倡导的是一种资源节约、环境友好的生活方式，在追求生活便利舒适的同时，更加注重节约、环保、低碳、健康，实现人与自然和谐发展。二是适度性。绿色生活倡导生活消费由奢侈过度向简单朴素转变，避免炫耀消费、过度消费等不良现象。三是健康型。日常生活衣食住行要兼顾实际需要和身心健康，更多地爱护自然、亲近自然、感悟自然，以自然之美陶冶情操、培养审美能力，进而实现人的发展。

建设生态文明需要包括各级党政机关、企事业单位、社会组织以及居民群众在内社会各阶层力量的共同努力，其中最基础、最广泛的力量莫过于来源居民群众。群众参与生态文明建设的动力，一方面源于自身生态文明素养以及环保觉悟的提高，另一方面也源于社会环

---

① 干永福：《八大体系、十件大事——2018 年，湖州旅游将这样走来》，《湖州日报》2018 年 1 月 16 日第 C02 版。

203

境、舆论宣传的正向导引。

居民群众对于生态文明建设思想觉悟的提高体现出自身的一种文化修养，在吃、穿、住、用、行等日常生活中会以更加具体的行动加以体现，绿色出行、垃圾分类回收、节能环保等已经内化为一种意识、一种理念；而政府宣传和社会舆论的正确引导，会进一步调动群众参与生态文明建设的积极性，激发无限的创造性，真正做到生态文明建设从我做起、从现在做起，生态普及有章可循、有规可依。这两个方面内容相辅相成，在人们生活层面的集中体现和具象表现展现出一个城市生态文化的普及化程度。

一 生态普惠，全民行动

（一）生态文明普及全国先行

1. "生态文明日"

2007 年，中国社会科学研究院发布了《全国公众环境意识调查报告》，数据显示，在公众获取环境知识的媒介渠道中，收听、收看广播电视节目占公众环境知识来源的 81.1%，阅读图书、杂志、报纸占 47.3%，从政府及相关组织所举办的宣传、教育活动中获取的环境保护知识只占 20% 左右。① 而对于生态文明建设来说，政府直接参与导向建设及其具体实施，担当主导者与实施者的双重角色，目前生态文明建设的宣传渠道正是以党政机关相关部门和社会各界组织的宣传教育活动为主，仅依赖自上而下的宣传途径，在民众中很难普及。据 2014 年 2 月环境保护部对外公布的我国首份《全国生态文明意识调查研究报告》中的数据显示，公众对生态文明建设的知晓度为 48.2%。② 只有民众生活行为方式发生根本转变，公众参与生态文明建设成为一种自觉的行为方式才是生态文明普及化的有效途径。生态文明日是传播生态文化、传递生态思想、传承生态精神、共享人类生态文明建设成果的最好平台，具有重要的生态文化价值。设立生态文

---

① 聂春雷：《我国应设立生态文明日》，《中国生态文明》2015 年第 1 期。
② 《我国首份〈全国生态文明意识调查研究报告〉发布》，中央政府门户网站，2014 年 2 月 20 日，http://www.gov.cn/jrzg/2014－02/20/content_ 2616364.htm。

明日，让绿色理念在节日中扎根落地，是生态文明理念落实到行动的有效方式，以此号召市民增强生态文明意识，培养绿色生活方式，才能使生态文明理念深入人心。

2015 年，湖州市七届人大常委会二十四次会议，决定将每年的 8 月15 日确定为"湖州生态文明日"，号召全市人民增强生态文明意识、培育绿色生活方式、积极参与生态文明建设。湖州为纪念首个"湖州生态文明日"，市生态文明办部署开展了以"践行两山重要思想，共建共享生态文明"为主题的宣传周活动。市级有关部门和县区结合实际，以倡导市民参与为重点，开展了形式多样的宣传实践活动，形成了浓厚的舆论氛围，生态文明建设合力得到了显著增强。

现如今"湖州生态文明日"已经成为湖州市生态文明建设的重要平台和载体，每年 8 月 15 日各企事业单位、学校、社区均自发举办一些有意义、有影响、有实效、有广泛参与度的主题实践活动开展集中宣传教育，让"湖州生态文明日"深入人心，让生态文明建设走进每个个体，成为全民的日常自觉行动，也让生态理念成为市民的一种习惯、一种时尚、一种品牌。绿色生活从我做起，持之以恒，让生态理念真正落地生根，从而为生态文明建设奠定了强大的社会基础和群众基础。从政府的高度重视到民众自觉参与生态环保，生态文明日的设立使湖州生态文明建设之路走得越来越扎实。

2. 市民生态文明公约

2014 年 11 月 4 日，湖州市生态文明先行示范区建设领导小组发布了《湖州市民生态文明公约》，高度提炼概括湖州生态文明建设成果，弘扬人与自然和谐相处、协同发展的生态文化，从衣、食、住、行等多个角度，对市民发起生态文明行动倡议，推动市民积极做生态文明建设的维护者、倡导者和践行者，形成节能环保、绿色低碳、健康的生活方式和消费理念，成为指导市民参与生态文明建设的行动纲领。

《湖州市民生态文明公约》①

生态文明湖州先行，绿色发展湖州示范。

环境保护人人有责，绿水青山人所共盼。

简约装修安全无害，节能产品优先选购。

合理点餐避免浪费，垃圾分类物尽其用。

公交出行低碳环保，单车步行健康时尚。

多走楼梯少乘电梯，人走灯熄少开空调。

网上办公双面用纸，一水多用防止滴漏。

烟花爆竹减少燃放，公共场所自觉禁烟。

义务植树积极参与，公共绿地用心呵护。

群体娱乐减少噪声，室外空间不要喧哗。

尊重自然增进和谐，遵守公约留下文明。

美丽湖州共建共荣，美好生活共创共享。

（二）市民参与生态文明建设亮点纷呈

生态文明意识是生态文明的精神内核，它在生态文明产生和发展中起着先决作用，是生态文化的精神体现，只有公民的生态文明意识提高了，才能使其对自身在生态环境保护中所处的地位和所能发挥的作用有着更自觉的体认。湖州人民通过日常生活中的点滴践行，把对美好生态环境的向往转化为思想和行为自觉，逐渐提高了自身的生态文明意识，树立了良好的生态文明观。

1. 生态理念深入人心

湖州作为"绿水青山就是金山银山"理念的诞生地，生态文明建设是通过长期实践摸索出来的，百姓参与生态文明建设具有深刻的使命感和自豪感。2005 年，习近平同志在安吉余村考察，得知村里痛下决心关停矿山和水泥厂，积极寻求绿色发展新模式时，认为这一改变是"高明之举"，并首次提出了"绿水青山就是金山银山"理念。②

---

① 《湖州市民生态文明公约》于 2014 年 11 月 4 日由湖州市生态文明先行示范区建设领导小组会议讨论通过。

② 谷树忠、胡咏君：《生态文明重在百姓行动》，《中国经济时报》2015 年 7 月 10 日第 14 版。

现如今湖州的生态文明建设走在全国前列，初步形成全方位、多层次、广覆盖的生态文明宣传教育体系和科普体系；生态文化研究和生态文明实践经验不断深化，企业清洁生产的意识也切实增强，人民群众的生态文明素质不断提高。

2. 城乡垃圾分类处理体系成效显著

湖州自 2013 年起便开始开展垃圾分类试点工作，仅 2015 年就投入资金 9430 万元，在建设、环保、卫生、教育等系统 66 个单位和 16 个居民小区、7 个农贸市场试点基础上，确定 114 个单位、104 个居民小区和 14 个学校作为分类对象，城区覆盖面达 52%，初步形成了分类投放、物业收集、环卫直运、快速处置的运行模式。其中，安吉县通过实施美丽乡村长效管理机制，开展垃圾分类处理试点，从民户源头规范农村垃圾处理；同时出台了《安吉县农村生活垃圾分类处理实施办法》，明确农村生活垃圾分类处理的主要做法和基本要求；"创新互联网＋智能垃圾分类"的发展模式，首先实施垃圾智能积分兑换系统，通过积分奖励调动百姓绿色参与的积极性。2016 年，在分类基础上安吉又在上墅、天荒坪镇余村创新开展"垃圾不落地"试点；此外，不仅做好前端垃圾分类，生态回收遍布垃圾分类全链条，在垃圾填埋的基础上，配套建设餐厨垃圾处理和焚烧设施，做到填埋、餐厨垃圾处置和焚烧密切结合，回收分类全链条监督管理。截至 2017 年年底，垃圾分类已经在中心城区实现全覆盖，同时根据不同人群、不同地区实施区别化分类的要求，仅垃圾分类设施投入就超过 5 亿元，源头分类覆盖率达 80% 以上，其中厨余垃圾月均收集超 250 吨，产生有机肥约 20 吨，焚烧处理量下降约 40%。[①] 通过创新垃圾分类模式以及村域绿色生活氛围的营造，村民已经逐渐养成垃圾自觉分类的生活习惯。

2019 年，湖州市紧紧围绕浙江省建设厅发布的《浙江省城镇生活垃圾分类标准》，全面明确"五个一"的工作标准，即统一分类标

---

① 据安吉县新闻宣传中心报道，安吉农村生活垃圾分类成全国示范。2017 年，安吉县获批由国家住建部公布的全国首批"农村生活垃圾分类和资源化利用示范县"。

准、统一管理标准、统一处置标准、统一治理体系、统一保障机制，形成分类投放、分类收集、分类运输、分类处理的垃圾分类全过程、全链条模式。

3. 绿色出行多措并举

通过倡导"公交＋慢行"为主体的交通模式，引导公众绿色出行，创建浙江省公交优先示范城市，实现全市行政村公交车全覆盖。截至 2015 年，全市共建设成公共自行车网点 516 个，投放公共自行车 11700 辆，公共自行车实现县区全覆盖，湖州主城区绿色出行比例为 74.7%。截至 2019 年年底，湖州市城市和城乡公交共开通了 154 条数字线路，新增投放了 875 辆纯电动车，投入运营 43 处公交首末充电场站，年客运量 4500 万人次，分担率达 18%，市区绿色公交车辆比率达 100%。

4. 绿色消费环境逐渐改善

支持绿色产品开发，仅"十二五"时期新增无公害农产品 625 个、绿色农产品 185 个，完成加油站车用汽油从国 IV 标准到国 V 标准、车用柴油从国 III 标准到国 IV 标准置换。出台环境资源高效利用实施意见，实行差别化电价、水价政策。安吉县成为浙江省再生资源回收体系建设试点城市。开展餐饮油烟整治，湖州中心城区餐饮店基本完成油烟净化装置安装，露天烧烤和夜排档基本取缔，全市绿色消费环境不断改善。鼓励低碳消费的政策措施和服务体系逐步健全，绿色低碳生产生活方式广泛推行，在全社会形成注重节约、爱护自然、保护环境的良好风气，绿色消费成为广大市民的共识。

5. 各类环保组织不断涌现

国内外研究实践表明，环保组织的发展对生态文明意识的形成和发展起着启蒙和引导的先锋作用。在我国，环保组织既能够深入城镇社区、边远乡镇等基层，又能同政府保持着紧密的联系，弥补了"政府动员—被动接受"式参与环保所产生的消极影响。近年来，湖州通过开展摄影节、运动会等形式的生态文明宣传教育活动，发展生态环保志愿者队伍近百支、环保志愿者上万人，义务植树尽责率达 85% 以上。目前，环保组织已经从最初的宣传呼吁行为逐步演变到参与协调、监督环保管理以及组织公众参与、维护公众环境权益、为政府建言献策等方面，涌现了一些社会信誉度高的大型环保社会组织和民间环保公益使者、生态文明草根艺术团等先进典型模范人物，他们通过生态文明进学校、进社区行动，与基层建立起相互协作关系，形成了一批生态文明教育基地、绿色社区、绿色学校等示范点。"绿色环保协会""四叶草""飞英环保队""蚂蚁公益""爱飞扬""滴水公益"等生态公益组织日益壮大，向不同年龄和身份的人群传播保护森林、湿地、绿色消费、低碳生活等内容广泛的环保知识和理念，有效地唤起了公众的环境意识，社会影响力不断提升。①

（三）市民参与文明城市创建锦上添花

1. 强化公益宣传，引领公众参与文明创建

坚持把公益宣传作为创建文明城市工作的基本动作，持续推进公益广告扩面提质行动，确保主次干道、公园广场、街道社区、商场宾馆、背街小巷、各窗口单位、村镇等各场所的社会主义核心价值观和公益广告抬眼可见、举足即观。注重公益广告的原创性，组织开展"创文明城市我参与　促公益宣传常态化"全市原创平面公益广告征集评选活动，利用新闻媒体、墙绘、楼宇电视等各种媒介广泛刊播，宣传推广"湖州市民好习惯"。为了有效地进行公益宣传，传播核心价值观，2014 年，面向全国征集"社会主义核心价值观"24 字主题歌词，面向全国征集并评选核心价值观主题歌曲，组织专业团队创作摄制歌曲 MV，举办湖州市《核心价值记心头》推广传唱活动，通过现场发放 MV 光碟、同唱主题歌曲、运用广播电视新闻网站以及各类新媒体，宣传推广主题歌曲；开展校园集中传唱，在全市中小学校、幼儿园开展主题歌曲唱响校园活动，有计划地组织和发动广大学生传唱，并通过播放歌曲、举办歌曲传唱比赛、亲子共唱等多种形式，增强推广传唱效果。《核心价值记心头》达到了校校进、班班有、个个唱、人人知的效果，全方位覆盖未成年人群体，真正使核心价值观入耳、入脑、入心，引领以少年儿童为主体的未来公民健康

---

① 王炜丽：《绿水青山总关情》，《湖州日报》2018 年 9 月 26 日第 A07 版。

成长。

2. 深化文明行动，固化文明素质提升养成

全面开展"创文明交通治秩序乱象"系列行动；持续深入开展以"礼让斑马线、文明过马路、排队守秩序、礼仪待宾客"为主要内容的"做文明有礼湖州人"系列实践活动，深化"文明出行、文明旅游、文明餐桌"行动；大力宣传道德模范、身边好人和"最美人物"的先进事迹，广泛开展宣传好家风好家训活动，以身边的道德楷模示范引领公民提升个人道德水平；以"创全国文明城市争做最美志愿者"为主题，深入开展"全民365志愿行动"，在社区和公共场所广泛建立志愿服务站，"红马甲"志愿服务成为湖城新风景。

3. 注重创建引领，先锋示范净化社会

注重发挥文明单位的引领与示范作用。注重发挥党员示范岗的辐射作用，建立文明创建"路长制"，中心城区50个主要路段由85个市级部门包干担任路长，组织党员干部每周开展文明巡查和文明交通劝导服务；加强诚信示范街区建设，在状元街历史文化街区和南太湖渔人码头餐饮街区分别打造"诚信一条街"，明确创建标准，规定商户亮身份、亮职责、亮承诺，包卫生、包设施、包秩序，设立诚信文化宣传廊、诚信员工和商户榜、志愿服务岗亭，开展商户星级评定，形成了崇尚诚信、文明经营、文明购物的良好氛围；加强文明楼道创建，结合打造"无牛皮癣"城市，在中心城市社区楼道开展"三亮二清一规范"工作（亮楼道灯、亮家风、亮服务，清除"牛皮癣"和楼道杂物，规范发布楼道信息），全市建成文明示范楼道2000余个，被居民们称为"家门口的新客厅"。

二 绿色生活，共建共享

（一）连续举办重大活动，广泛凝聚思想合力

2015年8月，中宣部、中央文明办在湖州召开全国农村精神文明建设工作经验交流会，浙江省委在安吉召开习近平同志发表"绿水青山就是金山银山"重要讲话十周年座谈会，省委宣传部、省委政研室、省环保厅、湖州市委在安吉举办"绿水青山就是金山银山"理论研讨会，市委、市政府在安吉召开习近平同志发表"绿水青山就是金

山银山"重要讲话十周年纪念大会;① 2016 年国家发改委在湖州市召开了全国生态文明建设推进会;2017 年联合中国生态文明研促会召开了"绿水青山就是金山银山"湖州会议,环保部再次在湖州市召开全国性现场会。2020 年 8 月 15 日,"绿水青山就是金山银山"理念提出 15 周年理论研讨会在浙江安吉县召开。连续在湖召开重量级会议,对弘扬生态文明理念、贯彻"绿水青山就是金山银山"理念、凝聚生态文明思想合力具有重要指导意义,凸显出湖州生态文明建设在全国的地位,设立"湖州生态文明日"在全国范围内产生了积极效应。

（二）多方联动全民参与,增强共建责任意识

生态文明建设贵在行动坚持。通过设立生态文明日,举办主题宣传活动,激发起人们的生态情感,唤起人们对自然、土地、水、森林和其他生命体的深厚情感,增强了自身对生态保护的责任意识。

湖州各地机关、企事业单位、学校、社区团体开展各式各样的主题宣传活动投入到生态文明建设中去。机关、事业单位开展环境综合整治"集中推进日""节约水资源、保护水生态"等活动,组织干部群众开展违建拆除、河道整治、"两路两侧"环境整治。企业开展"绿色·生活"生态文明进企业活动,通过环保志愿者与企业之间互动,探索企业建设生态文明的方法路径。市民生态体验团成员参加生态文明示范点体验活动,开展"绿色骑行"体验活动,实地感受湖州生态之美。社区街道通过举办"爱心漂流瓶"生态文化系列活动,"我的家园我点赞"摄影展、"我的植物园"绿植展、"市民心中的最佳美景"评选、文化走亲文艺会演等活动,感受自然生态的美好,真正让生态文明建设走近生活,让市民增强参与生态文明建设实践的主人翁地位,发挥主观能动性,自觉将生态文明意识内化于心、外化于行。

（三）集中宣传声势浩大,全面提升湖州影响

中央媒体围绕湖州市践行"绿水青山就是金山银山"理念进行了多次全方位的报道,向全国展示了湖州践行"绿水青山就是金山银

---

① 马跃明:《两山实践篇》,《今日浙江》2015 年第 21 期。

山"理念的成就，引起了强烈反响。湖州市发布了全国首张市域生态地图，编辑出版了《绿水青山就是金山银山——湖州十年生态文明路》画册，《绿水青山就是金山银山》专题纪录片在浙江卫视播放，组织生态文明建设图片展进机关、进学校、进社区活动。市内主流媒体以及各类网络、微博、微信等新媒体联动互动，形成了强大的舆论氛围，湖州市民对生态文明建设的知晓度大大提高，日益成为全市人民的骄傲。

三　模式探索，推广示范

（一）党政引领是关键

多年来，湖州一直贯彻"绿水青山就是金山银山"理念，坚持生态优市方针，大力发展生态经济、优化自然环境、弘扬生态文化、完善生态文明制度。作为首批国家级生态文明先行示范区，湖州市专门设立常设机构，成立生态文明先行示范区建设领导小组，由市政府办公室增设两个职能处室构成，负责生态文明宣传教育普及、生态文明建设实践、引领、监督和管理工作。湖州作为一个文化底蕴深厚的地方，把弘扬生态文明与挖掘湖州特色生态文化相结合，需要合理规划，扎实推进；《湖州市生态文明先行示范区建设条例》作为湖州市生态文明建设的"基本法"，更是明确了坚持生态文明先行示范区建设规划先行[1]，这都需要政府在其中起关键引领作用。一系列绿色社区、绿色学校、生态农场等示范点的创建活动，正是由政府引领，动员广大群众自觉参与，在全社会形成了注重节约、绿色消费、低碳生活的良好风尚。

（二）贴近百姓生活是基础[2]

湖州市通过开展"五水共治"、"四边三化"（指在公路边、铁路边、河边、山边等区域开展洁化、绿化、美化行动）、大气治理、绿色生态屏障建设、人居环境改善等民生工程，项目落地，为湖州百姓

---

① 2016 年 7 月 1 日，《湖州市生态文明先行示范区建设条例》正式施行，成为湖州市首部实体地方性法规。

② 王炜丽：《绿水青山总关情》，《湖州日报》2018 年 9 月 26 日第 A07 版。

营造了良好的人居环境，浙江省生态办组织的生态环境质量公众满意度调查，湖州市连续 6 年居浙江省前列。一系列生态文明建设行动举措一方面真正让百姓受惠于生态文明建设，另一方面充分调动百姓参与生态文明建设的积极性，通过实施垃圾分类处理智能积分兑换系统，举办节能惠民产品进社区、进村镇活动，对环保先进人士、集体进行奖励等措施，贴近百姓生活，让民众从生态文明建设行动实践中充分发挥主观能动性，形成一种参与建设的自觉行为。[①] 2017 年印发了《关于开展生活方式绿色化行动的实施意见》，从节水节电节材、垃圾分类投放、绿色低碳出行、餐饮光盘行动等公众参与度高的绿色生活行为入手，引导市民培养绿色生活习惯，促进绿色消费，加快形成人人、事事、时时、处处崇尚生态文明社会新风尚。同时，积极构建生态公益圈，整合企业、公益机构、志愿者等资源，动员各类生态社会组织积极开展和参与生态文明建设，成为公众参与生态文明建设的"桥梁"。

（三）宣传普及教育是手段

完善机构设施，系统开展生态文明教育。成立中国生态文明研究院、浙江生态文明干部学院、"两山"讲习所，将生态文明列入党政干部培训的主体班次、网络教育的必修课程；编发中小学生态文明教材，将其纳入全市中小学教育的重要内容，采用学科渗透、课程讲授、专题讲座、实践体验等方式开展生态教育；组织青少年志愿者开展"五水共治"、植树造林以及中小学校"小手牵大手，共圆治水梦""关注森林"等各类主题教育活动。近年来，全市党政干部参加生态文明教育培训的比例和中小学接受环保教育的普及率均达到 100%。[②]

开展多种宣传推广活动。在《湖州日报》推出"人与环境"环保专版，在湖州广播电视总台《新闻 60 分》中开播生态市建设专访、

---

① 谷树忠、胡咏君：《生态文明重在百姓行动》，《中国经济时报》2015 年 7 月 10 日第 14 版。

② 钟建林：《"绿水青山就是金山银山"理念在湖州的生动践行》，《浙江经济》2018年第 5 期。

评论等新闻，开展"浙江·杭湖嘉绍环保行"大型新闻联合采访活动，开展"文明出行""文明餐桌""文明旅游""文明用水"四大文明行动，倡导文明新风；广泛开展"我们的节日"主题活动和节俭养德宣传教育行动等，促进生活方式和消费模式向勤俭节约、绿色低碳、文明健康的方向转变。加强社会引导，连续八年评选民间环保公益使者，开展节俭养德全民行动、青年企业家绿色承诺活动、"最美湖州人——勤俭节约"奖项评选，涌现出了一批勤俭节约模范等先进典型。深入开展"文明出行、文明餐桌、文明旅游、文明用水"等活动。突出"讲道德·更健康""讲道德·更受益"的主题，实施诚信农产品工程、文明家庭道德信贷工程，切实加强诚信建设。打造生态文明教育宣传平台，建立 46 个市级以上生态文明教育基地。

（四）制度体系完善是保障

目前，湖州市已初步形成立法、标准、体制"三位一体"的生态文明制度体系。2016 年通过首部实体性地方法规《湖州市生态文明先行示范区建设条例》将生态文明建设纳入了法制化轨道，同时分批、逐步在生态环境保护、生态文化、城乡建设、生态产业发展、资源节约利用等方面构建地方法规体系，先后制定出台了市容和环境卫生管理条例、禁止销售燃放烟花爆竹规定、美丽乡村建设条例和乡村旅游促进条例等多部地方法规，创新性开展生态文明标准化建设，发布了《湖州市生态文明标准体系编制指南》市级地方标准，《绿色矿山建设规范》和《竹子造林碳汇计量与监测方法》等地方标准为全国首创。2015 年 10 月，湖州市成为全国唯一经国家标准化委员会批复的生态文明标准化示范区。[①] 湖州通过特色的地方制度体系的逐步构建完善，同时健全公众参与制度，为生态文明在生产、生活领域普及提供有效的制度保障。

（五）绿色创建活动是驱动

生态文明建设是一项系统工程，绿色创建是这个系统工程重要的

---

① 湖州市生态办、湖州市发改委：《坚定不移践行"绿水青山就是金山银山"重要思想——湖州市生态文明建设的实践与探索》，《浙江经济》2016 年第 21 期。

平台，是建立和完善生态文明建设长效发展的重要驱动机制。近年来，湖州市围绕生态文明开展了一系列以低碳环保节约为主题的创建活动，积极创建省绿色学校、绿色家庭、绿色饭店，生态文明教育示范学校；大润发长兴店、湖州店获评国家首批节能环保"百城千店"示范企业，白鱼潭社区成功创建首批"省级低碳试点社区"；挖掘了一批优良家风家训，积极发挥典型示范作用；生态市创建取得阶段性成果，建成一批省级生态乡镇、生态村；在群众中全面开展绿色系列创建活动，绿色生活理念逐步渗透进公众生活，民众生态文明意识逐步形成，生态文明行为方式和生态文明道德规范渗透到每个单位、每个家庭和每个公民。

（六）典型示范带动是路径

生态文明建设是一项涵盖经济、社会、环境各个领域的系统工程，发挥不同领域内典型案例的示范作用，更有利于各自补齐"短板"，重点突破，开拓创新，是实现生态文明普及化的有效路径。广大人民群众发挥聪明才智和创造精神，探索了不少具有地方特色的成功经验。在矿山修复、环境治理、循环经济、产业转型、美丽乡村、生态农业、生态旅游等绿色经济发展层面和太湖溇港和桑基鱼塘等传统文化，乡村文化礼堂、科研及教育平台等公共服务供给，生态学校、社区、家庭等绿色细胞创建等绿色生活层面，引导更多民众、组织或企业参与生态文明建设，在全社会各领域倡导绿色低碳的生活和生产方式。

第七章

湖州市生态社会建设

湖州市的生态文明建设基本经验是，既重视生态经济、生态政治、生态治理与生态文化方面的建设，又注重"生态社会建设"。①湖州市的生态社会建设是把生态文明建设的开展与人民群众积极性的发挥，以及不断追求社会的公平公正、不断提高人民群众的生活水平和幸福指数结合起来，实现共同富裕，具有代表性、典型性。

第一节　生态社会全民共建共享

2015 年，时任安吉县委书记单锦炎在总结安吉十年（习近平同志在湖州安吉县提出"绿水青山就是金山银山"理念十周年）以来的生态文明建设基本经验时讲到三个方面②，其中一个方面就是"共建共享"。时任湖州市委书记裘东耀在总结湖州的"绿水青山就是金

---

① 中央文件提出要把"生态文明建设"融入经济建设、政治建设、文化建设、社会建设等各方面和全过程，故本书的逻辑是：在阐述湖州市的生态文明建设经验时既讲生态治理，又分别阐述"生态经济""生态政治""生态文化""生态社会"等方面的有效经验。就"生态社会"而言，此处含义是：生态文明建设必须把广大人民群众的积极性调动起来（生态文明共建），并在生态文明建设过程中实现人民生活水平的提高、达到优美的生态环境共享、建立公平公正的社会，并不断提高人民群众的幸福指数，最终实现生态建设与社会建设的"双赢"。

② 单锦炎讲的安吉县生态文明建设基本经验主要为：一是创美环境，二是抓实项目，三是共建共享。参见中共安吉县委宣传部编《照着这条路走下去》（中共浙江省委纪念习近平同志发表"绿水青山就是金山银山"重要讲话座谈会材料），2015 年，第 225—227 页。

山银山"发展道路时指出，湖州要在四个方面着力：着力推动产业转型；着力统筹城乡发展；着力优化生态环境；着力促进共建共享。①可以认为，"共建共享"是湖州市生态文明建设取得重大进展的一个突出原因。所谓"共建"就是湖州市各级机关单位、舆论媒介、广大市民都积极参与到当地生态文明建设的伟大实践中来；所谓"共享"就是让人民群众共同享有美好生活生态环境，并使发展成果惠及广大人民群众，让人民群众有更多的获得感。

一 共建：生态文明建设的多级联动

湖州市努力实现生态文明建设的共建共享，使各级机关单位、新闻媒介和广大人民群众广泛参与到当地生态文明建设中来，积极推动生态文明建设多级联动，对生态文明建设起到良好效果。

（一）党委政府的指导引领，坚定生态立市战略不动摇

早在 2001 年，湖州市委、市政府作出村庄环境整治与农村改水的决定，推进美丽乡村建设。同年，湖州市人大会议提出"建设最宜人居住与创业的山水园林城市"的奋斗目标。2003 年，浙江省大力实施以农村环境整治为主题的"千村示范、万村整治"工程，湖州市积极响应。可以看到，生态湖州的建设缘起美丽乡村建设，而美丽乡村建设是在乡村整治中起步；也可认为，湖州的生态市建设与美丽乡村建设同时起步，都取得重大进展，直到如今两者都交相辉映。

2003 年，湖州市第五次党代会首次提出建设"生态市"目标。2004 年，湖州按照生态市的建设要求编制了《湖州生态市建设规划》，同年，市人大作出《关于建设生态市的决定》。湖州市三县两区的生态县、生态区建设行动计划也相继出台实施。2005 年，湖州"十一五"规划进一步明确了产业调整、生态建设、环境保护等具体目标任务。2006 年，湖州市与浙江大学共建社会主义新农村实验示范区，创造出市校合作的"湖州模式"，并在同年获得"国家环保模范城市""国家园林城市"称号。

---

① 参见中共安吉县委宣传部编《照着这条路走下去》（中共浙江省委纪念习近平同志发表"绿水青山就是金山银山"重要讲话座谈会材料，2015 年），第 219—223 页。

2007 年，湖州市第六次党代会提出"生态优市"，提出"加快建设现代化生态型滨湖大城市"的奋斗目标。2008—2010 年湖州市下属各区县正式开展生态县区建设：2008 年 2 月，安吉县启动"中国美丽乡村"建设；同年 5 月，德清县启动"中国和美家园"建设。2009 年，吴兴区提出打造"南太湖幸福社区"。2010 年，南浔区启动"中国魅力水乡"建设；同年，长兴县实施中国美丽乡村建设。湖州市在进行生态建设的同时获得一些生态荣誉。2008 年湖州在全国率先探索开展绿色 GDP 考核，同年湖州成为浙江省生态发展循环经济先进市。2010 年，湖州市委出台关于加快推进生态文明建设的实施意见，提出到 2020 年，把湖州建设成为长三角地区乃至全国的生态文明建设示范区；同年，湖州被环保部确定为全国生态文明建设试点地区。

2012 年湖州市委、市政府再次明确要创建"富饶、秀美、宜居、乐活"的现代化生态型滨湖大城市的目标，并努力打造"特色产业集聚区、统筹城乡先行区、生态文明示范区、幸福民生和谐区"的战略规划。同年，市七届三次党代会明确将"美丽湖州"作为发展目标，并启动美丽湖城建设和美丽城镇建设。2013 年，湖州喜获"国家森林城市"称号。2014 年 5 月 30 日，湖州被列为全国首个地市级生态文明先行示范区之后，时任浙江省委书记夏宝龙特别对此作出重要指示，要求"一分部署，九分落实"，"不断优化'诗画江南'宜居环境，努力实现'天蓝、水清、山绿、地净'，争取早日把湖州建设成为全国生态文明先行示范区"。成为国家先行示范区标志着第一个国家级战略在湖州实施，对湖州的建设与发展影响深远。此后，湖州市各级领导班子更是以此为契机，努力开展生态文明建设。

回顾湖州市的生态文明建设历程，可以得出这样的结论：湖州市的生态文明建设取得一系列的成就不是一蹴而就的，而是自 2000 年以来各级政府一以贯之，一任接着一任干所出的成绩。湖州市几届领导班子一直以来如此注重生态文明建设不是偶然的，分析而言有其必然性：一是湖州的经济总量并不占优势。湖州的经济总量在浙江省处于中等偏下水平，既比不上临近的杭州、嘉兴，也比不上太湖北岸的苏州、无锡、常州。受制于湖州市人口规模较小，经济总量也不具备快速赶超的条件。其二，生态环境是湖州市的最大优势，容易做出特色与成绩来。2006 年 8 月，习近平同志谈到太湖保护开发时，深刻地指出："绿水青山就是金山银山。湖州要充分认识并发挥好生态这一最大优势。"湖州的生态环境确有先天优势。元代诗人戴表元说："行遍江南清丽地，人生只合住湖州。"这里有山有水，毗邻太湖，西靠天目山，市内湖泊纵横，以前由于只注重发展才导致环境变差，但如果能够实现发展转型升级，生态环境必有鲜明特色，湖州也会成为极适合人类居住、生活与创业的地方。近些年来，湖州在社会生活和生态文明建设方面的不懈努力果然取得了一些成效，仅获得的国家级荣誉就有许多，见表 7 - 1。

表 7 - 1　湖州市及三县两区出台的主要文件及获得主要荣誉情况

地区	出台主要文件	所获主要荣誉
湖州市	《生态建设专项资金管理暂行办法》(2005)、《湖州市人民政府关于建设节约型社会重点工作的实施意见》(2006)、《节能降耗实施意见》(2007)、《循环经济发展纲要》(2009)、《湖州市创建国家森林城市工作总体方案》(2010)、《湖州市森林城市建设总体规划》(2010)、《关于加快推进生态文明建设的实施意见》(2010)、《湖州生态市建设规划》(2014)、《关于建设生态市的决定》(2014)、《湖州市生态文明先行示范区标准化建设方案》(2015)、《中共湖州市委湖州市人民政府关于大力推进"生态+"行动的实施方案》(2015)、《湖州市人民政府关于进一步深化改革提高环境资源利用水平的若干意见》(2015)、《湖州市促进公众参与生态文明建设办法》(暂行)(2015)、《美丽湖州责任书》(2016)、《湖州市生态文明先行示范区建设条例》(2016)、《关于开展湖州市自然资源资产负债表编制和领导干部自然资源资产离任审计试点实施意见》(2016)、《绿色矿山建设规范》(2017)、《湖州市市容和环境卫生管理条例》(2017)、《湖州市"一村万树"三年行动实施方案》(2018)	中国极限运动之都(1999)、联合国人居中心授予的最佳人居城市(2000)、中华优秀旅游城市(2003)、国家卫生城市(2003)、中国魅力城市(2004)、中国毛笔之都(2004)、国家园林城市(2006)、国家环保模范城市(2006)、投资环境百佳城市(2006)、中国最安全城市(2007)、国家现代林业建设示范市(2009)、全国双拥模范城(2010)、全国生态文明建设试点市(2011)、中国书法城(2011)、中国大陆最佳商业城市100强(2012)、国家森林城市(2013)、全国首批水生态文明城市建设试点(2013)、国家历史文明名城(2014)、全国生态文明先行示范区(2014)、中国十大智慧城市(2015)、全国城市综合实力百强市(2016)、中国特色魅力城市(2016)、国家生态市(2016)、全国首批水生态文明城市(2017)、中国制造2025试点示范城市(2017)、国家生态文明建设示范市(2017)、中国百强城市(2018)、中欧绿色智慧城市奖(2018)

续表

地区	出台主要文件	所获主要荣誉
吴兴区	《关于印发〈吴兴区平原绿化三年行动计划（2014—2016年）〉的通知》（2014）、《吴兴区人民政府办公室关于开展"五美五比拼，建设美丽幸福社区"活动的实施意见》（2015）《吴兴区国民经济和社会发展第十三个五年规划纲要》（2016）、《关于印发吴兴区重污染天气应急预案（试行）的通知》（2017）、《吴兴区人民政府办公室关于印发吴兴区加快绿色金融改革创新促进实体经济发展的若干意见》、《吴兴区人民政府办公室关于印发吴兴区畜禽养殖废弃物高水平资源化利用工作方案的通知》（2018）、《吴兴区人民政府办公室关于印发吴兴区工业企业天然气差别化保供暂行管理办法的通知》（2018）、《吴兴区人民政府办公室关于实行差别化政策　促进企业转型升级的实施意见》（2018）、《吴兴区人民政府关于确定禁止销售燃放烟花爆竹其他区域的通告》、《吴兴区人民政府办公室关于进一步加强"地沟油"综合治理工作的实施意见》（2018）	国家现代农业示范区农业改革与建设试点（2013）、国家农业综合开发现代农业园区建设试点、（2013）、国家知识产权强县（区）工程试点区（2013）、国家级分布式光伏规模化应用示范区（2014）、国家火炬吴兴区现代物流装备特色产业基地（2015）、国家生态区（2015）、综合实力百强区（2018）、全国绿色发展百强区（2018）、全国投资潜力百强区（2018）、全国科技创新百强区（2018）、全国新型城镇化质量百强区（2018）
南浔区	《湖州市南浔区人民政府办公室关于印发南浔区环境保护网格化监管工作实施方案的通知》（2016）、《湖州市南浔区人民政府关于实行最严格水资源管理制度全面推进水生态文明建设的意见》《湖州市南浔区生态环境保护"十三五"规划》（2017）、《南浔区生态畜牧业绿色发展规划（2017—2019年）》（2017）、《南浔区2017年鼓励休闲生态渔业精品园和池塘内循环养殖发展实施方案》（2017）、《南浔区环境污染和生态破坏突发事件应急预案》（2017）、《2017年南浔区大气污染防治工作方案》、《湖州市南浔区人民政府办公室关于印发南浔"浔绿卫士2018"联合执法专项行动实施方案的通知》（2018）	国家可持续发展实验区（2006）、国家生态区（2016）、全国绿色发展百强区（2018）、全国新型城镇化质量百强区（2018）

续表

地区	出台主要文件	所获主要荣誉
德清县	《德清生态县建设规划》（2004）、《德清县美丽乡村升级版战略规划（2016—2020）》（2008）、《中国和美家园建设规划纲要（2009—2018年）》（2009）、《德清县"中国和美家园"建设总体规划》（2009）、《德清县域总体规划》（2014—2030）（2012）、《现代田园城市全域规划》（2012）、《德清县争创省美丽乡村示范县实施方案》（2012）、《中共德清县委德清县人民政府关于德清县"五水共治"实施意见》（2014）、《德清县人民政府关于印发德清县大气污染防治行动计划（2014—2017年）》（2014）、《德清县环境保护局关于实施德清县2015年企业刷卡排污总量控制制度的通知》（2015）、《德清县人民政府办公室关于印发德清县环境保护"十二五"规划的通知》、《德清县国民经济和社会发展第十三个五年规划纲要》（2016）、《中共德清县委关于建设美丽德清创造美好生活的实施意见》（2016）、《德清县争创省美丽乡村示范县实施方案》（2016）、《德清县生态环境保护"十三五"规划》（2017）、《德清县环境保护局关于开展2015年企事业单位突发环境事件应急预案备案工作的通知》（2017）、《德清通航智造小镇"区域环评＋环境标准"改革实施方案》（2018）、《德清工业园区"区域环评＋环境标准"改革实施方案》（2018）、《德清地理信息小镇"区域环评＋环境标准"改革实施方案》（2018）	全国卫生县城（1997）、全国科技进步先进县（1998）、全国百强县（2003）、国家级生态示范区（2004）、全国文化先进县（2005）、全国文化先进县（2005）、中国最佳休闲旅游县（2007年）、全国首个新农村建设气象示范县（2008）、全国首批文明县城（2008）、全国体育先进县（2009）、全国平安建设先进县（2009）、中国最具投资潜力特色示范县（2010）、国家级园林城市（2013）、国家生态县（2014）、国家级生态文明建设示范区（2014）、全国发展潜力百强县（市）（排名第一，2015）、全国首次农村人居环境普查评价德清县位居第一（2015）、全国休闲农业与乡村旅游示范县（2015）、全国绿化模范县（2016）、国家农村产业融合发展试点示范县（2016）、全国十佳宜居县城（排名第一，2016）、全国绿色发展百强县市（2018）、全国科技创新百强县市（2018）、全国新型城镇化质量百强县市（2018）、"2018县域经济100强"（2018）、全国首个营商环境百强区县（2018）、全国综合实力百强县市（2018）
长兴县	《长兴县环境保护局行政执法责任制实施方案》（2014）、《长兴县环保局行政过错责任追究办法》（2014）、《长兴县环境保护局行政执法责任制考核办法》（2014）、《长兴县城区"五小行业"管理暂行办法（试行）》（2015）、《长兴县人民政府关于印发长兴县劣Ⅴ类水体剿灭行动实施方案的通知》（2017）、《关于加强工业企业污染场地开发利用》（2015）、《长兴县人民政府关于环境污染责任保险工作的实施意见》（2018）、《长兴县人民政府关于印发长兴县实施工业企业差别化政策补充意见的通知》（2018）	国家卫生县城（2003）、"国际花园城市"金奖（2008）、全国文化先进县（2011）、全国科技进步先进县（2011）、全国文明县城（2011）、国家级生态文明建设示范县（2014）、全国双拥模范县荣誉称号（2016）、"第二届全国生态文明城市与景区"获奖城市（2016）、全国中小城市综合实力百强县市（2017）、"新时代文明实践中心建设试点县"（2018）、综合实力百强县（2018）

续表

地区	出台主要文件	所获主要荣誉
安吉县	《安吉县乡镇河流交接断面水质保护管理考核办法》(2013)、《安吉县2014年农村生活污水治理工作实施意见》(2014)、《美丽乡村建设指南》(2015)、《安吉县加快全域旅游发展若干政策》(2016)、《禁止毁林毁竹种茶长效管理十六项举措》(2017)、《县法院出台"十八条意见"——为最美县域提供司法保障》(2018)	国家级生态示范区(2002)、全国卫生县城(2005)、国家生态县(2006)、国家级可持续发展实验区(2006)、全国首批生态文明建设试点地区(2008)、国家可持续发展实验区(2009)、全国首个中国人居环境奖(2009)、全国首批休闲农业与乡村旅游示范县(2010)、全国文明县城(2011)、联合国人居奖(2012)、全国首个国家水土保持生态文明县(2013)、全国县域经济竞争力百强县(2015)、中国金牌旅游城市(2015)、"新时代文明实践中心建设试点县"(2018)、中国最美县域(2018)、"地球卫士奖"(2018)、中国森林城市(2018)

资料来源：根据湖州市及各县区数据整理。

在湖州"十三五"规划中，"生态"已经成为湖州地区建设的一个亮点、特色和重要目标：德清要打造"国际化山水田园城市"；长兴发展的目标定位是"五个升级版"——经济转型升级版、生态文明升级版、开放融合升级版、城乡建设升级版和民生改善升级版；安吉要打造"绿水青山就是金山银山"理念实践示范县，深入发挥"生态＋"优势，持续释放生态红利；南浔区的目标是"生态立区、工业强区、城市兴区、旅游活区"，着力打造美丽、富裕、乐居、活力、和谐南浔；吴兴区的发展定位是"经济强区、科技新城、生态家园、幸福吴兴"。可以看到，在湖州的三县两区中生态文明建设都占据极其重要地位，是建设的主攻方向和主要目标。我们相信，美丽湖州的建设现在是方兴未艾，未来的湖州肯定更为绚丽夺目。

（二）职能部门的齐抓共管，深入推进美丽湖州建设

为了更好地落实生态立市战略，湖州市不断明晰环保职责，健全生态环保督察机制，切实落实职能部门"不想为"的问题，真正做到

"谁的任务谁落实"。① 对于一个地方而言，生态文明建设的责任全部压在环保机构上并不现实，关键是一些环节和领域超出了环保部门的职责范围，故需要各个职能部门都负起责任来，齐抓共管才能起到良好效果。

2016 年湖州市编制了《美丽湖州任务书》，细化了美丽湖州城市建设的 16 项重点任务与 38 项具体指标，使市属三县两区、湖州经济技术开发区、南太湖旅游度假区以及 36 个市级机关"分工负责"，明确牵头责任与参与责任，涉及"五水共治"、大气污染防治、生活方式绿色化、公众环保等领域，较好地解决了生态责任与任务界限不清的问题。

2016 年中共湖州市委办公室发布《"811"美丽湖州建设行动方案》。在"811"美丽湖州建设行动方案中，既有美丽湖州建设的各项目标任务，又把任务和职责进行分解，实现了目标和实践的有机结合。美丽湖州建设共有 11 个大的方向，每个方向标明了具体牵头单位和责任单位，每个方向下又有具体小点，每个小点都有责任单位。

继湖州长兴在全国最早推行"河长制"以来，2017 年 8 月，安吉在浙江省率先推行"林长制"，并颁布《安吉县"林长制"实施方案》。林长制也细化了任务和责任，每一项工程的实施都要具体到单位、个人，都有实施配合单位和监督评估单位。可见，生态建设一定落实、落细、落小，水的治理如是，山的治理如是，整个城市治理也如是。

（三）新闻媒介的推波助澜，助力生态文明建设更上层楼

湖州当地主流媒介（主要是湖州电视台、《湖州日报》、《湖州晚报》、"湖州在线"等）对湖州市生态文明建设的及时报道与经验推广。《湖州日报》及"湖州在线"的代表性报道有：《生态湖州 绿色智造——写在湖州市全面启动〈中国制造2025〉试点示范城市建设之际》（2017 年 6 月 2 日头版）、《湖州加速建设全国首批水生态

---

① 《浙江湖州明晰环保权责 督考结合实现生态立市》，中国环保在线，2016 年 11 月 14 日，http：//www.hbzhan.com/news/detail/dy112346_ p1.html。

文明试点市》（2017 年 7 月 12 日）等。《湖州晚报》代表性的报道有：《湖州市全面推进生态创建工程》（2009 年 9 月 10 日）、《家门口的山又绿了》（2017 年 4 月 18 日）等。湖州电视台设有"美丽湖州"专栏。

省级媒体《浙江日报》每年都有大量的文章报道湖州的生态文明建设，代表性的有《瑞生太湖》（2012 年 7 月 23 日第 8 版）、《人水和谐的安吉之道》（2013 年 10 月 10 日第 11 版）、《太湖望县　锦绣长兴》（2013 年 10 月 19 日第 3 版）、《深入推进新型城市化　加快现代化美丽县城建设》（2013 年 12 月 18 日第 11 版）、《美丽湖州　生态之城》（2014 年 5 月 19 日第 12 版）、《重振南浔辉煌》（2014 年 5 月 20 日第 7 版）、《绿色接力永不停》（2014 年 5 月 25 日第 1 版）、《安吉营造全域休闲度假区》（2014 年 9 月 10 日第 1 版）、《长兴转型：最艰辛那一幕挺过来了》（2014 年 10 月 15 日第 3 版）、《生态南浔　魅力水乡》（2014 年 10 月 26 日第 4 版）、《此心安处是吾乡》（2014 年 11 月 13 日第 1 版）、《山青水净　安且吉兮》（2014 年 11 月 24 日第 12 版）、《安吉：绿水青山源源不断带来金山银山》（2015 年 4 月 1 日第 3 版）、《春风又绿南太湖——湖州打造生态竞争力推进绿色化发展纪事》（2015 年 4 月 23 日第 1 版）、《美丽乡村　标准引领》（2015 年 5 月 27 日第 8 版）、《安吉：争当"美丽经济"引领者》（2015 年 6 月 2 日第 3 版）、《守绿十载，唤醒生态资本》（2015 年 6 月 30 日第 3 版）、《生态之城的绿色追梦之路》（2016 年 11 月 1 日）。

国家级媒体关于湖州的生态文明建设进展及成果相关报道也很多。《光明日报》对湖州的生态文明建设进行报道，代表性的有《"美丽"成为安吉经济最大来源》（2012 年 12 月 24 日头版）、《浙江德清：改革红利激活美丽经济》（2015 年 5 月 14 日头版）、《浙江省持续推进美丽乡村建设：绘山水蓝图　建生态家园》（2015 年 8 月 11 日）、《世界乡村旅游大会　永久落户湖州》（2015 年 9 月 13 日）、《安吉：生态红利持续释放》（2017 年 8 月 3 日）、《锦绣江南　魅力湖州》（2018 年 4 月 8 日）、《那一处山水，绿意金光》（2018 年 4 月 20 日）、《一座村庄一个答案》（2018 年 6 月 8 日）。《人民日报》的相关报道文章有《绿水青山就是金山银山》（2006年7月23日）、《浙江长兴综合能耗同比下降17%》（2007年4月30日）、《浙江省安吉县建设中国美丽乡村》（2008年5月12日头版头条）、《太湖美美在水》（2008年7月13日）、《绿起来，富起来，美起来》（2010年5月30日）、《长兴谋长兴》（2010年9月20日）、《生态文明的"安吉模本"》（2015年1月25日第11版）、《十年接力绘美丽浙江生态红利惠千万群众——"绿水青山就是金山银山"在浙江的探索和实践》（2015年3月1日第2版）、《安吉要赚"最干净的钱"》（2015年4月3日第23版）、《湖州"绿""富"谋共赢》（2015年8月6日）、《悉心呵护山与水 再现江南清丽地》（2015年8月6日）、《湖州："电能替代"驱动生态文明先行示范区发展》（2016年2月1日）、《安吉的"绿色变奏曲"》（2016年8月29日）、《德清无人机巡视河道》（2016年12月14日）、《越美丽越赚钱》（2016年12月23日）、《湖州：把绿色发展理念注入制造业》（2017年5月22日头版）、《吴兴生态好百姓兴》（2017年8月10日）、《德清打造乡村振兴先行区》（2018年1月17日）、《绿水青山就是金山银山》（2018年4月20日）、《生态优势转化为发展优势》（2018年4月21日头版）。《人民日报海外版》的相关报道有《寻访安吉美丽乡村》（2009年11月25日第6版）等。《求是》杂志刊登了《美丽湖州 大胆转身》（2013年第8期），详细记录了湖州生态文明建设的基本经验；还刊登了湖州市委书记裘东耀的一篇文章《绿水青山就是金山银山——湖州推动生态文明建设的生动实践》（2015年第15期）。

特别值得一提的是，2018年4月19日，中央电视台《新闻联播》和《焦点访谈》率先推出报道《浙江湖州：坚守出来的美丽》《湖州：山水变身计》，拉开了集中报道的序幕。随后，各大主流媒体在重要版面、黄金频道和特殊时段集中推出重磅报道，网上网下齐发力，内宣外宣相呼应，笔酣墨饱地对湖州生态文明建设典型经验进行深度报道。截至4月28日，短短10天，各大主流媒体相继推出百余篇湖州践行"绿水青山就是金山银山"理念、实现绿色发展的主题报道，共计30余万字，图片300余幅，视频时长30小时以上，转载、转发 650 余家次，累计点击量上亿人次。就某一重大主题进行集中采访和宣传报道，这种高规格的报道团队所引发的强传播效果，在中国新闻报道史上是罕见的。[①]

通过市级、省级、国家级的广泛积极报道，有利于全国各地人民了解湖州的生态文明建设，有利于各地人民到湖州进行生态旅游，有利于得到上级政策的大力支持和获得各种荣誉，增强自身对生态文明建设的责任感与自信心。

此外，新闻媒介对生态文明建设还能发挥一定的监督功效。例如，湖州加大对生态文明、环境保护、治水剿劣、垃圾分类等宣传力度，在吴兴新闻电视、吴兴时讯报、爱上吴兴微信、吴兴发布微博等媒体设立专栏，定期报道各地各单位生态文明建设经验做法和主要成效。打开"湖州在线"网站，会发现关于生态文明的专栏和网站链接比较多，且多放在显著位置，代表性的专栏有"绿色制造 湖州脸谱""创新驱动发展绿色新动能""旅游"等；代表性的网站链接有"湖州市生态文明办公室""湖州市矿山企业治理办公室""湖州市环境保护局""湖州市水利局""安吉卫生监督在线""全国水生态文明试点建设"等。湖州新闻媒介不仅对各县区生态文明建设工作开展好的地方予以表扬，还对做得不好的企业、个人予以曝光。关于"三改一拆""四边三化""五水共治"等活动，安吉开设"揭短亮丑曝光台""拆到底、清干净"等媒体专栏。

（四）人民群众的广泛参与，为生态文明建设提供丰富人力资源支撑

湖州积极发挥人民群众的首创精神，让人民群众积极参与到生态文明建设中来。

一是湖州善于调动人民群众参与、监督生态文明建设。以德清县治水为例。德清县根据省委、省政府做出的"五水共治"重大决策部署，以"五水共治"为社会发展和环境改善的突破口，上下联动，取得了很大的成绩。资料显示：德清 16 个地表水常规监测断面水质全

---

① 常凌翀：《融媒视野下重大主题报道的创新传播路径——以中央媒体对湖州生态文明建设典型经验报道为例》，《新闻爱好者》2019 年第 3 期。

部消灭了Ⅴ类和劣Ⅴ类，34条县级河道Ⅱ类至Ⅲ类水由2014年年底的47%增加到90.8%，省级交接断面水质考核持续保持优秀，成功创建省"清三河"达标县，两夺浙江省"五水共治"工作优秀县"大禹鼎"。① 德清的经验在于以下方面：首先，充分利用现代地理信息、全景、云计算等科技手段，来进行清淤治污。其次，科学编制全县各镇（街道）污水排放布局规划，建成污水管网；并构建从农户积极参与第三方终端运作、行政村运作、乡镇实施、县级督察的模式，实现了农村生活污水治理设施长效运管。最后，河长共护"责任田"，全民众志治水。从县、镇、村三级河长数千人共同管理1000多条河流，工作网格清晰，还配备河道警长和无人机巡查。德清实现了河道督察常态化，县人大和政协负责对河长的专项监督，还有广大人民群众的民主监督：群众可以通过微信向河长反映问题，由河长在24小时内作出反馈。这样通过多管齐下，分人分层次承担不同责任，同时把广大人民的监督参与作用发挥出来，联合起来发挥了巨大的能量，取得了显著效果。

二是湖州善于利用生态环保运动改善生态环境。2013年4月，"环太湖生态文明志愿服务大行动暨'十百千万'保护太湖志愿服务活动"在湖州南太湖度假区月亮广场开启。2014年，湖州市召开关于环保志愿者治霾的座谈会，旨在加强调动全社会共同参与湖州大气污染防治攻坚行动的能力与效果，发挥好环保志愿者的宣传、实践与监督的作用。2017年4月，250名志愿者参与了湖州市"同做美丽志愿者·共创文明湖州城"百个项目发布暨千名"河小青"助力劣Ⅴ类水体剿灭行动启动仪式，为国家文明城市创建添砖加瓦。

2017年，湖州市更是整合利用各部门基础资源，发动社会各界和公民参与生态文明先行示范区创建，联合发改、环保、工会、妇联等部门开展"节能宣传周"、"环保达人"评比、"百万职工齐参与、全力剿灭劣Ⅴ类水"专项行动和"生态文明巾帼行"等主题实践活动，

① 顾志鹏、高飞：《"五水共治"在德清的生动实践》，《浙江日报》2016年6月20日第8版。

号召人们共同参与生态文明建设。

二　共享：城乡发展的统筹建设

湖州的整个城市建设并不像一些大城市追求很高的城市化率，也不像国内的许多地级市——只注重市区建设，不重视县城、乡镇、村庄的建设（市区最好，县城次之，乡镇再次之，村庄没法看）；或者说只注重城市建设，忽视乡村建设（形象地说就是，城市建设得像欧洲，农村建设得像非洲），而是统筹城乡、统筹各地区，走出了一条乡村美丽、乡镇特色、区域发展平衡的道路。可以看到，湖州的城区建设得很漂亮，下属三县建设得也很漂亮；城区人民富裕，三县人民也富裕；城镇美丽、有特色，乡村亦有特色和美丽。湖州统筹城乡发展的基本做法是：美化城区与加强县城建设，做好美丽乡村建设和精品镇（名镇、特色小镇）建设。

（一）城区与县城的美化建设

首先是做好中心城区的美化建设。一是中心城区的绿化。2010年，为了推进绿化建设同时建成国家森林城市，湖州发布《湖州市森林城市建设总体规划》。近年来，湖州重点实施了城乡绿化812行动（即推进8大工程，实施100个重点项目，完成投资20亿元以上）。2015年，中心城市绿化面积达到4550万平方米，人均公园绿地面积23.3平方米。可以看到，在湖州的主要公路、铁路、湖水沿线一路绿意盎然，给人以美的享受。目前，湖州已建成国家森林城市。梁希森林公园还获批成为国家森林公园。二是做好公园的建设。很少有一个城市像湖州这样，在人口密度不大的地方建有这么多的公园，尤其是中心城区土地比较稀缺的地段。城区代表性公园有：西山漾公园、仁皇山公园、项王公园、长岛公园、飞英公园、莲花庄公园、凤凰公园、筈溪公园、潜山公园、白鱼潭公园、滨河公园、骆驼桥广场、渔湾公园、霅溪公园、河滨公园、凤凰公园、长荡漾公园、草荡漾公园、钱山漾公园、长田漾湿地公园、龙溪玫瑰园、移沿山公园等。三是建设知名旅游项目。利用先天的有山有水、濒临太湖的先天优势，湖州建设了一大批旅游观光和休闲娱乐场所。在推进滨湖新城的开发中，建设了滨湖大道、渔人码头、月亮酒店、温泉水世界等一批生态旅游龙头项目，现在月亮酒店已经成为湖州的地标性建筑物。南浔区的南浔古镇已经被评为国家5A级景区和世界文化遗产。

其次是做好县城的美化。安吉引进重大项目，建设了一批代表性的旅游景点，提升了整个县城的美丽度。近年来，引进长龙山抽水蓄能电站、上影安吉影视产业园、中广核风能发电、中国物流基地、港中旅等一大批"大好高"项目，建成知名品牌凯蒂猫家园、世界顶级酒店JW万豪、水上乐园欢乐风暴、"大年初一风情小镇"以及老树林度假别墅、鼎尚驿主题酒店、君澜酒店、阿里拉酒店等重大项目。正是这样一些高端优质项目的建成，让安吉的产业不断优化、发展。安吉现有著名的休闲旅游景点有：中南百草原、大竹海、安吉竹博园、浙北大峡谷、龙王山峡谷漂流、天下银坑、Hello Kitty乐园、江南天池、藏龙百瀑、将军关探险漂流等。

长兴主要通过旅游景点的创建，提升了整个县城的形象。已经建成的代表性景点有：大唐贡茶院、顾渚贡茶院、水口茶文化旅游景区、长兴果圣山庄、古银杏长廊、赵孟頫艺术馆、金钉子远古世界、陈武帝故宫、仙山、弁山、西塞山、岘山、图影生态湿地文化园、扬子鳄自然保护区等。其中，图影湿地文化园邻近太湖，占地5000亩，景区结合河道、芦苇丛、鱼塘、纵横阡陌的河网港汊以及20多个岛屿，是集原生态展示、旅游观光、休闲度假于一体的综合性文化旅游景区。在建的投资高达250亿元的太湖龙之梦乐园约为4个上海迪士尼那么大，内设动物世界、星级酒店、马戏团、古镇、农村、湿地公园等，计划在23.48平方千米打造全国最大的旅游综合体，现在部分项目已营业，并在长三角地区产生了一定的影响力。

（二）美丽乡村建设和精品镇建设

一方面，湖州较早地在全国开展美丽乡村建设，取得了良好的成效。关于美丽乡村建设，必须提及的是安吉的美丽乡村建设成就。2000年，安吉进行发展模式转型升级，明确生态立县战略。2008年，安吉率先围绕"村村优美、家家创业、处处和谐、人人幸福"在全国推行"中国美丽乡村"建设。安吉的美丽乡村建设具有几个特点：第一，把全县作为一个大景区、每个村作为一个景点、每一户作为一个小品来建设。安吉的美丽乡村建设目标是：村村是精品、户户有新景、处处见美景。第二，美丽乡村建设的全覆盖。目前187个行政村中，完成美丽乡村创建179个，创建覆盖面达到95.7%，12个乡镇（街道）实现全覆盖。第三，农业为根、三产联动。安吉以白茶、毛竹为支柱农业产业，由此实现农业产业的绿色化、资源化、品牌化。围绕白茶、毛竹两大特色产业，扩大种植规模与产品质量，延伸产业链，为全县的经济发展做出重大贡献。第四，美丽乡村建设追求全域化和精品化。安吉的美丽乡村在标准化的同时实行分类，不断提质扩量。在187个行政村中，已建成"美丽乡村精品村"164个，已建和在建的"精品示范村"达到21个，有的村庄还成为全国3A级、4A级景区。

德清的美丽乡村建设也成效显著。2014年，浙江省美丽乡村建设现场会在德清召开，标志着全省美丽乡村建设升级版从德清出发。2015年，全国农村基层党建工作座谈会、全国农村精神文明建设工作经验交流会等重要会议相继在德清召开；同年，全国首次农村人居环境普查评价德清县位居第一。德清的美丽乡村创建是以建管并重为原则，提升农村人居环境。按照县域大景区原则，点线面结合进行建设。充分挖掘湿地、名山、古镇元素，按照"串点连线成片、整体耐看可游"的原则，高标准建设环莫干山异国风情景观线、蚕乡古镇景观线、防风湿地景观线、中东部历史人文景观线、水梦苕溪景观线5条各具风情的景观线。同时，美丽乡村建设以民富村强为目标，大力发展美丽经济。德清县乡村利用现代科学技术大力发展高效生态农业，推动产业向全链化、集聚化、融合化方向发展，并实施以产权制度为核心的农村改革，切实增加了农民收入。

另一方面，湖州注重特色镇建设，打造了一批名镇、特色小镇。湖州历史悠久，文化灿烂，历来有"鱼米之乡，丝绸之府"的美誉，自古人文荟萃、人才辈出，是水乡文化、海派文化、湖笔文化、书画文化、蚕丝文化、茶文化、竹文化、水文化、园林文化和宗教文化的重要发源地之一，知名小镇众多，且各具鲜明历史和产业特色。值此背景下，在原有名镇的基础上，打造一批具有湖州产业特点的特色小镇,助推湖州经济发展,改善人民生活,增强发展后劲,已成为当前的一大重要课题。名镇建设工程,对湖州发展的影响将是深远的,将会起到增强发展后劲、丰富发展内涵的独特作用。湖州代表性名镇有:南浔、新市、双林、善琏、荻港、练市、菱湖、织里、洛舍、鄣吴、水口等。

南浔古镇内仍保存着比较丰富的历史文化遗产和较为完整的成片历史街区,文脉肌理表现为多元文化,包括江南水乡文化、中国儒家文化和西方海派文化,是国家5A级景区和世界文化遗产。新市是中国古代"丝绸之路"的发源地之一,是集宗教文化、运河文化、蚕桑文化于一体的名镇,现有胡氏陈列馆、文史馆、仙谭民间艺术馆、明清木雕馆、江南蚕文化馆等。双林镇在历史上具有贸易集散中心、乡镇金融中心以及织染技术中心的重要地位和作用。善琏素享"湖笔之都"之美称。农历三月十六是蒙恬的生日时,各地制笔人士云集蒙公祠隆重祭祀笔祖蒙恬,现已成为善琏镇的民间习俗。荻港是一个具有千年历史的水乡古村落,四面环水,河港纵横;青堂瓦舍,临河而建的荻港自古就有"苕溪渔隐"之称。从早期的渔猎文化到农耕文化以及农耕文化形成的名人文化,所有这些信息在荻港的历史遗存中皆可寻见。练市是一个历史悠久的江南水乡古镇,蚕茧和湖羊是练市镇二大特色传统产业。菱湖自战国时就已有人工畜鱼,目前6万亩桑地和11万亩鱼塘,是联合国教科文卫组织和国际地球物理基金会赞赏的我国唯一保留完整的传统生态农业——桑基鱼塘,为联合国粮农组织菱湖桑基鱼塘教学基地。织里距湖州市中心仅10千米,拥有规模庞大的童装产业并集中了众多童装品牌,目前有织里中国童装城、中国童装城游客。洛舍的木材加工和钢琴生产两大特色产业,被誉为"木业重镇、钢琴之乡"。自洛舍镇1984年兴办第一家钢琴企业"湖州钢琴厂"以来,目前已衍生在册钢琴企业达46家,钢琴产量约占国内钢琴总产量的1/10。

鄣吴地处安吉县西北部,与安徽省广德县毗邻,属半山区,保存有天官墓、金銮殿、状元桥等古建筑遗址。近代艺术大师吴昌硕先生诞生于此,并在此度过青少年时代,当地书画气氛浓厚。水口位于长兴县西北部，三面环山，东临太湖，具有特有的太湖气候，境内山清水秀，气候温和，生态优良，植被茂密。境内顾渚山因秀生茶，因茶而扬名，陆羽的一部《茶经》更令顾渚山名扬四海，紫笋茶续贡800余年。

湖州充分挖掘湖州历史文化资源，借助名镇效应，增强城市知名度和城市形象，做大做强地方特色产业，推动湖州生态文明示范区建设。按照企业主体、资源整合、项目组合和产业融合等原则，聚焦特色产业，以南浔古镇为核心，使湖州名镇变成全国名镇、世界名镇，形成既有特色产业，又有独特文化内涵和旅游功能的特色小镇。特色小镇不同于一般的行政区或产业园区，而是聚焦于浙江省长期发展的七大产业（信息经济、环保、健康、旅游、时尚、金融、高端装备制造），建构的宜业宜居新区。湖州市全市目前有11个小镇被列入国家和省级创建、培育特色小镇名单①。其中，国家级特色小镇有莫干小镇，省级特色小镇创建名单有地理信息小镇、美妆小镇、丝绸小镇、湖笔小镇、新能源小镇、天使小镇，省级特色小镇培育名单有影视小镇、智能电动汽车小镇、健康蜜月小镇、智能电梯小镇等。下面介绍一些代表性的特色小镇。

湖州丝绸小镇：小镇位于吴兴区东部新城西山漾，规划面积6.86平方千米，秉承"政府引导、企业主导、市场导向"的原则，以公私合营模式为基本开发模式，按照"一轴、两环、四片区"的结构进行规划布局。丝绸小镇的目标定位是努力打造成具有特色产业和旅游功能的国家5A级景区，努力成为"国际丝绸时尚中心""东方丝绸交易中心"和"丝绸文化体验中心"。

吴兴美妆小镇：小镇位于吴兴区埭溪镇，以化妆品生产基地为主平台，依托境内行业龙头企业的带动作用和一系列产业链配套企业的综合集聚效应，引进国内外高端化妆品终端、配套产业，争取实现三大定位：中国美妆文化体验中心、中国美妆产业集聚中心和国际时尚

---

① 《湖州典型特色小镇案例分析》，中商情报网，2017年7月21日，http://www.askci.com/news/chanye/20170721/115252103479.shtml。

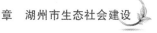

美妆博览中心。

德清地理信息小镇：位于莫干山国家高新区科技新城区块，核心区规划面积1.31平方千米。小镇以地理信息产业为核心，具有鲜明科技特征的新区域。当地政府试图将产业、城市、科技三要素纳入小镇规划理念，以"一核"——浙江省地理信息产业园为核心区块，辅以"两翼"（"左翼"北斗导航装备制造园、"右翼"遥感测绘装备制造园），三者协同配合，在空间布局上彰显出明朗的产业个性。

安吉天使小镇：位于杭长高速安吉出口，规划面积3.17平方千米。根据天使小镇总体定位和现有项目规划，结合未来发展空间，小镇包括商业服务区、滨水休闲度假区、健康养生度假区、动漫主题乐园区、童话主题乐园区、智慧旅游产业区6大区块，预计2020年完成全部建设并开业。

长兴新能源小镇：位于长兴县画溪街道，主导产业为新型电池、新能源汽车（含关键零部件）及太阳能光热光伏三大节能环保产业。关联产业为与主导产业相关联的新能源总部经济、创新孵化、文化旅游、信息服务业及其他相关产业。

南浔善琏湖笔小镇：依托当地江南水乡之境以及国学文化之情，抓好湖笔文化的精髓，立足湖笔文化资源品牌，充分实现传统风貌保护与现代功能开发的完美结合，是集湖笔与国学文化体验、康体养生及休闲度假于一体的联结传统文化与时尚生活的创新型文化旅游小镇。

（三）全域景区化，美好环境共建共享

2017年，浙江省第十四次党代会强调，"按照把省域建成大景区的理念与目标"，"大力建设具有诗画江南韵味的美丽城乡"。湖州按照浙江省委"全景式打造、全季节体验、全产业发展、全社会参与"的思路，充分发挥当地生态环境优美、区域均衡的优势，推进全域景区化建设取得阶段性成效，成为长三角休闲旅游的重要目的地之一。截至2020年，湖州市共创建景区村庄178个、省级美丽城镇12个。

湖州坚持以人民为中心，全面构建从"景点旅游"到"全域景区"的共享体系。一是推动美丽乡村建设与全域旅游相结合。通过四级联创，扎实推进"千万工程"，加快美丽乡村建设向美丽经营转变，打造美丽乡村的升级版,并通过发展美丽经济拓宽广大农民增收致富渠道。二是推动全域旅游与生态环境治理相结合。按照浙江省委提出的"大花园"建设战略部署要求,着力解决人民群众切实关心的突出环境问题,努力为人民创造"繁星闪烁、鱼翔浅底、鸟语花香"的动人画卷。三是推动全域旅游与文化发展培育相结合。充分利用湖州历史文化积淀深厚的特点,注重对湖笔文化、茶文化、丝绸文化、溇港文化等地域性文化的传承保护和挖掘利用,打造一批特色小镇、风情小镇和美丽城镇,既改善人民群众的生产生活,又让历史文化资源焕发新的生机与效益。

第二节　城乡融合发展与共同幸福、共同富裕

根据联合国公布的《全球幸福指数报告》(2014—2016),在全球 155 个国家中,中国人幸福指数居世界第 79 位,而北美和西欧国家普遍表现较好,可以说与经济发展水平基本相当。[①] 但是,幸福指数并不仅仅与经济发展相关,在联合国发布的报告中,它还涉及一个国家国民的社会保障、人均寿命、自由选择机会、慷慨程度和政权的腐败程度。

湖州的生态文明建设把共同幸福、共同富裕作为重要目标。湖州的生态文明建设非常重视环境保护、社会经济发展、文化保护和社会治理的现代化。相较于全国其他地区而言,湖州的现代化建设有显著特点:一是特别重视生态文明建设,二是重视提高百姓的幸福感。安吉早在 2008 年创建"中国美丽乡村"时就把乡村建设的目标确立为"村村优美、家家创业、处处和谐、人人幸福";同年,德清提出要打造"生态环境优美、村容村貌整洁、产业特色鲜明、社区服务健全、乡土文化繁荣、农民生活幸福"的中国和美家园。2009 年,吴兴区

---

① 根据世界货币基金组织的数据显示,世界人均 GDP 排行中,2014 年中国居第 80 名,2015 年居第 76 名,2016 年居第 70 名。

提出打造"南太湖幸福社区"。2010 年，南浔提出"清丽水乡、幸福农民、和谐家园"为主要目标的"中国魅力水乡"建设。2012 年湖州市委、市政府确立湖州要打造"特色产业集聚区、统筹城乡先行区、生态文明示范区、幸福民生和谐区"。湖州近些年的相关建设取得了成效：2014 年，由中央电视台联合国家统计局等有关单位做的一项调查显示，湖州是全国最幸福的十大城市之一。

湖州"十三五"规划提出，要打造"一市五区"。其中，"一市"是指"现代化生态型滨湖大城市"，"五区"是指"创新创业先行区、特色产业集聚区、城乡统筹样板区、生态文明示范区、幸福民生和谐区"。可见，人民幸福依然是湖州市主要施政目标之一。

湖州市及下属县区都把"幸福"作为地方建设的重要目标，通过如下做法来实现人民幸福的：不断开展生态文明建设，为人民群众创造良好生活环境；不断提高居民收入水平，为人民群众创造良好物质条件；不断改进社会治理与公共服务，方便人民工作与生活；不断繁荣文化事业，满足人民群众心灵期待。[①]

一　不断创美生态环境，普惠民生福祉

湖州自古以来山清水秀，自然环境优美。然而，20 世纪 80 年代以来，由于一味发展工业，尤其是带有污染性的工业（如印染、化工、造纸、建材、蓄电池等），导致自然环境遭到严重破坏。到了 20 世纪 90 年代末，安吉县的西苕溪河流水准变成 V 类甚至劣 V 类，成为污染大户。西苕溪的水最后汇入太湖，在一定程度上导致"太湖蓝藻"事件，引起国务院的重视。长兴也由于大量的发展矿山经济、无序发展蓄电池产业，自然环境遭到很大破坏。痛定思痛后，湖州从 2000 年开始着力进行生态文明建设，经过各级部门和人民群众的共同努力，现在生态环境越变越好，在很大程度上提升了人民的幸福指数。

（一）"五水共治"与水质改善

近年来，湖州通过"五水共治"在改善水质方面所取得的成绩令

---

① 安吉前县委书记单锦炎认为，安吉人民的幸福感来源有其地方个性，表现在四个方面：优美的自然环境、完善的城乡公共服务、健全的平安保障体系，以及繁荣的地方文化。

人瞩目。根据 78 个县控以上监测断面统计，2015 年湖州全面消除劣
Ⅴ类水，2016 年全面消灭Ⅴ类水，2017 年消灭了Ⅳ水。2018 年水质
继续提升，特别是出现了Ⅰ类水。2014—2019 年，湖州市连续六年县
级以上主要集中式饮用水源地及各备用水源地水质达标率均为 100%。

表 7-2　2013—2019 年湖州 78 个县控以上监测断面水质量统计　单位:%

年份	Ⅰ类	Ⅱ类	Ⅲ类	Ⅳ类	Ⅴ类	劣Ⅴ类
2013	0	28.2	55.1	5.1	5.1	6.4
2014	0	39.7	44.9	7.7	6.4	1.3
2015	0	43.0	49.4	6.3	1.3	0
2016	0	51.3	47.4	1.3	0	0
2017	—	—	—	—	—	—
2018	5.3	56.6	38.1	0	0	0
2019	5.2	51.9	42.9	0	0	0

资料来源：根据历年《湖州市生态环境局环境状况公报》整理。

（二）空气质量的提升

湖州市区的空气质量在全国说不上多好，但是近几年的进步还是
明显的。湖州花大力治气，空气质量逐步改善。根据 2013 年之后采
用最新空气质量标准测算，从 2013 年到 2019 年，PM2.5 浓度由原来
的 74.3 微克/立方米降到 32 微克/立方米，空气优良率由 52.1% 提升
到 76.7%。

表 7-3　　　　　2013—2019 年湖州市区空气质量情况

年份	空气优良率（%）	未达标天数（天）	PM2.5 浓度（微克/立方米）
2013	52.1	175	74.3
2014	60.8	143	64.0
2015	59.7	147	56.9
2016	65.6	126	47.0
2017	68.5	115	42.0

续表

年份	空气优良率（%）	未达标天数（天）	PM2.5浓度（微克/立方米）
2018	71.0	106	36.0
2019	76.7	85	32.0

资料来源：《湖州市环保局环境状况公报》。

在湖州，空气质量最好的地方是安吉。2015年，安吉空气优良率高达83.6%。如果以负氧离子为检测标准①，根据专业机构检测，安吉县的负氧离子浓度高于1100个/立方厘米，其中，县城中心生态广场负氧离子浓度为1100多个/立方厘米，灵峰度假区为1300多个/立方厘米，凤凰山公园为1100多个/立方厘米，龙王山自然保护区为4200多个/立方厘米，黄浦江源头为16000多个/立方厘米。负氧离子浓度超过900个/立方厘米就对人体健康很有利，可以说，安吉的自然环境对于人民群众的生活极其有利。

二　不断提高居民收入，提升人民获得感

湖州一方面在不断推进生态文明建设，获得一个又一个国家级生态荣誉称号；另一方面经济建设也取得不俗成绩，尤其是人民收入水平提高快，贫富差距较小。

（一）城乡居民收入的增长状况

2019年湖州人均生产总值超过10万元，按常住人口计算的人均GDP为102593元，折合14872美元，湖州已经步入高收入地区。

表7-4　　2012—2019年湖州市城乡居民人居可支配收入状况　　单位：元

年份	人均GDP（户籍）	人均GDP（常住人口）	城镇居民人均可支配收入	农村居民人均可支配收入	城乡居民人均可支配收入比
2012	63625	57270	32987	17188	1.92:1
2013	68839	61953	36220	19044	1.90:1
2014	74332	66916	38959	22404	1.74:1

① 彭筱军：《幸福不丹·幸福安吉》，上海远东出版社2013年版，第193页。

续表

年份	人均 GDP（户籍）	人均 GDP（常住人口）	城镇居民人均可支配收入	农村居民人均可支配收入	城乡居民人均可支配收入比
2015	79025	70899	42238	24410	1.73∶1
2016	84875	75715	45794	26508	1.73∶1
2017	93265	82952	49934	28999	1.72∶1
2018	101990	90304	54393	31767	1.71∶1
2019	116807	102593	59028	34803	1.70∶1
2020	—	—	61743	37244	1.66∶1

资料来源：湖州统计信息网。

从表 7 - 4 可以发现，湖州的城镇居民人均可支配收入和农村居民人均可支配收入每年都在稳步上涨，增长速度约为 9%；同时，城乡人均可支配收入比逐渐缩小，由 2012 年的 1.92∶1 下降到 2020 年的 1.66∶1，远低于浙江省和全国的城乡居民收入比。

（二）从先富到共富

可以说，在过去的五年中，湖州市人民收入一方面快速增加，另一方面地区之间趋于平衡。湖州的经济状况，无论是城镇还是农村的人均可支配收入，即使是"最穷"的安吉与"最富"的吴兴两地人民收入也是同量级的，差距非常之小。现在，湖州已经实现家庭人均年收入低于 4600 元的贫困现象全面消除。

表 7 - 5   2012—2019 年湖州市各地区城镇居民人均收入状况   单位：元

年份	吴兴区	德清县	长兴县	南浔区	安吉县
2012	32987	33377	33439	30843	32211
2013	36932	36796	36732	33848	35286
2014	40138	39516	39234	37710	37963
2015	42238	42662	42512	41008	41132
2016	47170	46444	46026	44475	44358
2017	51395	50450	50286	48255	48237
2018	55996	54863	54310	54393	52617
2019	60768	57414	59431	59848	56954

资料来源：根据历年《湖州统计年鉴》整理。

表 7 – 6　　2012—2019 年湖州市各地区农民人均可支配收入状况　单位：元

年份	吴兴区	德清县	长兴县	南浔区	安吉县
2012	17188	17669	17462	17246	15836
2013	19645	19570	19341	19063	17617
2014	23075	22820	22685	22364	21562
2015	24410	24934	24672	24342	23556
2016	27391	27140	26909	26398	25477
2017	29980	29842	29341	28774	27905
2018	32693	32723	32114	31564	30541
2019	35742	34489	36013	35274	33488

资料来源：根据历年《湖州统计年鉴》整理。

（三）生态建设与经济建设的互相促进

湖州坚持生态优先、绿色发展，推动产业转移升级，实现了生态建设与经济建设的"双赢"。

一方面发展生态农业，促进农民增收。以白茶、毛竹、鱼类、养蚕、林下经济等现代生态农业为主要发展方向。2015 年，安吉白茶产量达 1870 吨，产值 22.24 亿元，安吉 36 万农民实现人均增收 5900元。此后，安吉县白茶种植面积稳定在 17 万亩，产值逐年提高，2019 年，总产值达到 25.3 亿元。安吉 108 万亩海竹，每年可以直接给农民带来收入 11 亿元；竹制品产品一年产值 150 亿元，从业人员近 5 万，全县农民平均增收 7800 元。[①] 由于白茶的效益要好于毛竹，为了防止大面积砍伐林木，造成水土流失，安吉对于许多土地采取村集体控制，并划定了白茶的种植范围，使生态保护和经济发展两不误。

另一方面，发展生态旅游、观光等服务业，实现收入增加。湖州积极发展乡村旅游，现在已经形成"景区＋农家""生态＋文化""西式＋中式""农庄＋游购"四种模式。2012 年接待国内外旅客 76

---

① 中共浙江省委宣传部编：《"绿水青山就是金山银山"理论研究与实践探索》，浙江人民出版社 2015 年版，第 275 页。

万人次，旅游总收入 68 亿元，从事旅游及农家乐、渔家乐经营的农民 18000 余人，人均年收入超过 3 万元。2015 年，全市旅游业增加值 153 亿元，占 GDP 比重 7.34%，居浙江省第二位；占服务业增加值比重 16.36%，居浙江省第一位。德清坚持农业和旅游业融合发展，培养和培育了 350 家特色精品民宿，带动 76 家休闲观光农业园区。安吉县提出把休闲旅游作为县域的支柱产业、现代服务业的支柱产业和农民增收的富民产业来发展。2014 年，全县接待游客和旅游总收入分别是 2004 年的 4.6 倍和 17 倍，对 GDP 的贡献率达到 12.5%。

根据湖州统计局的资料，2019 年，全市旅游总收入 1529.1 亿元，同比增长 12.7%；全年接待国内外旅游者人数 13223.5 万人次，同比增长 11.7%。旅游业已经成为湖州的支柱性产业。

三 不断改善公共服务，提升人民安全感

（一）建设平安的社会环境

习近平同志认为，平安是人民幸福安康的基本要求，是一个社会发展的前提。湖州非常注重社会平安的建设，以群防群治为基本方法，到 2020 年，已经实现浙江省平安建设"十四连冠"，成为首批全国法治政府建设示范市。

安吉连续多年获得"平安县"称号，坚持把平安建设作为"一把手"工程来推进，在经济社会发展的全局中谋划，坚持紧紧依靠群众、发动群众、组织群众参与平安建设，构建起"社会共治圈、群众自治圈、协同治理圈"县域治理新模式，形成人人参与、人人共治、人人共享的格局，推动平安建设不断迈上新台阶。

（二）做足完备的民生服务

湖州民生投入力度持续加大，"十二五"时期用于民生的支出达到 850.8 亿元，占全部支出的 73.9%。湖州市在第四届中国民生发展论坛上被评为全国地级市民生发展前十强。

湖州的就业体系不断完善。城镇登记失业率控制在 4% 以内。五年累计新增城镇就业 34.6 万人。教育教学不断深化，实现国家级义务教育发展基本均衡县区全覆盖。成功创建全国首批现代学徒制试点城市和国家特殊教育改革实验区，一类重点大学上线率由 12.3% 提高

到 18.2%，教育科学和谐发展业绩水平位居浙江省第二。社会保障体系不断完善，社会保险覆盖面不断扩大。住房保障体系建设切实加强，五年累计竣工保障房 72745 套，完成农房改造 7.5 万户。医疗卫生条件不断改进，大病保险实现全覆盖，社保待遇持续提升。城乡社区居家养老服务基本实现全覆盖，每千名老人拥有养老机构床位从 21.4 张增加到 33.5 张。城乡居民基本医疗保险实现市级统筹，最低生活保障实现城乡同标，职工医疗互助实现扩面提质。"20 分钟医疗卫生服务圈"巩固完善，公共卫生综合发展指数名列浙江省第一。湖州市被列为公立医院改革国家联系试点城市，基本公共卫生服务水平位居浙江省前列，人均期望寿命从 78.3 岁提高到 80.3 岁。安吉乡村里面的村民建有个人健康档案。现在村里每个村民，健康本子拿出来一看，第几组、姓名、健康情况全知道。70 岁以上的老人还专门用颜色标出，重点关注，而且都有了电子档案。

（三）构建便捷的交通网络

湖州的交通很方便，火车站有湖州高铁站、长兴高铁站、长兴火车站、德清高铁站、德清火车站。坐高铁的话，从湖州到杭州只需 20 多分钟车程，到南京只需 1 个小时。随着湖苏沪高铁的建设，以后从湖州到上海更为方便了，通达时间将会在 1 小时以内，并将结束南浔没有火车站的历史。规划建设的城际铁路有：沪苏沪城际铁路、杭州—安吉—湖州城际、杭州—德清—湖州城际、湖宜城际、南浔至海宁城际。湖州还有交通便利的高速公路，包括 G25 长深（杭宁）、G50 沪渝（申苏浙皖）、S12 申嘉湖、S13 练杭、S14 杭长五条高速公路，以及 104、318 两条国道。湖州水运有"东方小莱茵河"的长湖申航道穿境而过，交通十分便捷。

四 不断满足居民精神需求，提升人民幸福感

湖州非常注重当地人民群众的精神文化创建，因为物欲的满足是无尽的，也不能直接给人们带来幸福感。只有树立了正确世界观、人生观、价值观，让湖州这个城市充满爱，让优秀传统文化得到发扬，让人们拥有正确的、合理的精神向往和业余爱好，人民才会心里安详，才能过得幸福。

（一）弘扬社会主义核心价值观

近年来，湖州市突出"最美人物"主题，大力选树、宣传践行社会主义核心价值观的各类最美典型。首先，最重选树一些"最美"形象人物。从 2006 年开始，先后举办"最美湖州人"年度人物、"文明五心"好公民、"时代新农民"和"南太湖美德少年"评选表彰活动，到 2020 年，全市拥有全国"时代楷模"群体 1 个、全国道德模范（含提名）8 人、"中国好人"32 人，浙江省道德模范 17 人、"浙江骄傲"年度人物（含提名）27 人、"浙江好人"194 人，市级道德典型 3000 余人。其次，注重"最美"人物的宣传报道。市级媒体设有"最美湖州人""寻找最美湖州人"等栏目，报道"最美人物"典型 170 多位。

结合美丽乡村建设，在全市建成道德教育场馆 169 个，并将有善行善举的凡人草根请进当地"厅堂"，接受大家的致敬和褒奖。通过多形式的典型宣传与教育，在广大城乡培育厚重道德的土壤。广泛开展多样形式的道德实践活动。面向未成年人开展"开学第一课、毕业加一课"道德实践活动；面向基层深入开展社区"道德门诊"、农村"道德评议"活动。德清县创设"百姓设奖、奖励百姓"项目，机关公务员、普通工人、农民纷纷自主设奖奖励身边的好人好事，"民间设奖"发展到 39 个，授奖群众累计已超 2000 人。广泛多样的"最美"实践活动，产生了一个典型带动一群先进的"滚雪球"效应，形成了最美文章"人人参与、共同书写"的局面。

以乡村文化礼堂为阵地，扩大社会主义核心价值观宣传教育。农村的文化礼堂承担着娱乐和宣教的功能，是社会主义核心价值观和地方传统文化培育的主要阵地。自 2013 年启动农村文化礼堂建设以来，湖州市农村文化礼堂建设规模不断扩大、内涵不断提升、效益不断显现，已经实现了省级农村文化礼堂工作先进区县全覆盖，并涌现出许多优秀的经验做法。如南浔区试点推广的"浔礼 e 家"——"网上文化礼堂互动平台"，探索农村文化礼堂智慧化建设的"南浔样板"；安吉县梅溪镇文化礼堂"大门常开、活动常态、队伍常驻、群众长乐"，不断提升文化服务的能力和水平，用文化服务激活乡村文化

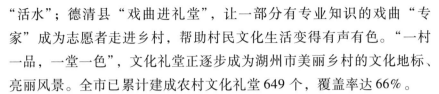

"活水";德清县"戏曲进礼堂",让一部分有专业知识的戏曲"专家"成为志愿者走进乡村,帮助村民文化生活变得有声有色。"一村一品,一堂一色",文化礼堂正逐步成为湖州市美丽乡村的文化地标、亮丽风景。全市已累计建成农村文化礼堂649个,覆盖率达66%。

（二）传承优秀地方文化

1. 挖掘传承湖州传统文化

一是打造南浔"两大文化"品牌。挖掘南浔古镇海派文化,吸引学术专家学者、民间志士著书立学。成立专门研究会,有计划、有步骤地对古镇的历史、建筑、文化、民俗、宗教、艺术等文化形式进行系统研究和挖掘。利用南浔富商望族历史资源基础,结合当代家族企业发展,设立具有国际影响力的家族财富论坛、现代版的"四象八牛七十二黄金狗"财富榜发布会等,把南浔古镇打造成高端财富论坛中心。

二是传承湖笔文化。整合赵孟頫、吴昌硕、王一亭、赵延年、沈尹默、费新我等书画名家资源,形成合力,共同打造"半部书画史在湖州"品牌,进一步夯实湖州中国书法城的基础。丰富"湖笔文化节"的内涵,借助书画名家在海内外的影响力,通过举办国内外书画论坛,加强与国内外的文化经济交流;通过开展"跟着书画家游湖州"、书画进校园等各种节庆活动,进一步提升湖笔文化节的影响力。整理蒙恬、智永等历史上与湖笔相关的名人,结合善琏湖笔特色小镇建设,在振兴历史经典产业的同时,做大做强湖笔文化创意产业,打响"湖笔文化发源地"知名品牌。

三是传承茶文化。进一步挖掘和修缮陆羽在湖州的活动遗迹,结合杼山、顾渚山等名山建设,广泛利用各种媒介,积极宣传"湖州中国茶文化发源地",提升湖州作为茶文化发源地的影响力。继续推进"溪龙安吉白茶故里"风情小镇建设,做大安吉白茶产业;围绕宋徽宗《大观茶论》,进一步挖掘安吉白茶的文化内涵;借助中国安吉白茶博览会、华东林交所平台,进一步扩大和提升安吉白茶的知名度和品牌影响力。继续办好中国湖州国际茶文化研讨会,加强中外茶文化交流活动,特别是湖州与日本、韩国、新加坡的文化交流,扩大湖州在海外的知名度。

四是传承家族文化。系统整理湖州历史上的名门望族，重点以沈氏、钱氏、潘氏、钮氏、俞氏、章氏、慎氏等为主。充分利用湖州望族在海内外的影响力，进一步加强与海外望族后裔的沟通和联系，扩大湖州的知名度。加强对族谱、后裔的研究，使望族成为留住乡愁、守望家园的一个纽带。系统梳理名门望族的优秀家规、家训、家风，继续推进"文化礼堂·幸福八有"为主题的农村文化礼堂建设，不断探索创新，为浙江省各地提供更多的宝贵经验。

2. 传立家训家风

深入开展"传家训、立家规、树家风、圆家梦"——寻找"最美家庭"活动，全市四级联动，挖掘整理了菱湖镇童氏"孝悌传世，仁和友善"、石淙镇费家"我家能吃半饱、就不会让乡邻饿肚子"等具有丰富的内涵家风家训 9000 余条，举办最美家庭故事会、分享会、评议会等活动 951 次，涌现各级"最美家庭"候选户 1000 余户。通过德清嫂"好家风美家园"广场活动、"弘扬和文化培育好家风"春节楹联有奖征集、15 万户家庭立家规等活动，使意境高远、催人向善向上的经典家风家规在千家万户中广为流传，成为人们涵养品德、砥砺成才的人生信条。

3. 做好博物馆建设

关于市区的博物馆建设，湖州市区重点建设了陈英士故居纪念馆，实施完成"市烈士陵园改扩建暨钱壮飞纪念馆工程"建设项目，挖掘了湖州历史上数千位的烈士英名及事迹，建成了湖州古代贤守纪念馆，建立了湖州共运史纪念馆，传承湖州人民爱国爱家乡、不屈不挠、艰苦创业、改革创新的光辉形象。安吉的博物馆建设尤其出色。①在全国很难找出一个像安吉这样全县有 36 个各种类型的展示馆，并且博物馆分布在全县的各个村里。在县城里还有一个 1.5 万平方米的中国生态博物馆主馆，并以此为主体，构成了分布全县的生态博物馆群。中国以县为单位的文物收藏量，安吉在全国也是名列前茅的。安

---

① 彭筱军：《幸福不丹·幸福安吉》，上海远东出版社 2013 年版，第 196 页。

吉县博物馆收藏有各类文物 26000 多余件（全国县级博物馆平均馆藏文物 400 件）其中国家一级文物有 57 件，从春秋战国到近现代，历史脉络非常完整，中间没有一丁点断裂，这在全国县一级博物馆中，也是非常罕见的。

（三）鼓励人们形成正确合理的文体追求

湖州市有丰厚的文化底蕴，也很善于培育合理文体活动，增强人民群众对精神生活的满足。湖州的文体活动特点：一是人民群众自发参与，二是参与人群较多。

1. 大力在农村"种文化"

湖州一些农村即使在很高的山上，可能别的设施没有，但会有篮球场、大舞台，开展体育健身，在文化舞台表演。晚上在生态广场，老百姓自己组织的排舞，展现的全是乡土文化。

《浙江日报》曾刊登过一篇文章，叫《白天握锄　夜晚舞墨》，讲的是安吉迁迢村农民"种文化"的故事。迁迢村有几个画家，都是老农民，一辈子手握锄头和泥土打交道的粗糙大手，没有任何美术基础和训练，完全是兴趣和爱好，居然拿起纤细画笔。有个农民画家的工笔画"百猫图"，有模有样，很是精细工整。[1]

安吉县在 75 个村庄建起了文化礼堂，这些文化礼堂不一定是最好的房子，但一定是最热闹的地方。政府还通过以奖代补，扶持了活跃在乡村的 196 家草根文艺团队。[2]

德清县开展"走读爱"探寻记忆中的乡愁。以"读书读报点"和农家书屋为依托，以"走乡村·读乡村·爱乡村"为主题，开展传统村落文化走读活动，让人们把书面阅读和乡间走读结合起来，亲身实地贴近身边的人文历史，接受传统文化的熏陶，激发人的"知家乡，爱乡土"情怀，达到"记得住乡愁"的效果。[3]

---

① 彭筱军：《幸福不丹·幸福安吉》，上海远东出版社 2013 年版，第 195 页。

② 中共浙江省委宣传部编：《"绿水青山就是金山银山"理论研究与实践探索》，浙江人民出版社 2015 年版，第 273 页。

③ 张林华：《乡村价值体系重建的基本遵循——以德清县农村文化礼堂建设为例》，《江南论坛》2015 年第 10 期。

2. 积极开展趣味运动会

湖州的趣味运动会既有市办的，也有县区、乡镇、村庄举办的，具有很大的普及性和趣味性。下面介绍一下近年来影响力较大的市运动会。

湖州市从 2014 年开始，每年举办市民运动会。运动会由市体育局主办，每届都开设竞赛项目、趣味展示项目和活动表演项目，既有趣味性、娱乐性又有竞赛性，深得广大人民喜欢。每届运动会都有一些子项目，前后持续几个月之久，数千人参加，是湖州人民的一场盛会。

第一届运动会在莲花庄公园举行，持续时间为 1 月至 10 月。竞赛项目包括乒乓球、羽毛球、游泳、三人制篮球、门球、棋类和广播操；趣味展示类项目包括幼儿趣味运动会和"全民健身大擂台"电视大赛；活动表演项目包括健身排舞展示大会、健步走、登山、自行车自游骑、老年人系列健身活动和体育文化进基层等活动。全部由普通市民唱"大戏"的开幕表演，包括长兴县龙山新区体育场社区的腰鼓展示，安吉县递铺小学的轮滑表演，以及一系列推陈出新的功夫扇、木兰拳、排舞串烧、柔力球、瑜伽游龙拳等。第二届也在莲花庄公园举行，主题强调了传统武术项目。第三届市民运动会代表性的分会有瑜伽大会、千人排舞、公开水域游泳活动、太极拳大展示等。2017 年举办的第四届市民运动会包括千人骑游、千人太极拳、千人排舞、千人健步走等活动项目，意在通过科学合理的体育运动，让更多的群众多方位地了解体育健身理念、增强国民体质，积极营造健身氛围。2018 年湖州市第五届市民运动会"奇趣森林"定向挑战赛，在湖州梁希国家森林公园开赛。比赛将体育、生态、历史等相关知识点融入其中，将体育规则与趣味知识有机结合，让参与者在森林公园里既增强了体能，收获了知识，又提升了参赛团队的组织协调能力。

2015 年，浙江省首届生态运动会第一站在安吉山川乡上演，包括环湖洗肺走、骑竹马、钻竹栏等趣味项目，上百名运动爱好者拖家带口在这个"生态博物馆"中乐此不疲地进行各项角逐，享受着青山绿水中挥汗如雨的快乐。

美丽安吉与幸福安吉

一

安吉钟灵毓秀，人杰地灵，文脉渊长。1800多年来，先后涌现了吴均、陈振孙、吴昌硕等在中国文化艺术史上地位崇高的文艺巨匠。安吉博物馆珍藏的两万多件文物，完整展现了安吉从旧石器时代到近现代几千年的历史文脉。

如今的安吉，坚持以生态立县，以民生幸福为本，以科学发展为基，以建设"村村优美、家家创业、处处和谐、人人幸福"的"中国美丽乡村"为主题，积极探索一条实现"环境优美、生活富美、社会和美"的新农村建设的特色道路，先后获得了中国首个生态县、全国首批生态文明建设试点地区、全国文明县城、国家可持续发展试验区、全国平安建设先进县等殊荣，2012年更荣膺全国第一个县域"联合国人居奖"和全球"竹碳会试验示范区"，"中国美丽乡村，世界绿色人居"已然成为生态安吉的最佳代名词。

生态立县战略提出十年来，安吉坚定践行习近平总书记"绿水青山就是金山银山"的指导战略，深入推进"中国美丽乡村"建设，在安吉"美丽"已不仅仅是安吉形象的金名片，而且已成为安吉经济社会持续发展的不竭源泉，108万亩竹林和10万亩白茶既勾勒了一幅生态美景，又着实填满了百姓的腰包。全县财政收入从2006年的8.76亿元增加到2012年的36.3亿元；农民人均收入从8900元增加到15780元，连续8年获得浙江省"平安县"称号，实现了公共卫生、便民服务、城乡公交等11项公共服务的全覆盖。

参见单锦炎为《幸福不丹·幸福安吉》（上海远东出版社2013年版）一书"幸福安吉"部分所写的序言。

二

以"生态立县"的浙江安吉，以高达71%的森林覆盖率和75%的植被覆盖率，被评为"世界上最绿的城市之一"，并于2012

年获得了"联合国人居奖",这是中国唯一获此殊荣的县。第一次去安吉,便被其清新的空气、整洁的市容、美丽的景色所吸引。

我见到的每个人都很友善,带着恬静的微笑,从举手投足间自然而然散发出一种淡淡的和谐。这种祥和与不丹人的淳朴一样,都是从内心流露出来的真诚和喜悦,不带一丝伪装,令人心生感动和欢喜。

更让我钦佩的是安吉县委县政府的领导班子,都是脚踏实地地干事、为生民立命的好官员。在几届领导班子的贯彻和坚持下,安吉百姓靠竹子和白茶带动了旅游、农家乐产业,过着普遍满足的生活。尤令人赞叹的是,每个村庄都有便民服务中心、医疗站,农民家家户户基本都有小轿车,村村有净水、户户有网络,村民的文化生活非常丰富,"仓廪实而知礼节",物质精神都富足。

我也曾遍踏大江南北,尽览中华秀美山川,安吉,却是我目前见过的中国幸福指数最高的地方。

安吉与不丹最大的不同,便是百姓不仅富裕,而且安富乐道!

幸福需要从感性的认识到理性的执行,"中国梦"需要从情感需求上升到幸福个人、幸福社区、幸福企业、幸福国家的建设,成为华夏儿女共同享有的美好愿景。

很高兴,中国已在尝试自己的解读和答案,并有了优秀的引领者和先行者。祝福中华,安,且吉兮!

参见李威为《幸福不丹·幸福安吉》(上海远东出版社2013年版)一书"幸福安吉"部分所写的序言。

第八章

湖州生态文明建设的
"重要窗口"：美丽乡村

美丽乡村是湖州生态文明先行示范区的特色与优势，是湖州生态文明建设皇冠上的璀璨明珠，在生态环境、乡村文化、生态产业、乡村治理等领域取得了丰硕成果，形成了可复制可推广的"湖州模式"。在美丽乡村生态环境上，从乡村环境卫生整洁、村容村貌秩序井然的自然需求为起始、为发轫，继而纵深不断发展向乡村集聚、空间设计推进，打造出了新时代大花园、大景区全域生态"新模式"，形成蔚为大观之势。在美丽乡村生态文化上，从乡村生态文明意识确立，到构建乡村文化生态途径、搭建乡村文化生态载体，到形成乡村文化生态制度。在美丽乡村生态产业上，从农产品及其乡村资源深度加工，到绿色产品、绿色产业尤其是乡村旅游的异军突起，发展为以乡村旅游为主的第一、第二、第三产业融合发展的绿色产业体系。在美丽乡村治理上，形成了一套自治法治德治相结合、生产生活生态齐发展的治村之道，探索和创造了以"支部带村、发展强村、民主管村、依法治村、道德润村、生态美村、平安护村、清廉正村"为主要特点的乡村治理"余村经验"。以生态文明为内核的美丽乡村生态文化激发了良好的乡村环境、乡村经济和乡村治理，美丽乡村生态产业培育和发展了乡村文化、乡村经济，美丽乡村生态环境滋润和泽被了乡村文化、乡村经济，新时代乡村治理为乡村长治久安、和谐稳定提供了坚强保障，美丽乡村有了与现代化文明相融共处的景观，湖州市树起了美丽乡村建设的"五位一体"的目标价值导向，赢得了"美丽乡村发源地""联合国人居环境奖""乡村旅游第一市"等荣誉，成为新时代全面展示中国特色社会主义制度优越性"重要窗口"的示范样本。2020年3月30日，习近平总书记再次来到湖州市安吉县余村考察，明确指出美丽乡村已经在这里真正实现了，可以作为一个示范。

第一节 美丽乡村生态环境建设的实践与经验

一 湖州市美丽乡村生态环境建设的"一核二柱"

湖州市在美丽乡村生态环境建设过程中，十分重视将生态文明的理念与乡村人居环境发展结合在一起，避免走城市"先发展后污染"的道路。

（一）"一核"是全面提升村庄人居生态环境

美丽乡村生态环境整治，首先看村庄人居环境整洁不整洁、干净不干净。农村环境整治既要深入推进农村污水、垃圾、厕所等方面的治理，又要加快转变传统的发展方式、粗放的建设方式和落后的生活方式，还要促进长效机制的健全和群众良好行为习惯的养成，全面提升农村环境整治和管理水平。湖州以深入推进"三改一拆""四边三化""五水共治"工程为契机，加大农村环境综合整治力度，进一步彰显农村生态之美，以"无违建"创建为抓手，推进农村"一户多宅"、建新不拆旧清理整治。完善农村生活垃圾集中收集处理运行模式，根据不同地区的实际，因村制宜开展农村生活垃圾减量化资源化无害化处理。坚持"五水共治、治污先行"，按照市《关于全面深化农村生活污水治理的实施意见》要求，进一步健全推进机制、强化村镇主体责任、严格工程监督管理、保障资金投入，确保全面完成农村生活污水治理任务，全面落实治污设施运维管理体系，实现治污设施长期稳定运行。深入推进农业面源污染治理，优化产业结构，调整种养模式，改变生产方式，努力打造"美丽田野"。加大乡村污染行业、产业治理力度。加快实施平原绿化美化、森林抚育、湿地保护和生态修复工程，开展村庄生态化有机更新和改造提升，该拆除的坚决拆除，该复垦的足额复垦，该绿化的及时绿化，该清理的切实清理，形成整齐有序、绿意盎然、河水清澈的村庄新气象，形成全域大花园、大景区、大生态。

（二）"二柱"是"三生融合"全域规划和长效管理机制

1. 美丽乡村生态环境的"三生融合"全域规划

注重把规划摆在美丽乡村建设工作的首要位置，切实发挥规划的龙头作用。按照建设美丽中国、践行"绿水青山就是金山银山"理念高度来谋划、推进，重新为乡村塑型，抛弃单纯搞村庄整治的做法，要优化村庄和农村人口布局，科学编制村庄规划和设计，按照"生产空间集约高效、生活空间宜居适度、生态空间山清水秀"要求，统筹安排村庄生产、生活、生态空间，实现美丽乡村"生产、生活、生态"的"三生融合"，对全市按主体功能、自然条件、现实基础、发展方向等进行了全域规划。2011年湖州市政府制订《湖州市美丽乡村建设"十二五"规划》，提出要以中心村、美丽乡村示范带为点和线，加快串点成线、连线成片，重点打造20条以上集生态景观、产业景观、建筑景观、人文景观于一体的美丽乡村建设示范带，全面开展农村环境综合整治、村庄绿化美化和村庄长效管护工作，加大历史文化村落保护力度，全域推进全市美丽乡村创建工作。五年来，分别制订年度美丽乡村行动计划，明确年度美丽乡村创建工作重点。各县区积极编制《县域村庄布局规划》《县域农村土地整治规划》《县域历史文化村落保护规划》等专项规划，为全域打造美丽乡村提供蓝图。2016年，制订《湖州市美丽乡村建设"十三五"规划》，明确提出推动美丽乡村建设实现"全域美、持久美、内在美、发展美、制度美"，打造统筹城乡升级版、美丽乡村升级版、休闲农业升级版、农村改革升级版。到2020年年底，60%的县区建成省美丽乡村示范县区，70%的乡镇建成市美丽乡村示范乡镇，100%的宜建村建成市级美丽乡村，确保美丽乡村建设继续走在全省乃至全国前列。

2. 美丽乡村生态环境的长效管理机制

按照"巩固成果、持续发展"的思路，坚持美丽乡村一边创建一边管理、建管并重，重点探索建立了长效管理责任、督察考核和经费保障机制。在责任机制方面，建立农村环境卫生长效保洁机制，着力落实县区、乡镇、村对辖区长效管理的主体责任，积极探索物业管理社会化、公司化运作模式，鼓励引导各地通过招投标确定保洁机构（人员）、建立专业保洁机构队伍、延伸城镇环卫职能推行一体化保洁等形式，提升农村环境卫生管理的专业化、职业化水平。在督察考核机制方面，建立市、县区、乡镇、村逐级检查督察机制，逐级落实督促检查人员，制定检查制度，定期或不定期组织明察暗访，对存在问题督促改正，做好检查台账，作为考核奖惩的依据。建立逐级考核奖惩机制，通过经济、行政、荣誉等手段，罚劣奖优，增强各级抓好长效管理的动力，将长效管理考核结果作为对已授牌村品牌管理的依据，对管理不力的村分不同情形，实施美丽乡村黄牌警告、降级，甚至摘牌处理。在经费保障机制方面，在县区范围内采取环卫保洁费个人缴纳、长效管理资金村集体筹资、乡镇补助、县区奖励等方式筹措长效管理经费，并统一缴入专户，由各乡镇进行日常管理，严格执行专款专用，接受审计监督。

二 湖州美丽乡村生态环境建设的典型经验与做法

近20年来，湖州始终把优环境作为最基础的工作，加大生态保护、环境整治力度，坚持就问题出发、从难点突破，按照"体制改不了改机制、机制改不了改方法、方法改不了改措施"思路，加大改革创新力度，形成了若干可复制可持续的美丽乡村生态环境建设经验。

（一）安吉"双十村示范、双百村整治"工程做法与经验

"双十村示范、双百村整治"工程是安吉根据浙江省《关于深入实施"千村示范、万村整治"工程的若干意见》、湖州市《关于深入实施"百村示范、千村整治"工程的意见》精神指导下结合安吉实际情况因地制宜开展的新农村建设实践。

1. 整治工程以支撑乡村建设整体战略为目标

"双十村示范、双百村整治"以整体村庄治理目标作为环境治理

的归依和出发点。如以提高村民质量为根本目的①，全面推进农业和农村现代化建设为总目标②，以全面加速小康为目标③等，环境治理始终与农村建设的阶段、条件和目标直接挂钩，使环境治理与农村建设其他目标相互协同，相互促进，使环境整治有了生命力、向心力和号召力。

2. 整治工程以阶段治理重点明确策略科学为根本

根据不同的乡村发展阶段、不同的乡村建设实际因地制宜科学确立整治对象和内容，如2001年是"五改一化"（改厕、改路、改水、改房、改线、环境美化），2002年是"四化"，道路硬化、河道净化、四旁绿化、村庄美化，2006年后是"八化"，布局优化、道路硬化、村庄美化、路灯亮化、卫生洁化、河道净化、环境美化、服务强化，此后是推进垃圾收运处理系统、河道整治建设和沿线违章建筑拆除、房屋立面改造等为重点工作，再后面是"三改一拆""四边三化""五水共治"，不同阶段不同重点，先易后难，从自己实际情况出发，同时对标省市治理要求，确定合理目标，直到合理超越，形成优势，形成特色，强势推进环境整治，为乡村建设奠定坚实的基础。

3. 整治工程以建立长效管理机制为重点

首先，不断探索、修订了卫生保洁、园林绿化、公共设施管理、生活污水处理设施管理4大类28个子项的美丽乡村长效管理指标与标准，构建的指标界定清楚明确，标准易于衡量与操作。其次，以乡镇（街道、管委会）辖区行政村（农村社区）为考核基础单位，分长效管理机制和长效管理实绩进行考核，以月检查、年考核的方式，对整治村"未改水、未清除露天茅厕、村内道路未硬化"实行一票否决制，全面强化美丽乡村长效管理监督考核工作，通过考核评价，树立先进，鼓励后进，共同进步。最后，依据考核结果对长效管理机制建立和长效管理实绩分别进行奖励，且考核结果成为对已授牌的中国

---

① 《关于开展村庄环境加上竞赛活动的通知》（安政办发〔2001〕38号）。
② 《关于加强村庄环境长效管理工作的实施意见》（安委办〔2002〕25号）。
③ 《安吉县全面小康建设示范村验收标准及考核奖励办法等三个办法》（安政办发〔2009〕29号）。

美丽乡村精品村、重点村、特色村进行品牌管理的依据，考核结果不良可以摘牌。对行政村（农村社区）"两委"主要负责人和乡镇、街道分管领导、业务干部等责任人员实行绩酬挂钩办法，考核结果与个人报酬直接挂钩，对年度美丽乡村长效管理工作特别优秀的乡镇（街道、管委会）、行政村（农村社区）的工作人员进行个人工作奖励。

4. 整治工程以上下左右横纵联动为手段

建立县、乡镇（街道）、行政村三级联动机制。在县统一领导下，县农办、文明办、城管执法局、交通局、环保局、住建局、卫生局、水利局等单位共同成立督察考核办公室，负责全县中国美丽乡村长效管理的日常监督与考核工作。各职能部门结合基层需要，通过业务指导和行业监管，形成上下联动的良好格局。按属地管理原则，各乡镇政府（街道、管委会）负责本辖区各行政村（农村社区）长效管理工作，建立"乡镇物业中心"，实施规范化、标准化管理。各行政村（农村社区）"两委"为具体实施主体，组建专业物业管理队伍（原则上每100户或每250人不少于1名物业管理员）。建立经费保障机制，个人缴纳基本环卫保洁费，然后通过村集体筹资、乡镇（街道、管委会）补助、县奖励等方式筹措长效管理资金。同时，逐步试行物业管理社会化、公司化运作模式，切实提高长效管理工作水平。

5. 整治工程以具体问题的攻坚破难为突破

在浙江省率先实施以"限药、减肥、禁烧"为重点的农业面源污染治理，逐步对水源保护地、自然保护区实行封山育林，推动"靠山吃山"向"养山富山"转变。采取农民不上山、财政给补助方式，开展封山育林试点。针对矿产资源多头管理、权责交叉情况，专门成立矿产资源综合整治办公室，有效遏制了乱开乱挖问题，并彻底结束了西苕溪30多年的沿河采挖历史。针对毁林开垦、私搭乱建顽疾，在全省首创森林公安与地方公安联合执法、基层国土与基层规划联合办公等新模式。

6. 整治工程以内在激励为动力

激励措施因地制宜，多种多样。开展村庄环境建设竞赛活动，安排适当资金，以奖代补形式，奖励在竞赛中村庄环境建设优秀村；以中国人居环境范例奖为主要抓手推动整治工程；与各乡镇建立目标责任状，起到目标引领和督促的作用；通过制度创新来形成良好的激励氛围，采取了建设情况的月报和通报制度，确保村庄整治建设质量。把每月第四个星期三确定为环境综合整治集中推进日，通过县人代会决议形式，将其固定下来。开设"揭短亮丑曝光台""拆到底、清干净"等媒体专栏，开展"环境整治专题征文活动""寻找还未拆除的违章、不可游泳的河、身边的大气污染源"等一系列"寻找"活动，引导社会公众参与环境整治工程，形成舆论激励。

（二）农村生活垃圾处理的具体做法与经验

随着农村现代化的不断推进，生产、生活方式的不断变革，农村垃圾成为美丽乡村创建中必须加以重视的一个问题。2014 年，湖州在省委、省政府的支持下率先启动"农村生活垃圾集中化、分类减量化、资源化处理"试点工作，建立城市化、小城镇和农村协同共治的一体化长效管理机制，取得了农村生活垃圾处理工作的较好成绩。湖州根据各县区农村实际条件，通过试点先行，加速以点带面，摸索规律积累经验形成"源头分类、减量处理、循环利用"垃圾处理模式，具体有德清的农村生活垃圾一体化处理模式、安吉的农村生活垃圾分类化处理模式、长兴的农村生活垃圾资源化处理模式。

1. 德清：农村生活垃圾一体化处理模式

一是建立领导体制机制。成立由分管县长任组长，以相关部门和乡镇主要负责人为成员的城乡垃圾处理一体化工作领导小组，各乡镇也建立工作小组。同时，制定一系列规章制度。二是建立收集运输网络。在《德清县环境卫生设施专项规划》指导下，建立起以镇为核心、村为节点，城乡衔接、功能完善、布局合理的城乡生活垃圾收集运输网络。三是健全组织管理机构。县成立专业的管理机构——县环卫处，乡镇则成立环境卫生管理所（办公室），行政村建立环境卫生管理站，形成各层次的治理主体。通过设立专职环卫机构，确定专人负责，明确工作职责，健全和完善县、乡镇、行政村三级环卫专职管理队伍。四是加强基本设施建设。同时，城市和城镇基础设施尽可能尽快向农村辐射，在现有条件下做好中心城市已有垃圾处置终端功能辐射工作。在县统一部署下，至 2017 年年底全县共建成村级垃圾收集房 250 座，设置垃圾箱（筒）32070 只，建成垃圾中转站 35 座，配备各类垃圾专用车辆 89 辆、短途运输车辆（手推车、电瓶车、拖拉机等）914 辆，建成垃圾焚烧发电厂 1 座，总投入约 1.8 亿元。整体治理效果明显："城乡垃圾收集覆盖率 100%，垃圾收集率 90% 以上，生活垃圾无害化处理率 100%"[①]，实现了垃圾无害化、减量化、资源化处理，广大农村呈现出一派村容整洁、环境优美的新气象。

2. 安吉：农村生活垃圾分类化处理模式

一是建立农村生活垃圾分类处理总模式。积极推行分类投放、分类收集、分类运输、分类处理的垃圾分类治理体系，形成政府推动、全民参与、城乡统筹、因地制宜的农村生活垃圾治理格局。以生活垃圾减量化为核心，以资源化、无害化处置为目标，以生活垃圾分类处置为手段，以餐厨垃圾收集处理为突破口，通过构建可再生资源回收利用体系，形成一套分类收集、分类运输、分类处理有效衔接的垃圾分类处置系统。采取"定人、定时、定点、定类"运行模式，将垃圾主要分为餐厨垃圾、其他垃圾、有毒垃圾、可回收垃圾四类，20 户配备一套分格式环保分类箱为标准，家庭分类后，定点分类投放、专人收集清运。规范废旧物资回收体系和回收机制，建立规模化、产业化的回收企业，同时全面统一回收网络的建设标准，为实现垃圾处理的减量化、资源化、无害化目标创造良好条件。二是全民化推动，改变村民"垃圾处理"方式和生活习惯。从集中统一投放到分类分桶投放，村民思维和行为改变是农村垃圾处理模式变迁发展的关键。为此，安吉以"面对面"个别传导为主，媒体面上宣教为辅，开展大走访、大讲堂、大规劝等方式改变人们的垃圾处理价值导向。还通过公益宣传片、入村培训、进校园讲座、建立户上分类扫码录入的信息化管理系统、进行分类成效录入积分、发挥老党员、妇女干部带动作用等方式引导教育、持续作用形成习惯。三是健全垃圾分类全链条全环节。垃圾分类最大的难点就是链条太长，而只要一个环节出问题，垃

---

① 李小燕、吴奕婷：《太湖之洲："两山理念"湖州样板》，《城乡建设》2018 年第 16 期。

圾分类就会前功尽弃。前端垃圾分类，中间分类投放、分类收集运输等，实现运行管理的常态化，加强垃圾分类日常运行监管，对作业不科学、不规范及混装混运等问题重点监管，还实施了垃圾分类奖励机制，让居民垃圾分类后还能小有收获。并且，能够根据不同人群、不同地区实施区别化的分类要求，不搞高大上的"一刀切"。还在垃圾填埋的基础上，配套建设了餐厨垃圾处理设施、垃圾焚烧设施等，做到了垃圾填埋、餐厨垃圾处置和垃圾焚烧密切配合，彻底解决了居民分类后，垃圾车拉到垃圾场又混合的尴尬。

3. 长兴：农村生活垃圾资源化处理模式

餐厨垃圾占农村垃圾的60%以上，对餐厨垃圾选择合适的方式进行处理，是实现垃圾资源化、减量化的最有效途径。一是按照实际情况建立餐厨垃圾微处理中心。根据不同区域、不同类型的村庄，建立乡镇资源循环利用中心、村级联合处理中心、村级资源循环利用中心和自然村餐厨垃圾处理点，进行餐厨垃圾资源化处理和利用。二是根据技术的进步建立科学高效的餐厨垃圾处理工艺。主要有生物发酵处理技术，利用生物菌把有机物降解发酵；有机垃圾集成处理技术，采用有机垃圾破碎、脱液、除臭、杀菌、干燥集成系统快速处理；沼气综合利用技术、太阳能有机垃圾处理、简易垃圾堆肥器等，可以制成有机肥，有机肥经过检测，投入到种植中，用在苗木、蔬菜上，实现种植户的降本增收，变废为宝。三是积极引进生态环保领域的高端人才。用一流的生态环境吸引一流的人才，以一流的人才保护一流的生态环境，让人才及其环保知识、技术和专利成为"护绿使者"，使各种垃圾的资源化成为可能。四是通过产业化扶持，利用市场化方式处理垃圾。通过市场化运作，公司化经营，使垃圾处理与环保产业相互促进，利用人才优势、技术优势建立各种再生资源利用有限公司，专业化处理餐厨等各种垃圾，取得市场回报，实现多方共赢。

（三）农村生活污水生态化处理

近年来，湖州市坚持把农村生活污水治理作为打造美丽乡村升级版的重要抓手，按照"重长用、重长效"的要求，在以破竹之势推进治理工程的基础上，从责任体系、管理模式等方面入手，注重构建长效运维管理机制，取得明显成效，有效地推动农村生活污水治理制度化。一是完善运维管理责任体系，在浙江省范围内率先出台了《湖州市农村生活污水处理设施运行维护管理暂行办法》，将农村污水运维管理主体责任、管理体制、模式等内容层层明确，并纳入各级政府综合考核条目。并以"问题清单"为导向，开展排查，确保项目无缝隙对接、无带病运行。二是创新运维管理工作模式，根据农村生活污水处理设施规模大小、技术工艺、运维要求等特点，因地制宜选择村级自我运维、专业公司运维和复合运维管理三种模式，落实第三方运维管理机构，开展系统巡查，10吨级以上处理终端全时段督察，建立了浙江省首个市级农村污水运维平台建设。建立健全"第三方机构自查、县区巡查和市级督察"的三级督察工作模式。三是推广物业化托管模式。自2013年开始，在安吉县上墅乡试点推动农村生活污水处理工程实行"专业化管理、社会化服务"机制。建立集中式污水池在线监控、污水处理系统在线监控和3G网络技术运维平台，委托专业污水治理公司负责污水池、管道、设备等的运行、维护和服务。四是健全质量管理机制。首先是把好项目设计关。要求每个项目按照要求做好施工图设计，督促做好实地核对、专业审查、开工前技术交底等工作。其次是把好主材质量关。再次是把好现场施工关，聘请老干部、老党员进行跟踪监督。最后是把好检查验收关，按照"不放过一个问题项目、确保已建项目质量达标"的要求，突出把好县区综合验收、市级项目核查关。总之，湖州全面实施农村污水管道化收集、生态化处理，彻底改变几千年来农村污水任其自流的方式，彻底解决农村污水泛滥的问题。

三 湖州美丽乡村生态环境建设成效

1. 生态环境保护领潮流之先

生态优势得到彰显，湖州市创建国家级生态乡镇47个、国家级生态村2个，生态环境质量公众满意度连续四年居浙江省前列。安吉获得了全国首个联合国"人居奖""绿水青山就是金山银山"理念实践试点县、全省首个"国家水土保持生态文明县"。在浙江省率先实行河长制、轮疏机制，实现7373条9380千米河道河长全覆盖、共有河长 4815 名，完成河道清淤 2092 万方。垃圾分类行政村覆盖率达到 100%，实现全覆盖。2017 年 6 月，德清县、安吉县成为全国首批百个"农村生活垃圾分类和资源化利用示范县（区、市）"。2017 年年底，长兴、安吉、德清三县全部被授予"2017 年度全省农村生活垃圾治理工作优胜县"称号；长兴被列为浙江省秸秆综合利用试点县，夏收期间农作物秸秆综合利用率达 93.9%；全面完成农村生活污水治理三年行动计划，共治理行政村 727 个，新增受益农户 208833 户。

2. 生态合作机制建设领风气之先

积极构建生态治理创新机制，形成多元合作体系，与浙江大学等单位合作共建 9 大科技创新服务平台，如"浙江大学（长兴）农业科技园"已成为国家作物转基因育种基地、国家植物基因中心基地、教育部农林院校教学实践基地、省级农业高科技园区；围绕主导产业发展共建白茶研究院、湖羊研究所、竹产业研究院。创新生态咨询服务模式，与浙江大学市校合作从"三农"领域拓展到教育、卫生、法治、生态文明等经济社会发展多个领域，在国家级生态文明先行示范区、"法制湖州"建设和"湖州师范大学"创建等方面签约共建，市政府、湖州师院、中科院地理所共建中国生态文明研究院。围绕传统产业提升、高效农业发展、生物技术运用、环境治理等方面，通过项目研究、平台推动和合作攻关的方式提供决策咨询服务。

四　湖州市美丽乡村生态环境建设案例

（一）全国美丽宜居示范村——德清县五四村

五四村位于德清县阜溪街道，村域面积 5.61 平方千米，人口 1554 人。五四村曾是一个穷村，村里人因为务农收入微薄，大多选择外出打工，导致部分土地抛荒。十多年来，五四村坚持绿色生态发展理念，以乡村旅游为引领，完成了从传统农业向现代农业和休闲旅游业的转型。通过土地流转，五四村先后引进红枫、水果、苗木等生态种植特色农业生产基地，随后社会资本纷至沓来，乡村面貌也焕然一新。2019 年 9 月，五四村在浙江省率先探索"一图全面感知"乡村数字化治理平台。一张叠加各部门 17 个图层 232 类数据的五四数字乡村底图,如同村庄里的"智慧大脑",乡村旅游和集体经济发展不断提档升级。五四村村级集体经济收入 513 万元,农民人均纯收入超 5 万元。五四村已逐步建设成为集品质人居、生态观光、休闲体验于一体的美丽乡村,实现了民富村强环境美,并获得全国文明村、全国美丽宜居示范村、全国绿色小康村等荣誉。

五四村的产村融合发展之路,主要有以下做法:一是建设公共设施,打造宜居环境。大力推动村庄基础设施建设,实现村组道路硬化、亮化、美化、洁化"四个 100%",开通了"美丽乡村公交专线",建成了城市公共自行车首个村级服务点,修建了村民休闲文化公园、文化礼堂、文化长廊,全村 WiFi、监控、路灯实现全覆盖。实行治水美村,全村投入 381 万元新建污水处理设施及配套管网,生活污水实现了 100% 集中收集处理,实现了"一根管子接到底"。在全县率先开展垃圾分类试点工作,建设生活垃圾资源利用站,做到了"一把扫帚扫到底"。二是推动农旅融合,发展美丽经济。五四村自 1999 年起实施土地流转,目前全村 3000 多亩土地已实现 100% 流转。通过土地流转,引进了规模化的农业项目,大力发展乡村休闲旅游,建立了亿丰花卉、垚淼生态园等特色农业基地,形成了花花世界亲子游乐园、瓷之源体验馆、德清县生态文化馆等一批乡村休闲旅游体验场所,培育了树野、陌野、青垆、外安 5 号等特色民宿(洋家乐)以及铜官庄、后东人家等特色农家乐。2018 年投资约 18 亿元的上海三月旅游、华盛达坡地村镇、杭州华元控股五四田园养生三个大项目已经全面启动,电动观光车及充电桩等配套项目正在有条不紊地进行中。三是制定村规民约,弘扬文明新风。结合文明创建活动,制定了村规《民约三字经》,开展了"十年百佳"、文明"四家"等评选活动,全村 454 户村民立家规、传家训、树家风、扬家誉,宣传表彰了孝善传承、治水拆违等方面的"最美"典型 100 余例,唱响了五四文明乡风好声音。五四村先后荣获了全国文明村、全国美丽宜居示范村、全国绿色小康村、国家 3A 级旅游景区、中国美丽休闲乡村等荣誉称号,逐步发展成为集品质人居、乡村度假、生态观光、休闲体验于一体的美丽乡村。这个美丽蜕变告诉我们:现代农业发展是乡村振

兴的重要支撑，生态环境是美丽乡村的核心价值和财富。

（二）全国科学普及教育基地——长兴县扬子鳄村

扬子鳄村位于湖州市长兴县泗安镇，具有典型的长江下游湿地。1979年，该村村民在劳作时捕捉到了11条小扬子鳄。面对这些动物精灵，村民们就萌发了要保护它们的生态理念。于是，该村在极其困难的条件下，在该村"上八亩"鱼塘的四周筑起了篱笆墙，为11条扬子鳄建起了一个避难所。不仅如此，他们还到长江下游各地收购散落的扬子鳄进行集中保护，建起了面积仅0.16公顷的中国首个扬子鳄民办保护区。村里举办扬子鳄保护区，困难很多，仅扬子鳄的口粮就给村民带来了难题。11条扬子鳄成年后的口粮鱼就需要1300多千克，村里不堪重负，但是他们具有保护生态的坚定信念，他们没有被困难所压倒。他们挤出农作时间，在县内外积极开展活动，一边宣讲保护扬子鳄的紧迫性和重要性，一边从企业、学校和广大民众那里寻求帮助。1983年7月扬子鳄首次产下20枚蛋，1984年9月自然繁殖孵化第一窝幼鳄，2012年4月首次实施自然放归。30多年来，扬子鳄村坚定生态保护理念，克服重重困难，一心一意发展扬子鳄保护事业。现在，保护区的扬子鳄数量已经从原来11条增加到了6246条，面积从原来的0.16公顷扩建到132.98公顷，保护区已经成为国家4A级旅游景区、省级自然保护区、全国科普教育基地。

第二节 美丽乡村生态文化建设的实践与经验

湖州在美丽乡村建设中，十分重视用"生态文明"的理念来统筹"三农"发展，形成了乡村文化生态内核、文化生态途径、文化生态载体和文化生态制度等一系列体系。以精品建设引领发展，以制度建设保障前行，探索出一条具有湖州特色的乡村文化生态发展之路。

一 美丽乡村生态文化的生态内核——生态文明意识

（一）生态文明在湖州美丽乡村生态文化建设中的内涵与价值

生态文明要求湖州在发展农业和农村过程中，实现现代农业和生

态农业的结合，要求农民本身在生产生活中注意生态文明的概念，绝
对不能够单纯地为农村、农业和农民的发展，而牺牲生物的多样性，
破坏生态环境，相反是如何使生态与发展相适应，从生态中寻找
发展。

简单地讲，文明就是指人与人、人与自然之间关系的相互尊重、
相互关爱的一种良好状态。在传统乡村社会，人与人之间的关系相对
比较简单，主要是日常生活中的亲情关系、邻里关系和农业生产中的
人际关系等。由于传统乡村生产力的低下，人类还没有能力对自然进
行大规模的破坏，所以在人与自然关系中处于弱势地位的农民只能以
"靠天吃饭"心态尊重自然、敬畏自然，从而使人与自然处于一种低
层次的和谐状态。传统的乡村文明主要是指人与人之间的关系文明，
存在于人与人之间的直接关系之中，尤其是存在于日常生活的亲情关
系、邻里关系之中。

但是，在今天的乡村社会里，生态文明已经成为乡村文明的应有
之义。改革开放以来，随着工业化、现代化的推进，湖州乡村社会不
再是纯粹的农业社会，不再是纯粹的传统生产力，而是大量的现代生
产力得到了形成和发展。也就是说，现代乡村社会的人与人、人与自
然之间的关系内涵得到了极大的丰富和发展。由于社会生产力的极大
提高，工业产品的大量使用，所以在以往不是问题的生态，现在已成
为一个严重问题。在现代乡村社会里，既有生活文明的问题，又有生
产文明的问题；既有农业文明的问题，又有工业文明的问题；既有社
会文明的问题，又有生态文明的问题。在乡村文明体系之中，其他文
明问题的存在往往局限于某个社会生活领域，但是生态文明问题与其
他文明问题存在密切关系，社会的每一个领域和某一个方面都与生态
文明问题有关。所以，生态文明建设已成为乡村文明建设不可或缺的
重要内容。

（二）生态文明是美丽乡村生态文化建设之关键

乡村文明的本质就是农村不同主体之间的利益关系问题。在农业
农村现代化的过程中，农村的利益主体发生了深刻变化，从农民这个
单一利益主体已经发展为农民个体户、新型经营户、商业个体户、企

业主等多元利益主体并存的社会利益格局。农村复杂的利益关系引发了大量的社会矛盾和冲突，而开展生态文明建设，正是抓住了农村这个错综复杂矛盾体的关键。

习近平总书记指出，良好生态环境是最公平的公共产品，是最普惠的民生福祉。生态环境是广大村民最大的公共利益之所在，而环境污染、生态破坏扩大了少数主体的私人利益，而损害了广大村民的公共利益，造成了农村社会贫富不公平的问题。以往，在建设乡村文明的过程中没有认识到这个问题的严重性、关键性，所以始终抓不住问题的症结。现在，通过生态文明建设，关停污染严重的企业、石矿、养殖场，开展植树造林、修复生态等活动，一方面天变蓝、水变清、地变净；另一方面农村社会的利益关系发生了深刻调整。广大村民的最大公共利益得到了维护，而原有既得利益主体的不合理利益得到了削弱，甚至消除。当今，在农村重大的社会矛盾就是贫富不公的问题，而加剧这个问题严重性的关键在于少数利益主体通过以环境污染、损害公共利益为途径而获得的。开展生态文明建设有效地解决了农村社会中贫富不公的问题，合理调整了农村主体的利益关系，从而促进了乡村文明的发展。

（三）生态文明是美丽乡村生态文化建设之基石

长期以来，家庭伦理一直是乡村文明的基础，所以在传统乡村社会里特别重视家庭美德。传统社会不仅把家庭伦理作为乡村文明的基础，而且作为整个国家文明的基础。但是，在现代社会里，乡村文明的基础也在发生变化。

随着工业化、现代化的发展，乡村社会的家庭发生了深刻变化。一是家庭成员变少。在计划生育政策下，少子、独子家庭已是一种普遍现象，家庭成员的急剧减少使家庭规模变小。二是成员地位在变。在传统家庭伦理中，长辈尤其是男性长辈居于家庭的最高地位，所以家庭伦理首先要求晚辈对长辈要"孝"。"孝"为天下先，"孝"居于家庭伦理，乃至整个国家伦理的核心地位。但是在少子、独子家庭里，子女成为家庭的全部希望，成为家庭的"上帝"。在家庭成员重要性发生变化的背景下，那种传统的家庭伦理被颠覆了。三是家庭结构简单。多数子女结婚以后，不再与父母生活居住在一起。一些结婚子女离开乡村、离开家乡，工作、生活于城镇；一些结婚子女即使没有离开家乡，也与父母分居而住。在乡村，老人家庭、空巢家庭普遍存在。在老人家庭、空巢家庭里，家庭伦理的建设主体已不在乡村，家庭伦理建设往往感到无能为力、隔靴搔痒。当然，家庭伦理依然是乡村文明建设的重点与基础，只不过没有以前那样突出。

随着家庭伦理基础性地位的下降，生态文明的基础性地位在日益上升。乡村经济已经不再是一种自给自足的自然经济，而是一种商品经济。每个家庭、每个个体，每时每刻都在大量消费来自工业企业生产的产品。网络购物、网络消费助推工业商品快速进入乡村、进入农户、进入生活。今天的乡村被大量的工业产品所包围，无论是农业生产，还是日程生活。工业品无孔不入、无地不有。工业品在改善乡村生活生产的同时，也给乡村带来了工业污染。塑料垃圾、工业废水、农业污水等在乡村肆虐，这与每个人、每个家庭以及每个企业都有关。

生态文明建设涉及每个企业、每个家庭、每个个体，具有广泛的普遍性。生态文明建设还具有日常性，与乡村日常生活密切相关，它要求改变千百年来所形成的那种随地乱扔垃圾、乱倒污水等生活习惯。在现代乡村生活中，垃圾已经不是原来可自然降解的垃圾，污水也不是原来自然可容纳承受的污水。因此，现在的垃圾、污水已不再作为有机肥料循环到自然生态之中，而是作为有毒有害物质在毒害自然生态。所以，乱扔垃圾、乱倒污水等日常行为在现代乡村社会里已成为一种不文明行为。加强生态文明建设，改变原有的生活习惯，养成一种符合现代文明要求的新的生活习惯，至关重要。这是一项基础性的文明建设工作，是乡村文明建设的基本要求。

（四）美丽乡村生态文化建设途径——文化礼堂

湖州历来重视农村公共文化建设，2008年部署农村文化建设十项工程，开始实施农村文化"八有"（每个行政村有演出看、有电影看、有电视看、有广播听、有书读、有报读、有文体活动室、有室外文体活动场所）保障工程。2013年开始，实施"文化礼堂，幸福八有"工程，大力推进农村文化礼堂建设。2018 年 4 月，在浙江省基层宣传思想文化工作暨农村文化礼堂建设工作推进会上，湖州市有 14个文化礼堂被评为 2017 年度省五星级。此后，2018 年度、2019 年度和 2020 年度分别有 18 个、16 个和 24 个文化礼堂被评为省级五星级文化礼堂。文化礼堂已成为湖州乡村文明建设一道亮丽的风景线。

1. 农民群众的精神家园

文化礼堂是一种公共文化设施，它为文化活动提供物质条件。它拥有丰富的文化精神内涵，所以成了村民的精神殿堂。文化礼堂宣传着社会主义核心价值观，弘扬着社会主义新风尚，传递着促进人的全面发展的正能量。在文化礼堂里，文艺活动是其重要内容，广大村民欣赏到原来只有城市居民才能欣赏到的文艺精品，村民也自编自演大量的文艺节目。"村晚""村演"等文化活动在文化礼堂上演，村民的文化精神生活得到极大丰富。

许多文化礼堂，因地制宜，富有特色。有的展示本村的发展史，把文化礼堂打造成为传承文脉记忆的"乡愁基地"；有的突出红色基因，高扬本村的革命精神，把文化礼堂打造成为"红色殿堂"；有的注重现代成就、自然特色，在文化礼堂注入了"希望田野""山村印象""农园新景""太湖风情"等文化情调。湖州市有关部门还围绕"民俗闹春、文化伴夏、秋季放歌、美德暖冬"四大主题，组织开展送春联、办村晚、闹民俗、唱村歌、跳排舞、晒家训等活动，并通过举办全市性的排舞大赛、戏迷擂台赛、村歌大赛等比赛，推动文化礼堂活动的常态化、特色化。

文化礼堂不仅有动态性的文化精神活动，而且有静态性的文化精神符号。文化礼堂对村民具有巨大的吸引力、感召力，他们不仅有丰富的文化精神生活，而且提升自己的文化精神境界，获得更多的人生智慧和人生价值。

2. 农村社会的交往场所

社会交往理论认为，俱乐部、咖啡馆、沙龙、杂志和报纸是一个公众讨论公共问题、自由交往的公共场所，它形成了政治权威重要的合法性基础。在传统乡村社会里，乡村茶馆、宗族祠堂等场所都是村民的公共领域。但是，现在这些传统的公共领域或消失或弱化，而文化礼堂则成了农村社会新的公共领域。村民或因婚丧之事，或因文化活动，或因锻炼身体，或因其他活动而聚在一起，时而闲聊，时而议政，时而谈商。他们在自由交流、讨论中相互激荡思想，凝聚共识。在文化礼堂所形成的思想政治共识，是在一个主流意识形态氛围里形成的，必然受主流意识形态的深刻影响。所以，文化礼堂作为乡村一个主要的公共领域对于形成政治权威合法性的民意基础具有积极意义。

3. 传承文脉的重要平台

湖州历来被誉为"文化之邦"，千百年来在湖州广大乡村形成了丰富的物质文化和非物质文化。但是，这些乡村的文化遗产在工业化、现代化、城镇化和市场化的冲击下不断消失，而文化礼堂则正好为乡村文化遗产的保护与传承提供了良好平台。

有些文化礼堂陈列着本村农耕文明时期的生产工具和生活器物，展现农耕生产、生活的场景，还陈列了工业化初期的半机械化农具和生活物品。文化礼堂成了一个乡村博物馆，它用生产工具和生活器物向人们述说乡村过往的历史和风土人情，帮助人们回忆过去、感受现在、展望未来。乡村的物质文化遗产在文化礼堂得到复活，它们在这里获得了另一种生命价值。

文化礼堂也是非物质文化遗产获得新生的地方。湖州是湖笔之乡、书画之乡。许多村民喜欢书画，创作反映农民生产生活的农民画。文化礼堂既是村民学习创作之场，也是农民画展览之所。湖州东部为水乡平原，西部为丘陵山区，不同的地形地貌孕育了不同风格的民间歌谣、民间舞蹈、民间音乐等文艺遗产，文化礼堂为这些文艺遗产提供了用武之地。在春节、元宵节、清明节、端午节等节日里，文化礼堂还大量展示传统的技艺，有趣的灯谜，多式的灯彩等。这些非物质文化遗产以新的面貌再次融入村民生活，它们在村民生活里得到了新生。

（五）美丽乡村生态文化寓意载体——乡风馆

乡村道德馆起于浙江省湖州市德清县。该县于 2009 年建立全市首个公民道德馆。后来，在社会主义新农村建设中把公民道德馆引向农村，建起一批"和美乡风馆"。德清县的"和美乡风馆"在全市乡村文明建设中起到巨大的示范作用，引发湖州其他县区乡村纷纷建设乡风馆。有条件的乡村在文化礼堂之外单独建乡风馆，条件不足的乡村把文化礼堂与乡风馆合并建设。到2017年年底，全市将近50%的村都建有乡风馆。

1. 乡风馆的主要内涵

湖州乡风馆的主要内涵有：一是本村发展史。主要展示本村历史沿革、基本概况、中华人民共和国成立以来尤其是党的十一届三中全会以来发生的巨大变化。二是古今精英榜。主要展示古往今来出生于本村的历史名人、专家学者、劳动模范、战斗英雄、优秀共产党员及具有一定影响力的其他先进人物。三是和美乡风榜。主要展示本村的"文明五心"好公民以及文明家庭、五好家庭、书香家庭、和睦家庭等特色家庭创建活动。四是村落文化榜。主要展示源自本村的民间故事、歌谣、戏曲、小说、历史古迹、文化人物以及各类文化盛事。五是名优特产榜。主要展示产自本村的各类名优特优农副产品、工业产品以及特色传统行业。六是生产先锋榜。主要展示本村的种养殖能手、优秀企业家和经营有道的工商业者。七是文风昌盛榜。主要展示勤奋读书、成绩优秀、考上重点大学并为国家、为家乡争光的本村学子，以及培养孩子读书方面特别出色的读书型家庭等。当然，各村乡风馆在基本内容相同的情况下还体现出自己的特色和风格，从而形成了多姿多彩的乡风馆。

2. 乡风馆的价值导向

价值导向是乡村文明建设的核心内容，有什么样的价值导向就有什么样的乡村文明。传统乡村社会以"孝"为价值导向，所以大书特书"孝子"，为"孝子"树碑立传。今天的乡风馆是新时代新农村建设新乡风的产物，是要为新乡风确立新的价值导向，要为新时代新榜样树碑立传。

乡风馆是传承乡村优秀文化的平台。在乡村发展史上，曾经涌现出许多优秀人物，是他们谱写了乡村的光辉历史。在他们身上所展示出来的思想精神在今天的乡村文明建设依然具有重要价值。乡风馆歌颂他们，为他们立传，实质上就是在倡导他们的思想精神，以传统的优秀文化滋养新的乡村文明。

乡风馆是现代乡村社会的"新祠堂"。在传统乡村社会，祠堂在乡风、家风建设中具有突出的地位和作用。旧祠堂对家族成员进入祠堂具有严格的规定。对过世家族成员，什么样的人可以在祠堂立牌位，什么样的人不能立牌位；对在世家族成员，什么样的人可以进入祠堂，什么样的人不能进入祠堂。这就向家族成员传递出一个强烈的价值导向，由此引导家族成员的思想行为。今天的乡风馆在某种意义上有类似祠堂的做法和作用，所以有人称它为"新祠堂"。

乡风馆把文明家庭、和美家庭以及好婆媳、好邻里、好长者、好儿女、莘莘学子等入馆上榜。在这里，它向社会明确传递出做人、做事的价值观。什么样的人才是"好人"，什么样的事才是"好事"。在明确"好人""好事"的同时，也在向社会暗示什么样的人、什么样的事是"坏"的，是必须坚决反对的。乡风馆在价值问题上爱憎分明，界限分明，立场分明，这就为乡村文明建设树立了标杆，指明了方向。乡风馆是乡村社会的文明高地，它照亮着乡村文明前进的道路。

（六）美丽乡村生态文化参与模式——乡贤参事会

改革开放后，随着工业化、城镇化的快速发展，大量的本土乡村精英大量流失，使农村社会治理主体弱化，农民群众在乡村事务中"失语"，这是农村基层社会治理面临的最大挑战。面对挑战，2013年湖州开始组建"乡贤参事会"。乡贤参事会在乡风建设、扶贫济困，村务管理等方面发挥着重要作用。德清县乡贤参事会获得"2014年度中国社区治理十大创新成果"提名成果，反映"乡贤参事"的微电影《德清若水》获得国际、全国大奖，并得到中宣部的褒奖。到2017年年底，德清全县151个村庄已成立"乡贤参事会"59个，有上千名德才兼备、热心发展的乡贤致力于德清县乡村治理。

德清县的"乡贤参事会"来自基层自治的实践，诞生于2011年德清县洛舍镇东衡村，并于2013年开始在全县推行。2014年，德清县出台了《培育发展乡贤参事会，创新基层社会治理实施方案》，强调了"三个明确"（明确乡贤参事会的功能定位，明确乡贤参事会成员的产生，明确乡贤参事会的参事程序）；做出了"六个规定"（民意调查"提"事、征询意见"谋"事、公开透明"亮"事、回访调查"审"事、村民表决"定"事、全程监督"评"事），进一步规范了乡贤参事会的运作。建立乡贤参事会不局限于建制村，还根据实际情况，以片区为单位，成立片区乡贤参事会。2019 年，德清县发布全国首个《乡贤参事会建设和运行规范》地方标准，对乡贤参事组织性质、会员、机构成立、工作任务、工作制度、总体要求、民主协商、基金资助、会议举办等进行明确定位和规范。

德清县乡贤参事会的积极意义主要有：

第一，强化村民自治的"话语权"。乡贤参事会由党员干部、企业法人、"返乡走亲"机关干部、社会工作者、经济文化能人、科教工作者等组成，参事会本着"村事民议、村事民治"的宗旨，协助推动群众参与基层社会治理。乡贤参事为村"两委"决策出点子、提意见，是村"两委"议事的好帮手，同时也是村"两委"的有力监督者。乡贤参事会纳入村"两委"议事程序之中，防止村级事务决策"一言堂"，使村民意志有效进入决策程序，由此强化村民在村事务中的"话语权"。

第二，强化村民自我的服务能力。乡贤参事会具有广泛吸纳社会资源，全力助推家乡建设的功能。在乡贤参事会中，有的财力比较浓厚，有的才能比较突出，有的人脉比较广泛，各怀武艺、各有神通。有的乡贤设立贡献奖，奖励为村建设做出重大贡献的村民；有的乡贤主动出资筹建文化礼堂，助力美丽乡村建设；有的乡贤组建家园行动队、帮扶指导队、平安工作队、文化娱乐队，等等。

第三，强化乡村治理的协商民主。2017 年 12 月，德清县再次制定《关于深入推进乡贤参事会完善城乡社区协商的实施意见》，要求推进德清县乡贤参事会参与城乡社区协商的制度化、规范化、精细化水平，全面完善和提升"乡贤参事会"协商机制和协商实效。乡贤参事会在乡村自治体系中的嵌入，增加了乡村议事的环节，形成了村民与"两委"协商的机制。乡贤参事会成员来自不同的村民群体,具有广泛的代表性,他们在协商中代表着不同村民群体的利益诉求,因而他们参与协商充分体现出民主精神。

二 湖州美丽乡村生态文化建设案例

（一）中国历史文化名村——南浔区荻港村

南浔区荻港村是一个四面环水的江南水乡古村落,生态环境优美,历史文化浓厚,自古就有"苕溪渔隐"之美称,也是联合国粮农组织命名的桑基鱼塘所在地,村内古建筑保存完好,历代名人辈出,是个风水宝地,旅游资源丰富,于2012年被评为浙江省旅游特色村。全村区域面积6.3平方千米,总户数1165户,总人数4126人,杭湖锡旅游航道穿村而过。

荻港村在美丽乡村建设中注重挖掘和保护荻港古村的历史文化,积极传承和发展以桑基鱼塘为主的畅通农耕文化遗产。同时,完好地保存了千前年古村落的传统民居、连廊街巷、古堂古寺、石桥河埠、生态湿地和江南民宿。该村对历史文化遗存的管理扎实有效,小桥流水、粉墙黛瓦的水乡风貌依旧,堪称江南水乡古村落中的"活化石"。

多年前,荻港村在工业化的过程中曾出现了一批高污染的油脂化工厂,大小油脂化工企业、作坊多达几十家,进而演变成了"油脂一条街"景象。粗放型的工业化并没有给村民带来美好的生活,口袋里的钱虽然多了但是严重的环境污染极大地危害了村民的身心健康。于是村里开始整顿清理油脂产业,以壮士断腕的勇气整顿清理油脂产业,最后全部取缔和关停所有的油脂化工企业,使"油脂一条街"彻底消失。与此同时,积极挖掘和保护历史文化,大力开发和利用古村资源,提升环境质量,发展生态农业,弘扬鱼文化、湖笔文化、稻作文化,形成了"产业特色鲜明、古村魅力彰显、旅游功能完备、生态环境优美"的乡村特色,使整个村落成为国家4A级旅游景区,年游客量达到100万人次。该村先后荣获全国文明村、中国历史文化名村、中国最美休闲乡村、全国特色景观旅游名村等荣誉。

（二）太湖溇港文化典范村——吴兴区杨溇村

吴兴区杨溇村地处太湖南岸,依溇而建,古桥、河埠、民居交相辉映，一派水乡风情，是典型的南太湖溇港文化村落。太湖溇港这项伟大的水利工程是太湖流域特有的古代水利工程类型，见证了两千多年来太湖流域的治水史，更是成就了吴兴"鱼米之乡、天下粮仓"的江南美誉。2016 年 11 月，太湖溇港水利工程成功入选"世界灌溉工程遗产"名录。

但是以前村里对溇港文化重视不够，致使许多溇港文化遗存没有得到很好的保护，更没有利用溇港文化这一生态资源发展经济。近年来，该村利用创建市级美丽乡村的契机，充分挖掘、保护和利用溇港文化，大力发展溇港民宿，积极发展滨湖休闲旅游、特色水产养殖、无公害蔬菜种植，促进文化旅游、农业旅游融合发展，形成了集水乡观光、田园娱乐、文化体验、古村度假为一体的溇港水情旅游区，使溇港生态有效地转化为"金山银山"。

第三节 美丽乡村生态产业发展的
探索与经验

在"绿水青山就是金山银山"理念指引下，推动美丽乡村从"环境美"迈向"发展美"，扩大美丽乡村建设成果，立足各自的资源禀赋、生态条件和产业基础，顺应"互联网＋"风起云涌的新趋势，在新型业态不断萌发以及资源要素不断聚合的形势下，"美丽经济"持续绽放。乡村旅游、安吉竹产业、白茶产业等成为美丽乡村生态产业发展的样板。

一 湖州乡村旅游的经验与成效

（一）湖州发展乡村旅游策略与经验

1. 推动乡村旅游规划体系打造，合理布局乡村旅游业态

通过编制乡村旅游规划引导科学布局，整合资源，集聚发展，统筹产业。先后编制完善了《湖州市乡村旅游发展规划》《湖州市旅游产业用地专项规划》等。以省级乡村旅游提升发展专项改革试点为契机，在用地许可、金融投资、业态引导、管理创新等方面先行先试。

在用地改革上，坚持开展低丘缓坡"坡地村镇"建设用地改革，坚持运用"点状供地"方式，实施旅游建设项目用地"点状布局，垂直开发"；在证照许可上，积极探索部门联合审批机制；在资金保障上，建立全市旅游专项发展资金，其中主要用于乡村旅游发展。① 2017 年8 月，根据《中共中央国务院关于加快推进生态文明建设的意见》和国家发改委、国家旅游局等十部委《关于促进绿色消费的指导意见》以及《中共湖州市委湖州市人民政府关于深入践行"两山"重要思想加快推进湖州绿色发展的意见》等文件精神，制定出台了《关于践行"两山"重要思想加快推进湖州旅游绿色发展工作的实施意见》，大力推动旅游绿色化产品开发，倡导鼓励旅游绿色化消费，提供优质的旅游绿色化服务，积极探索将"绿水青山"的生态优势转化为湖州旅游发展的产业优势，实现群众旅游绿色化发展获得感持续提升，努力打造天更蓝、水更清、空气更清新、交通更畅通、生活更舒适的"湖州样板"，提升旅游生态文明价值，推动湖州经济社会绿色发展和生态文明先行示范区建设。此外，还依据国家、省市涉旅规划的原则思路和村庄景区化建设目标要求，启动编制《景区村庄产业发展专项规划》和《湖州市民宿发展专项规划》，明确景区村庄和民宿发展的产业定位、空间布局、旅游业态、品牌特色、公共服务，注重"乡情、乡土、乡愁"的传承与发扬，形成差异化、多样化发展格局，使当地特色与旅游深度融合，提升乡村景区的吸引力和品牌号召力。

2. 推动乡村旅游产业体系打造，提高乡村旅游产品附加值

在政策引导和市场需求的推动下，湖州市致力于生态环境保护、护美绿水青山，充分发挥湖州地理位置优越、交通方便快捷、生态环境优美等优势，大力发展乡村旅游，各种新兴业态应运而生，尤其是以乡村旅游供给侧结构性改革为导向，为民宿经济发展创造了良好机遇，民宿经济实现了数量规模和经济效益的快速增长。逐步形成了农民自主、集体经营、股份合作、工商资本和外资投入的多元化生产和经营方式，以及乡村民宿、古镇民宿、水乡民宿、渔家民宿、城市民

---

① 湖州市人民政府《湖州市乡村旅游发展规划》，2015 年 9 月 28 日。

宿等为主体的民宿产业发展体系，特别是乡村民宿已形成了以"十大乡村旅游集聚示范区"为主体的规模化、集聚化、产业化、市场化、品牌化、国际化的旅游大产业。通过推动民宿产业快速健康持续发展，不断拉长民宿产业链，培育了住宿、餐饮、购物、娱乐、文化、运动和健康养生等多元化产业体系，同时也加快了农村产业结构调整，带动了当地农副产品的销售，极大地促进了产业链延伸和服务业拓展，使乡村民宿产业成为乡村旅游业中的主体产业。自 2017 年以来，中央二套《消费主张》《经济半小时》《生财有道》《走遍中国》等栏目连续 6 次专题宣传德清洋家乐，从民宿旅游、生态富民等角度讲述德清变"绿水青山"为"金山银山"的生动故事。

3. 推动乡村旅游标准体系打造，强化乡村旅游品质水平

近年来，湖州市编制了湖州乡村旅游的各项地方标准，用以规范乡村旅游经营，全面指导乡村旅游经济健康有序发展。2015 年，湖州市制定并实施示范农庄、示范农家、集聚区、乡村旅游示范村和乡村民宿五项认定标准，出台了《湖州市乡村民宿管理办法（试行）》，并以"湖州人家"等各项乡村旅游创建为载体，全面贯彻实施乡村民宿管理办法以及各项认定办法与标准，积极引导乡村旅游差异竞争、个性发展、特色生存。2017 年 5 月，研究出台了《全面推进民宿规范提升发展的实施意见》等文件，联动推进全市乡村民宿规范提升。同时根据《湖州市乡村旅游集聚示范区产业发展专项规划》的总体定位和发展战略，制定了《关于提升乡村旅游集聚示范区建设的意见》，以"十个一"工程为载体，持续推进旅游基础配套和公共服务设施建设，提升"乡村十景"的旅游品质和服务质量。[1] 湖州成立专门的旅游标准化技术委员会，逐步地构成了乡村旅游标准、规划和管理办法三位一体的标准化"大体系"，探索建立乡村旅游八大旅游标准体系。[2] 为进一步保护乡村旅游资源和生态环境，促进乡村旅游健康、

---

① 湖州市人民政府《关于提升乡村旅游集聚示范区建设的意见》，2017 年 5 月 17 日。

② 张九：《五大亮点彰显"中国乡村旅游第一市"风采》，《湖州日报》2018 年 10 月 27 日第 B06 版。

可持续发展，研究起草了《湖州市乡村旅游条例（草案）》，拟列入2018 年湖州市人大地方性法规立法项目。并根据景区村庄的自身基础和特点，制定《湖州市景区村庄建设服务与管理指南》地方标准，对景区村庄基本条件、旅游交通、环境卫生、基础设施与服务、特色项目与活动、综合管理等进行规范明确，按照标准加强日常指导和监督。

4. 推动乡村旅游营销体系打造，提升乡村旅游品牌价值

近年来，我们注重品牌的整体营销和多元化打造。建立了媒体营销、活动营销、广告营销和专业营销四大营销体系，持续推进 140 余项以"湖州人游湖州""旅游惠民进社区""万名游客乐湖州"和"万名职工本地行"活动为主体的全市"1 + 4""湖州旅游月月红"系列活动，先后举办了中国·菰城文化旅游节、南太湖梅花艺术节、城山沟桃花节、莫干赏花节、"中国旅游日"惠民活动暨南浔区桑果采摘旅游节、吴兴区"夏之梦"灵兰山谷采花节、湖州丝瓷茶文化之旅主题推介会等活动；以浙江省职工疗休养制度为契机，以全市 200家职工疗休养基地为主体，以湖州市十大主题精品旅游线路为重点，创新推出"湖州2000——菰城之旅"特色旅游产品，开展职工疗休养精准营销，赴金华、衢州、丽水举办了"湖州2000——菰城之旅"湖州职工疗休养"走进金衢丽"专题营销推介会，邀请杭州、宁波、温州、台州四地市工会系统举办"湖州2000——菰城之旅"湖州职工疗休养"品位清丽"专题营销推介会，全面打造"乡村旅游第一市、滨湖度假首选地"形象品牌。

5. 推动乡村旅游服务体系打造，鼓励乡村旅游可持续发展

出台乡村旅游相关政策，明确相关扶持政策，支持乡村旅游发展。《湖州市全域旅游"个十百千万"工程实施意见》提出，各级政府要加大用地、资金等政策支持力度，全面构建全域旅游"个十百千万"工程政策支持体系：一是对通过考核的市本级市级生态度假庄园和市级全域旅游示范乡镇，分别给予相应奖励。二是要加大对旅游小镇、景区村庄、旅游厕所、公共服务（集散中心和观光大道）的奖励引导力度。三是完善土地要素市场保障，优先从供地方面对纳入重点

工程的项目进行保障，将发展的重点放在生态度假庄园和体现农场以及公共服务中心方面。积极探索生态旅游"保护与保障并举"的土地利用管理新路子。五是乡村旅游企业在用水、用电、用气价格方面享受一般工业企业同等政策。六是落实税收政策，乡村旅游经营户可以按规定享受小微企业税收优惠政策。《湖州市本级旅游发展专项资金奖励补助实施细则》，明确了奖励补助标准：旅游重大项目、旅游品牌创建、旅游商品示范企业（基地）、新评定为五星级、四星级和三星级旅游商品购物景点、乡村旅游集聚示范区建设等制定了明确简单易行的可操作标准。

（二）湖州乡村旅游发展的成效和结果

湖州市坚定不移地举生态旗、打生态牌、走生态路，倾心护美绿水青山，倾力做大金山银山，大力推进文旅融合，发展乡村旅游产业，探索走出了一条生态美、产业兴、百姓富的乡村旅游可持续发展之路。从与浙江省乡村旅游统计数据比较看，2018 年，湖州市乡村旅游可接待床位数与游客接待量在浙江 11 个地市中都排第二位，经营总收入与床位出租率在浙江 11 个地市中都排第一位。游客接待量与经营总收入分别占浙江省的 13.6% 和 26.1%。游客接待量占比列浙江 11 个地市第二位，经营总收入占比列浙江 11 个地市第一。湖州市作为"乡村旅游第一市"的规模效应、品牌效应、示范效应日益彰显，湖州市乡村旅游对浙江省乡村旅游贡献引领作用明显，成为推进湖州市旅游业快速发展，促进产业结构调整，推动农民增收、农业增效、农村经济社会发展的重要力量。2005—2019 年湖州市接待国内外游客从 908.3 万人次增至 1.322 亿人次，旅游经济总收入从 54.65 亿元增至 1529.11 亿元，翻了近 28 倍，成为全市首个突破千亿元产值的主导产业。2019 年，旅游业增加值达到 244.5 亿元。尤其是在政策引导和市场需求的推动下，湖州市乡村民宿实现了数量规模和经济效益的快速增长，并呈现了蓬勃发展的向好态势。目前，全市有民宿 2640 家，省级白金宿、金宿、银宿高等级民宿 69 家。2019 年，湖州市长兴县顾渚村、安吉县余村两个村入选全国首批乡村旅游重点村名录，全国涉及 31 个省（市、区）320 个村上榜，其中浙江省 14 个村上榜。目前，湖州共拥有中国乡村旅游模范村 5 个，中国乡村旅游创客基地 2 家，3 个县被评为全国休闲农业与乡村旅游示范县，5 家园区被评为全国休闲农业与乡村旅游示范点，21 家乡村旅游企业被评为全国休闲农业与乡村旅游星级企业；省级采摘旅游体验基地 22 家，省级乡村旅游产业集聚区 3 个（均列全省第一），省级生态旅游（示范）区 11 个，省级休闲旅游示范村 23 个，星级生态度假庄园 7 家，A 级生态休闲农场 114 家。2015—2018 年，湖州市成功举办了 3 届世界乡村旅游大会，永久会址落户湖州，"全国发展乡村民宿推进全域旅游现场会"在安吉召开。《湖州市乡村旅游促进条例》经浙江省人大常委会正式批准，成为全国首部乡村旅游领域地方性法规。湖州市被评为 2019 年"中国文化休闲旅游城市""长三角最具网红特质旅游城市"和"中国旅游业最发达城市排行榜"30 强。

二 安吉竹产业发展经验和成效

（一）安吉竹产业取得的成就

2003 年 4 月 9 日，习近平同志在安吉调研时说："安吉由'竹'出名，做好'竹'文章，进一步发展特色产业，前景广阔，大有可为。"如今，安吉竹产业实现了从卖原竹到进原竹、从用竹竿到用全竹、从物理利用到生化利用，从单纯加工到链式经营的四次跨越，以占全国不到 2% 的立竹量创造了全国近 20% 的竹产值。安吉县也先后获得"中国竹地板之都""中国竹材装饰装修示范基地""中国竹凉席之都""中国竹纤维产业名城""全国林业科技示范县"等区域荣誉称号。

安吉县竹产业从几家台资竹材加工企业起步，已经发展成全国知名的竹材加工产业集群，现有竹材加工业 1300 余家，形成竹质结构材、竹装饰材料、竹日用品等 8 大系列共 3000 多个品种的产品体系，总产值达 200 亿元。安吉竹产业的发展以不破坏生态环境为前提，从单纯利用"竹竿"到 100% 全竹利用，把一支翠竹吃干榨尽，实现了竹根做根雕、竹竿做地板、竹叶做饮料、竹屑做装饰板，达到全竹高效循环利用。安吉竹产业的代表性企业、上市公司浙江永裕竹业股份有限公司引入"全竹家居"概念，凭借椅竹融合、无限长重组竹等新技术，实现了"以竹代木、以竹代钢"。同时，安吉县的国家 4A 级景区中，与竹相关的有大竹海、竹博园等 5 家；竹林特色景区有藏龙百瀑、天下银坑等 12 家。安吉竹博园，以竹子作为景区核心内涵，延伸出科普教育、体验娱乐、休闲购物等诸多功能，年接待游人 50 余万人次，营业收入超 3000 万元。安吉天荒坪镇五鹤村，因《卧虎藏龙》在大竹海景区取景拍摄，当地不少村民放弃了原先竹拉丝、竹制半成品代加工生意，转而开起了农家乐。眼下，村里 522 户村民，有近 1/5 从事竹海旅游相关行业，每家农家乐的年收入数十万元至上百万元。伴随竹产业发展，竹子对于安吉，除了经济价值外，它已成为一种文化符号、形象代言。安吉竹乐表演团、上舍村"竹叶龙"舞，这些土生土长的民间艺术表演，不仅在全国各类文艺展中频频亮相，还代表我国传统文化远赴法国等地参加演出。[①]

（二）安吉发展竹产业的做法和经验

1. 高度重视竹技术发展及其相关机制的建立

1999 年，安吉开始建设毛竹现代示范园区，并得到中国林科院亚林所、浙江农林大学、浙江省林科院的技术支撑。2009 年，浙江永裕竹业股份有限公司张齐生院士专家工作站建成。2012 年，竹凉席包边、印花、竹片绳混编、可折叠绣花竹席、竹扫把 5 项专利维权成功，牵头完成全县竹林 FSC 森林认证。2010—2013 年科技部科技富民强县专项行动计划项目"安吉县竹产业提升技术集成创新与推广工程"通过验收。

2. 打造产业价值链以永续经营

2005 年安吉竹产业协会成立，2010 年全县相继开展了竹拉丝、竹筷子、竹凉席等低小散企业集中整治活动，竹拉丝厂关停 327 家。2012 年竹区开始以乡规民约方式禁止竹林化学除草剂的使用。2018 年国家林草局批准安吉建设国家级安吉竹产业示范园区。2019 年全县竹林规模流转面积已超过 2 万公顷，登记核准毛竹股份制合作社 31

---

① 林泽宇：《安吉竹产业：万顷竹海涌"金浪"》，安吉新闻网，2017 年 10 月 13 日，http://ajnews.zjol.com.cn/ajnews/system/2017/10/13/030446065.shtml。

家。竹特色小镇、竹林康养、竹工业旅游、竹文化创意、竹产品体验、竹博园等新业态应运而生，成为竹业新的经济增长点。当竹子变成休闲资源，带来的不只是可观的经济效益，实现了以园养园，在市场更迭中不断前行。

3. 注重绿色制造点竹成金开发竹产品

安吉竹材加工业至今已发展成一个企业数量多达 1300 余家、总产值 200 亿元的产业集群，形成竹质结构材、竹装饰材料、竹日用品等 8 大系列共 3000 多个品种的产品体系，如 2015 年正式对外营业的安吉君澜国际度假酒店有个雅号——竹子酒店。酒店里小到肥皂盒，大到墙面装饰、家具摆设，全部采用全竹材料，这也是目前国内唯一一家采用全竹装修的酒店。引入"全竹家居"概念，凭借椅竹融合、无限长重组竹等新技术，实现了以竹代木、以竹代钢。竹鞭、笋壳可化身根雕工艺品，废角料变废为宝成为木塑地板，竹叶中提取的竹叶黄酮开发出竹饮品，深加工以后变成竹纤维……不断挖潜竹材价值，并通过园区建设、政策引导，实现了竹产业的品牌化、集聚化发展。

三 安吉白茶产业发展经验与成效

（一）安吉白茶产业发展现状

安吉白茶从发现一株母树到今天拥有生产茶园面积 17 万余亩，产值占全县农业总产值的 1/4，占农民年均收入的 2/5，成为全县最为惠民富民的农业产业。现有种植户 15800 余户，茶叶加工企业 289 家，合作社 45 家，全产业链从业人员 20 万人，"安吉白茶"商标使用单位 239 家，专业交易市场 3 个。100 家安吉白茶专卖店遍布全国各大中城市，全产业链产业从业人员 20 万人。2020 年，安吉白茶在中国茶叶区域公用品牌价值评估中达到 41.64 亿元，排名全国第六位。安吉白茶先后获得原产地证明商标、原产地域产品保护、两届浙江省十大名茶、改革开放三十年农业创业创新十佳典范、中国最具竞争力的地理标志品牌、中国驰名商标、中国名牌农产品、浙江省区域名牌、浙江省名牌农产品、上海世博会官方指定礼品茶、全国茶叶类地理标志十强等荣誉称号。安吉白茶以其独有的品质和先进的管理模式，赢得了茶界同人的认可，受到了消费者的好评，习近平同志在浙江任职时曾赞誉安吉白茶"一片叶子富了一方百姓"。

（二）安吉白茶产业发展措施手段

1. 坚持政策引导，提升产业层次

一是落实优惠政策。安吉白茶产业的发展得到县委、县政府的高度重视，制订产业发展规划、出台产业发展的相关扶持政策，五年来县财政在茶产业上的投入累计已超过 1000 万元。二是强化行业管理。2012 年专门成立了正科级单位的安吉县白茶产业发展办公室，由分管农业副县长任主任，农业、工商、质监均为成员单位；充分发挥行业自我管理与服务职能，制定了一系列管理制定，更好地服务产业。三是创新商标管理。在全国茶行业中首创"母子商标"管理模式，母商标树立产业品牌形象，子商标明晰产品追溯。四是加大品牌宣传。与国家省级各大新闻媒体紧密合作，5 年来仅央视对安吉白茶产业的专题报道就有 10 次以上，建立安吉白茶官方网站和安吉白茶微信平台，举办开采节、茶博会、新闻发布会参与各级茶事活动，建立安吉白茶专业茶艺队，扩大安吉白茶在国内各市场的知名度。

2. 加强质量管理，切实提升品质

一是强化体系建设。2006 年颁布实施了《安吉白茶》国家标准，通过标准的推广应用，至 2013 年全县"三品"认证茶园共 8.8 万亩，QS 认证企业 92 家，ISO9000 认证企业 3 家，HACCP 认证企业 2 家，GAP 认证企业 10 家，完成浙江省主导产业示范区、精品园建设，获农业部园艺作物标准园和标准化示范县等称号。二是加强质量监管。强化茶园投入品的源头管理，建立了 11 家茶园农资专卖。大力推广茶园绿色防控技术，在鲜叶和干茶交易市场设立农残速测点，历年抽检合格率 100%。三是推动溯源管理。组织了一批优质茶园，从源头掌控优质资源，并签订了 4600 亩订单茶园，实行"标准、农资、检测和收购"四个方面实现"统一"的茶园管理模式，从源头抓产品安全与品质，在产品包装上印制防伪标识，实现质量可追溯。四是打通全产业链、拓展销售渠道、优化产业组织模式、提升产业集中度，组建混合所有制"安吉茶产业集团"，产品品牌为"极白"，形成了安吉白茶的产业航母。

3. 强化技术创新，重构全产业链

一是加大园区建设。融入休闲观光元素，实现了"茶园向景区"的转变。二是创新产品研发。开展了多茶类的研制，开发安吉白茶饮料、茶含片、茶酒、茶食品、功能性产品等一批新产品。安吉白茶已经从单纯的茶产品逐步向精深加工跨界产品延伸。三是应对"效益天花板"的挑战。遵循市场规律，打造全产业链经营和"秩序寡头"新格局，形成新的盈利增值空间。尤其要通过减少销售中间环节，还利给茶农，通过完善储存配套，掌握销售主动权；通过创新产业组织模式，加强管理和监督，在保证茶农的利益下，重构茶产业链价值分配模式，实现产业富民惠农目标。

4. 注重社会责任，践行"绿水青山就是金山银山"理念促转化

一是茶园融合发展，离不开良好的茶园生态环境。自安吉白茶规模种植以来，安吉就要求茶农在种植过程中实现"头戴帽，腰系带，脚穿鞋"，留下一定的植被保持水土。2017 年，安吉县人民法院发出浙江省首份"补植令"，以司法力量有效打击毁竹毁林种茶、破坏生态资源等违法行为。如今，安吉县生态茶园近 6 万亩，80% 以上茶园科学使用杀虫灯、色板等绿色防控技术。二是饮水思源，产业扶贫声名扬。自 2018 年以来，安吉县黄杜村党员通过捐赠白茶树苗、结对帮扶等方式，帮助湖南、四川、贵州一些贫困村困难群众成功脱贫，累计向四川青川县、湖南古丈县和贵州沿河县、普安县三省四县捐赠"白叶一号"茶苗 1900 万株，种植 5377 亩，覆盖 1862 户贫困户 5839 名建档立卡人口，并广泛开展茶叶加工、销售和品牌运营工作，使白茶形象深入人心。

四 湖州乡村产业生态精品样本村案例

（一）国家级田园综合体——安吉县鲁家村

鲁家村位于安吉县递铺街道，地域面积 16.7 平方千米，以山地丘陵地貌为主，现有人口 2200 人，党员 80 人。2011 年前，该村是一个守着绿水青山的贫困村，负债高达 150 余万元。在安吉 187 个行政村环境卫生检查中倒数第一，泥巴路、土坯房、简易厕所随意搭，垃圾遍地、邻里不和、百姓没钱，村民以外出务工和从事种养业为主，

农田山林大多荒废。2012 年，鲁家村以创建精品示范村为契机，立足全局，整村规划建设，整合各种资源，改造环境，修建了办公楼、篮球场，铺了水泥路，安装了自来水，建起了化粪池和污水处理池，村容村貌发生了翻天覆地的变化。以打造家庭农场为载体，采取"公司＋村＋家庭农场"模式，在产业上整村发展，因地制宜建设 18 个家庭农场，形成家庭农场聚集区，以家庭农场为龙头带动休闲观光业发展，支撑美丽乡村提档升级，摆脱了曾经单一集体农业收入，依托家庭农场的建设来发展乡村旅游以此达到"三农"联动，实现跨越式发展。2019 年年底，鲁家村农民人均收入达 4.27 万元，村级集体资产 2.9 亿元，成为中国美丽乡村精品美丽乡村和全国首个家庭农场集聚区和示范区建设样板。

该村在实现跨越式发展中，主要有以下做法：一是让田园变景区。2012 年，鲁家村确立了建设全国首个家庭农场集聚区和示范区建设的发展定位，完成鲁家湖、游客集散中心、文化中心、体育中心"一湖三中心"基础设施建设，并开通一列全长 4.5 千米的观光火车，环线串联起 18 个农场，组合成不收门票、全面开放的 4A 级景区，打造"中国乡土乐园——安吉形象"观光园。二是让资源变资本。立足山水林田湖草优质自然资源且原生多样的优势，经集聚的家庭农场"点睛"，并通过休闲农业和乡村旅游产业放大，鲁家村原本熟睡的资源快速转变为资本，流转土地 6000 亩，为每户每年增收 8000 元。鲁家村将村集体与企业联姻，把所有上级资金和社会投入全部转化为资本，与引进的旅游公司按投入分别占股，为村民带来丰厚的分成。三是让农民变股民。鲁家村热情邀请在外创业人员返乡创业，发挥创业"领头羊"作用。目前 18 个农场中 10 个来自鲁家村，农户采用资金、土地、农房入股形式，参与开发经营，年底得到分红，职业农民、职业经理、职业农场主已经成为鲁家发展的"新主角"。

（二）"洋家乐"发源地——德清县劳岭村

劳岭村位于德清县莫干山镇，是"洋家乐"的发源地。该村村域面积 6.6 平方千米，人口 1435 人。近年来，凭借独特的生态优势，劳岭村大力发展民宿经济和乡村旅游，加快实现"生态富民、绿色崛起",收获了践行"绿水青山就是金山银山"理念带来的丰厚回报。在美丽乡村建设中,劳岭村建设绿化长廊、慢行车道、生态河道及农村饮用水工程,开展农房改造、生活污水治理和垃圾分类处理,对村庄道路、沿路景观、标识等设施进行改造提升,营造了良好的人居环境。

2007 年,南非人高天成来此开办"洋家乐"。高天成在不改变房屋整体结构的情况下,对 3 幢闲置的泥坯房进行改建,建设为"裸心乡"。在高天成的影响下,来自南非、瑞典、韩国、荷兰、西班牙、英国、法国等多个国家的投资者来此租房开办民宿,形成了洋家乐集聚区,并吸引了上海等大城市的白领和外籍人士前来休闲度假。目前,劳岭村共有民宿 69 家,其中以枫华、小木森森和西坡 29 等为代表的高端洋家乐 28 家,每天吸引大批中外游客。民宿的发展同时带动了当地餐饮服务业和茶叶、笋干、竹制品等土特产销售,拓宽了农户就业增收的新渠道。2017 年全村接待游客 50 万余人次,其中境外游客超过 10 万人次,解决村民就业岗位 500 个,增加工资性收入 1500 多万元,每年带来房屋及土地租金收益约 1000 万元,茶叶、笋干等土特产品销售收入 1200 多万元,全村洋家乐全产业链收入超亿元。"猪棚变金棚、叶子变票子",在呵护"绿水青山"中收获"金山银山"的生态发展之路,在劳岭村成为现实。

(三)长三角后花园——顾渚村成了"上海村"

顾渚村位于长兴县水口乡,东临太湖,北与江苏宜兴接壤,三面环山,是自古闻名的风景区;村里拥有农家乐农户 86 家,村域面积 18.8 平方千米。借力长三角一体化发展,水口乡成为全国首个乡村旅游产业集聚区。2019 年,水口乡共接待旅游 400 万人次,其中 80% 来自上海。在核心景区顾渚村,上海话成了第二方言,大家戏称这里为"上海村"。

近年来,长兴县深入践行"绿水青山就是金山银山"理念,加快推进顾渚村悬臼芥景区向绿色、生态方向转型。一是致力于打造乡村旅游示范区,高起点定位,高标准建设。通过环境整治,推动景区"水更清、地更绿、天更蓝、景更美、人更和",促进业态提升、管理提升、效益提升、美誉度提升,加快实现富乡、富村、富民目标。二是变单一农家乐经营为产业融合发展，变粗放式发展为品质化发展。以环境整治为契机，由县政府牵头对农家乐实行办证、验收，进行考核。组建农家乐协会，促进农家乐自我监管。依托农家乐协会，建立完善行业标准，推动农家乐经营从"拼价格"向"拼服务"转变。通过规范农家乐经营，大幅提升品质和服务，游客投诉大幅减少，效益明显提升。同时，大力引育高端民宿等新兴业态，引领带动乡村旅游转型升级。近年来，先后引进花间堂、农耕文化园等高端项目落户顾渚村。通过全方位环境综合整治，实现了村庄生态环境和乡村旅游产业的蝶变腾飞。农家乐价格已普遍达到每人每天100—150元，部分高端农家乐转型为民宿，已达到1000元/晚。农家乐户均营业额达到75万元，户均净收益达到25万元。顾渚村先后获得了浙江省全面建设示范村，浙江省农家乐特色示范村、湖州市文明村等荣誉。2019年顾渚村入选首批全国乡村旅游重点村名单。

第四节 乡村治理"余村经验"

从"矿山"到"青山"，从"石头"到"风景"，走出一条绿水青山之路，同时也走出了一条"在建设中治理、在治理中建设"的新时代乡村善治新路，探索和创造了以"'两山'引领，党建核心，共商共建，三治同行"为基本内涵的新时代乡村治理成功经验，① 得到习近平总书记肯定，并作出重要指示，提炼其价值向全国推广。经过总结提炼，形成了以"支部带村、发展强村、民主管村、依法治村、道德润村、生态美村、平安护村、清廉正村"为主要特点的乡村治理"余村经验"，切实提升了广大农民安全感、获得感、幸福感。乡村治理"余村经验"是湖州的又一张亮丽名片，也是湖州乃至浙江省推进乡村治理的举措和成效的综合性体现，是千万个善治村的缩影。

---

① 沈月娣：《余村所创造经验的典型意义与时代价值》，《光明日报》2019年1月4日第5版。

一 乡村治理"余村经验"的产生背景

进入 21 世纪的头几年，正是中国经济发展的加速期；同时，也进入了社会矛盾的多发期。社会转型加速到来，城乡分化加剧、资源环境危机、社会问题突出形成叠加效果，对国家治理提出挑战。浙江"更早地感受到一些新的带有普遍性的矛盾和问题"。习近平同志在浙江时就深刻指出："国际经验表明，在人均 GDP 处于 1000 美元到 3000 美元这一阶段，既是加快发展的黄金期，也是各类矛盾的凸显时期。""一定要站在整治和全局的高度充分认识促进社会和谐稳定的重大现实意义""树立新的稳定观"。与此同时，浙江人民的需求也在发生着深刻变化，出现了环境上求整洁、生产上求发展、服务上求便捷、文化上求丰富、心理上求和谐、精神上求归属等新的需求动向。正是在此这背景下，余村以问题为导向，发展为根本，敢闯敢试走出来了一条具有普适性的乡村治理之道。

安吉余村地处安吉县天荒坪镇，村域面积 4.86 平方千米。该村三面环山，山多田少，形成了"靠山吃山"生产生活方式。农耕文明时期，村民主要以山货为生，但是生活十分艰辛。乡村工业兴起后，以山石为原料发展水泥工业，虽然富了，但是环境污染、生态破坏严重。2003 年，开始体会到原有的发展方式是有问题的，但是新的发展前景在哪里，新的发展方式是什么，十分迷惘。2005 年 8 月 15 日，习近平同志到余村考察，首次提出了"绿水青山就是金山银山"理念，给余村发展指明了方向。

余村干部群众牢记习总书记的谆谆教诲，坚定了走生态发展之路，开始封山护林，重新编制发展规划，把全村划分为休闲旅游区、美丽宜居区、生态农业区三个板块，推动生态、生产、生活协调发展。余村以荷花山风景区和隆庆禅院为主干，配上漂流、农家乐等服务项目，开拓村域休闲旅游产业；以舒适、优美、生态、人文为目标，推进村级"美丽乡村"规划落地，拆治同步、改建结合，不断改善人居环境，提升人居品位；以绿色自然为底色，围绕"文创小镇""智慧小镇"建设，大力招引无污染、高效益企业，努力增强发展后劲。十多年来，余村持续推进村庄绿化、亮化、净化、美化工作，将生态资源保护写入村规民约，实行垃圾分类定时投放，实现污水纳管集中处理全覆盖，村庄环境干净优美。余村以美丽乡村为基础，大力发展生态旅游、民宿经济，产业转型升级，从"卖石头"到"卖风景"，实现了美丽环境与美丽经济的共建共赢，促进了生态、经济、民主、法治建设的和谐统一，成为美丽乡村的精品示范村。村级集体经济收入从2004年的53万元，增加到2020年的723万元。余村先后荣获全国民主法治示范村、全国美丽宜居示范村、全国文明村、浙江省首批全面小康建设示范村、省级文明村等十多项荣誉称号。余村从"矿山经济"向"绿色经济"的蝶变，谱写了"绿水青山就是金山银山"的美丽画卷，展现了"绿水青山就是金山银山"理念的强大生命力。

二　乡村治理"余村经验"的基本内容

（一）体系集成，积极构建以党组织为核心，村民自治组织为基础，村级社会组织为补充，村民广泛参与的乡村治理格局

余村发展得好，最根本的原因就是，党支部书记选得好，党支部在群众中有威望、有号召力，能够充分发挥把方向、定战略、作决策、聚人心的引领作用。余村共有55名党员，党建工作扎实细致，村"两委"特别是村党支部坚强有力。一是党建责任刚性化。村支部书记作为党建工作第一责任人，每年填写"三张清单一张表"（基层党建工作责任清单、问题清单、任务清单和基层党建工作报表），通过党务公开栏、微信公众号等进行公示，逐件抓好落实、接受监督。二是党性锻炼常态化。每月25日开展"生态主题党日活动"，通过"学、议、做、评、带"五步法，使全体党员得到经常性党性锻炼，增强凝聚力和战斗力。同时，结合党日活动，开展垃圾清理、文明劝导等党员志愿服务活动。三是纪律要求明确化。按照《党员先锋手册》，党员带头践行"五带头、十不准"，明确"该做什么""不该做什么""违反后怎么办"，要求和引导党员在长处中找短处，在补短中学先进，在常态中守底线。四是示范带头标杆化。在村文化广场建立"党员树"，每位党员亮身份、亮承诺，党员家庭也有显著标志。通过挂牌亮相，以党员自身带动家庭、引领群众，以实际行动感染和

带动身边群众。余村最重要的经验,就是选好了党支部书记,选好了村"两委"班子,历届都很廉洁,都很有冲劲、干劲。余村有今天的发展,是村党支部带领大家一届接着一届干出来的。

(二) 能力合成,强调整个治理生态的发展合力

首先,宣传普及"绿水青山就是金山银山"理念及其带来的客观效益,以科学思想武装村民头脑,能够抵制各种非生态价值观念的影响和各种短期利益的诱惑,形成治理生态自觉的思想力;其次,不断加强基层党员干部队伍建设,充分发挥党组织的政治作用、核心作用、引领作用,用实实在在的身边事、党员的模范事,使村民信任、支持党员和党组织,形成治理生态的政治力;最后,创造各种途径、渠道唤醒村民的生态利益自觉心。在生态公共利益被破坏时,在发生生态利益冲突时,让村民学会知法、守法和用法。在生态利益发展困难面前,在生态治理策略分歧面前,让村民懂得团结、协商、自我管理、自我决策。在生态习惯保持上,在生态生活方式养育上,让村民认识善的力量、文化的力量。最终形成乡村治理生态的保障力、组织力、号召力和动员力,达致治理合力。

(三) 创富促成,积极践行"绿水青山就是金山银山"理念

在"绿水青山就是金山银山"理念指引下,余村变靠山吃山为养山富山,从"卖石头"到"卖风景",实现了经济发展和生态保护双赢。这些年来,余村依托土地、矿山、竹林等集体资产,成立"两山"旅游公司,重点实施"两山"展示馆群,"两山"讲习所、矿山遗址公园等项目建设。与此同时,将全村 6000 亩毛竹山和 580 亩农田全部流转,由村里实行统一管理、统一经营。这样就壮大了集体经济,夯实了发展底子,也强化了村民集体意识。余村利用生态优势大力发展乡村旅游,把全村规划为五彩田园区、美丽宜居区、生态旅游区,大力发展乡村旅游,由最初单纯的自然观光发展到现在的休闲度假、运动探险、健康养生、文化创意等综合业态,产业链条不断延伸,产品价值不断提高。目前,全村从事旅游休闲产业的农户 42 家,从业人员 300 多人。2019 年,接待游客 90 多万人次。春林山庄业主一年的营业额达 700 多万元,纯利达 160 多万元。农民人均纯收入由

2005 年的 8732 元增加到 2019 年的 49598 元。

（四）创新加成，充分利用管理创新和科技信息发展带来的聚合效应

余村所有的创新都来自村民的需要、实践的需要，是为了解决实践中的矛盾和问题而自然产生的。如为了解决农村生活垃圾和污水问题，成立农村物业管理协会，采取物业管理，生活污水设施采取第三方专业化运维；为了解决各种乡村矛盾，以"民主法治村"创建为抓手，通过持续深入开展普法宣传，组织各类寓教于乐的法治文化活动，通过制定村规民约聘请村级法律顾问，成立"两山"调解室与"两山"巡回法庭，多元调处村民纠纷；为提升村民整体素养，以村规民约的制定和执行为切入点，激励约束村民日常行为；为了培育健康向上的乡村风尚，以"美丽家庭"创建为载体，深入开展"立家规、传家训、树家风、圆家梦"活动，希望通过家风带民风、民风带社风、社风促发展。同时，强化信息治理。依托"智慧安吉"建设，在全省率先建成集"村村通"数据光网、"村村响"音频广播、"村村看"视频监控和"村村用"信息云台为一体的"美丽乡村信息平台"，实现了"三务"公开、便民服务、治安监控等功能集聚的智慧型农村社区服务网络体系。

（五）群众达成，积极搭建自治载体、平台和机制

余村蓬勃发展，治理有序有效，关键在于大家的事大家参与、众人的事众人商量，形成和发展了一整套村民自治、民主参与的制度。老支书鲍新民说："我们举手表决，经过民主讨论，最后决定关闭矿山，进行环境复绿和全面发展农家乐，走上生态富民路。"十多年来，余村不断探索升级基层民主形式，建立了以"两山"议事会为主体，"乡贤参事会""村民议事会""红白理事会""道德评议会""健康生活会""五会"组织为配套的民主商议体系；建立了村级重大事项"五议一审两公开"机制（经党支部提议，村"两委"商议，党员大会审议，村民代表会议决议，群众公开评议，再经镇党委政府审议，决定公开，结果公开），保障了农民群众的知情权、参与权、表达权、监督权，使村民真正成为乡村的主人，充分发挥了村民代表、妇女同

胞、青年人才、乡贤能人的作用，形成了治理为了村民、治理依靠村民、治理成果由村民共享的管理模式。在运行机制建设中注重常态协商，安吉余村坚持把协商民主贯穿日常的村民群众自治全过程，一批能人、贤人、明白人、热心人脱颖而出，注重过程协商，遇事先同群众商量，事前让群众当参谋，事中让群众监督，事后让群众评估。注重党员干部带头示范。余村党员干部坚持以自身干事创业行动带动群众投身美丽乡村创建各项事务，党员干部带头履职承诺，带头执行村规民约，形成了党风带民风的良好氛围。

（六）氛围养成，积极推进"三治"融合

一是余村多年来坚持不懈地开展法治教育，引导村民树立法治意识，运用法治思维和法治手段解决村庄发展中遇到的问题。建设文化广场，开展寓教于乐的法治文化活动，传播与村民生产生活密切相关的法律常识，引导他们自觉学法、知法、守法、用法；余村是全国较早聘请法律顾问的村庄之一，村民在家门口也能享受到专业的法律服务；成立矛盾调解委员会，将矛盾纠纷解决关口前移，不仅开展司法调解，还充分发挥退休干部、热心乡贤等人的作用，多元调解村民纠纷，将矛盾消除在萌芽状态。近年来，余村的矛盾纠纷调解率和调解成功率均达到100%，做到了无矛盾上交、无群众上访。二是坚持法德同行、以文化人、德润人心是余村推进乡村治理的有效手段。制定了村规民约20条，并提炼了简洁明了的村训，遵守村规村训、治陋习、树新风，已成为村民的普遍共识和自觉行动；家家户户立家规家训，这些家规家训不是空洞口号，而是切合家庭实际的治家格言，家风带村风、村风带民风，良好家风家教为教化风气、促进和谐发挥了重要作用；开展"星级文明户美丽家庭"创建和"最美余村人"评选活动，评选出来的家庭和个人，在家门口挂牌亮相，在村文化礼堂公示表彰，有效激发了全村人学先进、当好人的向上动力。村里投入1000余万元建成文化礼堂、"绿水青山就是金山银山"文化展示馆、文化广场、农家书屋、数字影院等文化设施，村民成立了银龙队、舞蹈队、健身操队、篮球队、门球队等9支群众性文体队伍，文化活动红红火火；开展以"全面双禁、酒席减负、圈养家畜、餐桌光盘、限药减肥、文明治丧"等为主要内容的移风易俗行动，既美化了自然环境，也净化了村风民风。

三 乡村治理"余村经验"的价值意义

余村经验诞生于浙江这片市场经济的先行区、生态文明的先导区、美丽乡村建设的示范区，其乡村治理的嬗变过程，包含了乡村治理的内在逻辑和一般规律，对于乡村振兴背景下的乡村治理有着重要的启示和先导作用。余村经验为健全自治、法治、德治相结合的乡村治理体系提供了生动范例，也是"从碎片化处理到系统化治理、从局部性治理到全面性治理、从综合治理到精细治理"，达致乡村善治的样本典范。余村实践也有力证明了，自治、法治、德治相结合是适应我国国情、符合农民群众根本利益的乡村治理发展的方向。余村经验是习近平新时代中国特色社会主义思想在农村基层的具体践行；余村经验是对"枫桥经验"等乡村治理经验的继承发展；余村经验为健全自治法治德治相结合的乡村治理体系提供了生动范例；余村经验为全国实施乡村振兴战略标示了前进路径；余村经验为巩固党在农村的群众基础和执政基础树立了学习标杆。

结　语

　　"生态文明建设是关系中华民族永续发展的根本大计。""生态兴则文明兴，生态衰则文明衰。"党的十八大以来，习近平总书记从中华民族永续发展的高度，多次阐述生态文明建设的战略定位，把建设生态文明当作关系人民福祉、关乎民族未来的大计，当作实现中华民族伟大复兴的中国梦的重要内容。

　　从理论角度来看，生态文明是对农耕文明、工业文明的深刻变革，是人类文明质的提升和飞跃。从实践角度来看，国际上把可持续发展列为全人类共同的发展战略，各国都加强了生态治理。中国历来重视生态文明建设，特别是自党的十八大以来，生态文明建设已经成为国家战略。

　　为了更好地把生态文明建设放在突出地位，融入经济建设、政治建设、文化建设、社会建设各方面和全过程，国家推出生态文明先行示范区建设工程。2014年5月30日，经国务院同意六部委联合下发了《浙江省湖州市生态文明先行示范区建设方案》，湖州市成为全国首个地级市生态文明先行示范区。

　　六年多来，湖州市在"绿水青山就是金山银山"理念的指引下，坚决扛起全国首个地级市生态文明先行示范区建设的使命担当，敢为人先，努力创新，积极探索生态文明先行示范区建设的路径和机制，走出了一条生态文明建设高质量可持续发展道路，为全国提供了可复制可推广的"湖州模式"。

　　生态文明先行示范区建设的"湖州模式"可以概括为以"绿水青山就是金山银山"理念为指引，以打造生态市、建设美丽乡村、加快绿色发展、实现共建共享为主要内容，不断完善运行机制，创新制度保障体系，强化生态文化，实现生态环境保护与经济社会协调发展，实现"绿水青山就是金山银山"。

一是以"绿水青山就是金山银山"理念为指引。湖州自"太湖零点行动"开始，积极探索生态文明建设。2005 年 8 月 15 日习近平同志在湖州首次提出"绿水青山就是金山银山"理念，湖州成为"绿水青山就是金山银山"理念的诞生地。湖州作为全国首个地市级生态文明先行示范区、首批国家生态文明建设示范市、全国"绿水青山就是金山银山"实践创新基地，正是以"绿水青山就是金山银山"理念为理论指导，高水平推进生态文明建设、高质量促进绿色发展的实践体现。"绿水青山就是金山银山"理念继承和发展了马克思主义关于人与自然关系的思想、西方可持续发展理论、中华优秀传统文化中的生态智慧，其内涵丰富、思想深刻、意境深远，创造性回答了人与自然、经济社会发展与生态环境保护的关系。就其理论构成来看，包括"理念的提出具有极强的问题指向""在转变财富观念中学会取舍""实践主体存在方式的变革是决定性力量"等理论维度和基本观点；就其实践逻辑来看，重在构建"绿水青山就是金山银山"理念与生态环境保护、生产力发展、绿色民生需求、生态治理现代化、生态文化培育等的实践关系。"绿水青山就是金山银山"理念的时代价值在于丰富和发展了马克思主义生态文明思想，开创了社会主义生态文明新时代。湖州在当好"绿水青山就是金山银山"理念样板地模范生的创新探索中，形成了"护美绿水青山、做大金山银山、完善制度体系、传承生态文化"为主要内容和标志的"绿水青山就是金山银山"理念实践模式，在生态理念、生态制度、生态环境、生态经济等方面体现了湖州实践的示范意义。

二是形成了立法、标准、体制"三位一体"的生态文明制度体系。湖州坚持以"绿水青山就是金山银山"理念为引领，积极探索生态文明制度体系建设。一是通过立法确定每年 8 月 15 日为"湖州生态文明日"，制定了全国首部《湖州市生态文明先行示范区建设条例》，为引领推进生态文明示范区建设提供了法制保障；二是发布了全国首个生态文明示范区建设地方标准《生态文明示范区建设指南》，其包括了生态文明示范区空间布局、城乡发展及融合、绿色产业发展、资源节约、循环利用、生态环境保护、生态文化和体制机制建设共七个方面的建设指标，为生态文明具体建设指引了方向；三是编制了全国第一张比较系统完整的市、县（区）自然资源资产负债表，并被列入自然资源资产负债表编制和领导干部自然资源资产离任审计国家试点，为我国自然资源资产负债表编制和实践应用进行探索。这些既是对湖州市生态文明先行示范区建设所取得的成果和经验的总结，也构建出一个可复制、可推广的生态文明建设的制度体系。

三是打通了生态经济化、经济生态化的"两山"转化通道。"生态环境优势转变成生态农业、生态工业、生态旅游等生态经济优势的话，那么绿水青山也就转变为金山银山了。""绿水青山就是金山银山"理念对经济发展的指引，可以理解为生态经济化、经济生态化。生态经济化的内涵包括，生态环境也是生产力，改善生态环境就是发展生产力；各地的自然禀赋不同，虽然都应积极从自然生态中获得经济财富，但具体做法应因地制宜。经济生态化的内涵包括，经济发展方向应着力发展绿色、循环、低碳经济，经济发展策略应转变经济发展方式和推进经济结构调整，经济发展体系应大力构建生态产业发展体系，发展动力应来自不断提高的科技进步对经济发展的贡献率。湖州以"绿水青山就是金山银山"理念为指引，充分依托本地的山水林田湖等生态环境资源，在改造、优化、提升的基础上，着力发展适合本地特色的生态农业、生态工业、生态旅游业，取得了良好经济效果。湖州市在浙江省农业现代化发展水平综合评价中，连续六年位居全省第一；大力发展现代生态循环农业，基本建立具有湖州特色的现代生态循环农业发展体系和农业可持续发展长效机制。湖州市成为浙江省第二个《中国制造2025》试点示范城市，重点聚焦产业绿色转型、智能制造发展和创新体系建设三种模式，打造国内"绿色智造"的"湖州样板"。湖州市服务业绿色发展亮点纷呈，特别是旅游业和绿色金融，已经成为引领行业发展的标杆。

四是构建了生态环境治理体系。湖州作为"绿水青山就是金山银山"理念的诞生地，始终把解决环境突出问题作为生态文明建设的突破口，着力打造全域美丽的环境样板，全力推进青山碧水"养眼"、蓝天清风"养肺"、净水美食"养胃"、诗意栖居"养心"的全域"大花园"建设，做到"美丽中国看湖州"，较好地解决了突出环境问题，切实增强了人民群众的获得感和满意度。构建环境治理体系，发挥政府环境治理主导作用，落实企业环境治理主体责任，引导社会组织和公众共同参与，积极推进环保市场化治理。严守生态保护红线，继续实行最严格的生态保护红线，实行环境准入负面清单制度。深入推进绿水行动，在全国首创"河长制"的基础上，积极探索"河长治"的长效管理。争取连夺浙江省治水最高奖项"大禹鼎"。推进区域联防联控，加强区域环境空气质量联合会商及预报机制，加强环杭州湾各市及周边城市，特别是上海、苏州、无锡、南京等城市的沟通协调。推进全域美丽建设，做到美丽城市、美丽城镇、美丽乡村、美丽庭院、美丽河道"五美"同步，打造"千村示范、万村整治"升级版，真正使全域美丽成为湖州最独特气质。环境治理不仅是感官上的变化，更重要的是生态环境理念的提升，真正使生态文明成为全民一种自觉、一种习惯、一种时尚。

五是彰显了生态文化。湖州坚持以"绿水青山就是金山银山"理念为指引，充分发挥文化的熏陶、教化、激励作用，形成生态自觉，践行生态自信。充分利用地方文化资源，深入挖掘桑基鱼塘、溇港圩田、湖笔文化、丝绸文化、茶文化、竹文化等生态地域文化，积极打造特色文化品牌，丰富生态文明建设内涵；把生态作为休闲旅游的立身之本，将文化产业贯穿于地区产业形态的调整中，推进旅游业转型升级，形成特色休闲文化产业创造经济效益；通过《市民生态文明公约》和"湖州生态文明日"以及绿色学校、绿色社区、绿色家庭等生态细胞创建活动，大力倡导勤俭节能、绿色低碳、文明健康的生活方式和消费习惯，让生态理念融入民众的一言一行，不断提升生态文明建设的公众认同感和参与度。通过"生态＋文化"将生态文明建设上升到文化层面，铺就了一条通往让绿水青山更好转换成金山银山的康庄大道。湖州市通过实践探索生态文化在助推区域发展中的历史使命、功能发挥和路径措施，总结提炼推动生态文化和经济社会深度融合发展的体制机制，建立政府主导、财政投入、社会和民众参与的产业发展机制；积极探索金融资本和社会资本进入生态文化新领域的样本模式，通过发展以普惠性为主，以定向性为辅生态文化产业，向公众和社会提供生态文化创意产品与服务的市场性产业化经营，为区域生态文化建设与发展提供思路、方法和样本。湖州市生态文化事业的建设发展，为生态文化体系的构建提供了一些实践探索，反映出了伦理价值构建、政策制定、政策执行三要素之间的融合联结在体系构建过程中的重要性，只有通过严格构建完善的国土空间开发保护、耕地保护、水资源管理以及环境保护制度，彰显出"取之有时、用之有节"的生态价值观，将生态文化与经济社会融合发展，保障制度的科学制定和有效落实，才能引领生态文明建设健康有序稳定、可持续发展。

六是建设了城乡融合发展的共同富裕社会。湖州市生态文明建设之所以能够取得一系列引人注目的成绩，一个重要原因或经验就是将生态文明建设与社会建设结合起来，协同推进。一方面，湖州市善于在党政机关积极引领和社会舆论正确引导之下，调动全社会力量共同参与伟大的生态文明建设，以"共建共享"之姿态创美湖州，让人民群众共同享有美好的生态环境。另一方面，湖州市把解决人民群众最为关心的一些社会问题如缩小城乡与地区发展差距、改善自然生态环境与人们生产生活环境、提升城乡居民收入水平、满足人民群众精神方面需求等来作为增强人民群众的获得感、幸福感、安全感的途径。通过环境的改善、贫富差距的缩减、社会公共服务供给的改善、社会主义核心文化与地区优秀传统文化的传承和民间文体活动的丰富，人民群众的生活幸福指数不断提升。近年来，湖州生态文明建设和社会和谐共同建设，真正实现了古人所说的"行遍江南清丽地，人生只合住湖州"的美好愿景。

七是美丽乡村走向美丽中国。湖州美丽乡村建设是湖州生态皇冠上的璀璨明珠，是湖州"生态文明先行示范区"的特色与优势。在美丽乡村生态环境上，湖州美丽乡村环境生态的核心是全面提升村庄生态环境，首要支柱是"三生融合"全域规划，关键支柱是长效管理机制，在污水治理、生活垃圾治理、河道治理等方面形成了若干可复制可持续的生态治理经验。在美丽乡村生态文化上，生态文明意识是湖州乡村文化生态的内核，文化礼堂是湖州乡村文化生态的建设途径，乡风馆是湖州乡村文化生态的可寓意载体，形成了"绿水青山"与"金山银山"良性互动，打造出了践行"绿水青山就是金山银山"理念模范生——安吉县余村这样一个生态文明精品村。在美丽乡村生态产业上，乡村旅游是乡村产业生态体系融合的中介，发展乡村旅游是乡村产业体系构建的重要推手，打造了一批国际化水平的乡村度假产品，全面打响了湖州"乡村旅游第一市、滨湖度假首选地——清丽湖州"目的地品牌，极大地促进了湖州国际生态休闲度假城市建设。在乡村治理上，探索和创造了以"支部带村、发展强村、民主管村、依法治村、道德润村、生态美村、平安护村、清廉正村"为主要特点的乡村治理"余村经验"，并在全市乃至全国进行推广。

参考文献

安吉县人民政治协商会议：《关于开展村庄环境加上竞赛活动的通知》（安政办发〔2001〕38 号）。

安吉县人民政府：《安吉县全面小康建设示范村验收标准及考核奖励办法等三个办法》（安政办发〔2009〕29 号）。

《安吉白茶跨省扶贫情况调查》，《经济日报》2020 年 4 月 30 日第 10 版。

巴茜：《2002—2012 年我国休闲图书馆研究状况综述》，《青年与社会》2013 年第 11 期。

白杨等：《我国生态文明建设及其评估体系研究进展》，《生态学报》2011 年第 31 期。

曹永峰：《湖州现代生态循环农业发展现状及对策研究》，《湖州师范学院学报》2016 年第 7 期。

曹永峰等：《湖州市"三农"发展报告（2018）——乡村振兴战略选择及实践探索》，中国社会科学出版社 2018 年版。

曹吉根：《生态文明建设标准要先行》，《中国质量报》2015 年 6 月 16 日第 2 版。

常凌翀：《融媒视野下重大主题报道的创新传播路径——以中央媒体对湖州生态文明建设典型经验报道为例》，《新闻爱好者》2019 年第 3 期。

常凌翀：《新媒体语境下非物质文化遗产的活态传承与传播路径——以湖州市为例》，《浙江档案》2019 年第 1 期。

陈昌曙：《哲学视野中的可持续发展》，中国社会科学出版社 2000 年版。

陈国庆、龙云安：《绿色金融发展与产业结构优化升级研究——基于江西省的实证》，《当代金融研究》2018 年第 1 期。

陈寿朋：《牢固树立生态文明观念》，《北京大学学报》（哲学社会科学版）2008 年第 1 期。

陈伟：《新时代地方政府生态文明建设的标准化实践创新——基于湖州市生态文明标准化的分析》，《中国行政管理》2018 年第 3 期。

陈伟俊：《把握历史方位　加快赶超发展　为高质量建设现代化生态型滨湖大城市　高水平全面建成小康社会而努力奋斗》，中国湖州门户网，2017 - 03 - 02，http：//www. huzhou. gov. cn/ztbd/dbcddh/dhwj/20170302/i692578. html。

陈伟俊：《新时代生态文明建设的湖州实践》，《国家治理》2017 年第 48 期。

陈伟俊：《以习近平新时代中国特色社会主义思想引领生态文明建设》，《中国党政干部论坛》2018 年第 1 期。

陈晓等：《关于建立湖州国家生态文明先行示范区运行机制研究》，《湖州师范学院学报》2016 年第 3 期。

陈宗兴：《深入贯彻落实十九大精神推进"两山"理念研究与实践创新》，《中国生态文明》2018 年第 1 期。

程民：《徐迟笔下的湖州》，《文艺争鸣》2005 年第 4 期。

邓翠华：《论中国工业化进程中的生态文明建设》，《福建师范大学学报》（哲学社会科学版）2012 年第 4 期。

邓国芳、聂伟霞：《湖州编制自然资源资产负债表》，浙江在线——浙江日报，2016 - 06 - 05，http：//zjnews. zjol. com. cn/zjnews/huzhounews/201606/t20160605_ 1603935. shtml。

费建明：《改造和优化湖州蚕桑产业的工作思路》，《中国蚕学会第七次全国代表大会论文集》，2003 年。

封志明等：《自然资源资产负债表编制的若干基本问题》，《资源科学》2017 年第 9 期。

付洪良：《美丽乡村建设与农村产业融合发展的协同关系——乡村振兴视角下浙江湖州的实证研究》，《湖州师范学院学报》2019 年第 1 期。

付洪良等:《浙江美丽乡村生态文明建设动力机制的实证研究》,《生态经济》2018 年第 5 期。

付洪良、周建华:《乡村振兴战略下乡村生态产业化发展特征与形成机制研究——以浙江湖州为例》,《生态经济》2020 年第 3 期。

傅艳蕾:《创新基层社会治理的"余村实践"》,《浙江日报》2019 年 3 月 5 日第 10 版。

符娜、李晓兵:《土地利用规划的生态红线区划分方法研究初探》,《中国地理学会 2007 年学术年会论文集》,2007 年。

干永福:《八大体系、十件大事——2018 年,湖州旅游将这样走来》,《湖州日报》2018 年 1 月 16 日第 C02 版。

高清佳、尹怀斌:《"两山"理念引领美丽乡村建设的余村经验及其实践方向》,《湖州师范学院学报》2019 年第 3 期。

高延利、蔡玉梅:《构建新时代的自然生态空间体系》,《中国土地》2018 年第 4 期。

葛熔金、马羚:《湖州发布"绿色制造发展指数",或为量化评测提供范本》,《澎湃新闻》,2018 年 6 月 24 日,https://www. thepaper. cn/newsDetail_ forward_ 2215268。

谷树忠等:《生态文明建设的科学内涵与基本路径》,《资源科学》2013 年第 35 期。

谷树忠、胡咏君:《生态文明重在百姓行动》,《中国经济时报》2015 年 7 月 10 日第 14 版。

谷树忠、李维明:《自然资源资产产权制度的五个基本问题》,《中国经济时报》2015 年 10 月 23 日第 14 版。

谷树忠:《关于自然资源资产产权制度建设的思考》,《中国土地》2019 年第 6 期。

顾志鹏、高飞:《"五水共治"在德清的生动实践》,《浙江日报》2016 年 6 月 20 日第 8 版。

光明日报调研组:《浙江探索实行河长制调查》,《光明日报》2018 年 2 月 2 日第 7 版。

国家发展改革委员会：《关于印发贵州省生态文明先行示范区建设实施方案的通知》（发改环资〔2014〕1209 号）国家发改委网站，2014 年 8 月 4 日，https：//www. ndrc. gov. cn/fggz/hjyzy/stwmjs/201408/t20140804_ 1161156. html。

《关于构建绿色金融体系的指导意见》，《中国银行业》2017 年第 1 期。

国家发改委：《关于印发国家生态文明先行示范区建设方案（试行）的通知》（发改环资〔2013〕2420 号）。

《国务院关于支持福建省深入实施生态省战略加快生态文明先行示范区建设的若干意见》（国发〔2014〕12 号）。

汉霖：《绿色智造树样板　凝心聚力促赶超》，《湖州日报》2018 年 1 月 25 日第 5 版。

杭州市发展和改革委员会：《推进美丽杭州建设　打造生态文明之都——杭州市生态文明先行示范区建设经验与思路》，《浙江经济》2016 年第 21 期。

胡锦涛：《高举中国特色社会主义伟大旗帜，为夺取全面建设小康社会新胜利而奋斗——在中国共产党第十七次全国代表大会上的报告》，《人民日报》2007 年 10 月 16 日第 1 版。

胡锦涛：《坚定不移沿着中国特色社会主义道路前进　为全面建成小康社会而奋斗——在中国共产党第十八次全国代表大会上的报告》，《人民日报》2012 年 11 月 9 日第 1 版。

胡卫卫等：《福建生态文明先行示范区生态效率测度及影响因素实证分析》，《林业经济》2017 年第 1 期。

《湖州成为全国首个地市级生态文明先行示范区》，浙江在线，2014 年 6 月 25 日，http：//zjnews. zjol. com. cn/system/2014/06/25/020103635. shtml。

《湖州市"十三五"旅游产业融合发展行动纲要》（湖旅组办〔2016〕5 号）。

《湖州市生态文明先行示范区建设条例》，《湖州日报》2016 年 6 月 7 日第 5 版。

《湖州市实行城乡一体化户籍制度改革》，浙江在线，2016 年 6 月 30 日，http：//zjnews. zjol. com. cn/system/2016/06/29/021207681. shtml。

《湖州市自然资源资产保护与利用绩效考核评价暂行办法》和《湖州市领导干部自然资源资产离任审计暂行办法》（湖委办〔2016〕60 号）。

《湖州市构建"生态+电力"助推生态文明建设实施方案》（湖政发〔2017〕91 号）。

《湖州市加快市本级旅游业发展四年行动方案（2017—2020）》（湖政办发〔2017〕81 号）。

《湖州绿色金融之路》，《浙江日报》2017 年 7 月 31 日第 12 版。

《湖州典型特色小镇案例分析》，中商情报网，2017 年 7 月 21 日，http：//www. askci. com/news/chanye/20170721/115252103479. shtml。

《〈湖州市智能制造三年专项行动计划〉解读》，湖州在线，http：//www. hz66. com/2017/0930/282782. shtml。

《湖州在全省首推四级"林长制"》，浙江省林业局网站，2017 年 11 月 27 日，http：//www. zjly. gov. cn/art/2017/11/27/art_ 1276365_ 13365368. html。

《湖州市生态文明示范创建行动计划（2018—2022）》（湖政发〔2018〕18 号）。

《湖州市审计机关四个方面探索领导干部自然资源资产离任审计方式方法》，湖州市审计局网，2018 年 12 月 19 日，http：//hzssjj. huzhou. gov. cn/sjzx/sjxx/20181219/i1272582. html。

《湖州市乡村旅游条例》，《湖州日报》2019 年 10 月 21 日第 A08 版。

《湖州市"五未"土地处置+"标准地"组合拳》，浙江省政府网，2019 年 3 月 12 日，http：//www. zj. gov. cn/art/2019/3/12/art_ 1554469_ 30986118. html。

《湖州市市容和环境卫生管理条例》，湖州人大网，http：//ren-da. huzhou. gov. cn/lzgk/lfgj/20190809/i2296800. html。

《湖州市两化融合发展水平首次进入全省第一梯队》，浙江新闻，2020 年 3 月 27 日，https：//zj. zjol. com. cn/news. html？id＝1419496

湖州市人民政府：《湖州市乡村旅游发展规划》，2015 年 9 月 28 日。

湖州市人民政府：《关于提升乡村旅游集聚示范区建设的意见》，2017 年 5 月 17 日。

湖州市人民政府：《湖州市人民政府关于印发湖州市建设"中国制造 2025"试点示范城市实施方案的通知》，湖州政务网，2017 年 5 月 23 日，http：//www. huzhou. gov. cn/sthz/zcfg/20180628/i864213. html。

湖州市人民政府：《湖州市乡村旅游发展规划》，2015 年 9 月 28 日。

湖州市人民政府：《湖州市乡村旅游集聚示范区产业发展专项规划》，2015 年 5 月 29 日。

湖州市人民政府：《关于提升乡村旅游集聚示范区建设的意见》，2017 年 5 月 17 日。

湖州市人大常委：《关于〈湖州市生态文明先行示范区建设条例〉的说明》，《浙江人大》（公报版）2016 年第 3 期。

湖州市人大常委：《关于〈湖州市市容和环境卫生管理条例〉的说明》，《浙江人大》（公报版）2016 年第 5 期。

湖州市人大常委：《关于〈湖州市禁止销售燃放烟花爆竹规定〉的说明》，《浙江人大》（公报版）2017 年第 4 期。

湖州市人民政府办公室：《湖州市现代生态循环农业发展试点市实施方案》（湖政办发〔2015〕25 号）。

湖州市生态办、湖州市发改委：《坚定不移践行"绿水青山就是金山银山"重要思想——湖州市生态文明建设的实践与探索》，《浙江经济》2016 年第 21 期。

湖州市环境保护局：《"两山"理念的湖州实践》，《湖州在线—湖州日报》，2017 年 12 月 29 日，http：//www. hz66. com/2017/1229/283557. shtml。

湖州市金融办：《湖州市人民政府办公室关于湖州市建设国家绿色金融改革创新试验区的若干意见》，湖州市金融网，2017 年 11 月 17 日，http：//jrw. huzhou. gov. cn/html/news_ view1717. htm。

侯子峰：《基于产业发展视角下习近平生态经济思想研究》，《湖州师范学院学报》2017 年第 7 期。

侯子峰：《习近平生态经济思想研究》，《湖州师范学院学报》2018 年第 3 期。

侯子峰：《"绿水青山就是金山银山"理念及其实践要求》，《聊城大学学报》（社会科学版）2019 年第 6 期。

侯子峰：《着力打通"两山"转化通道》，《浙江日报》2019 年 6 月 17 日第 8 版。

侯姗等：《我国生态文明标准体系构建初探》，《质量探索》2018 年第 10 期。

江泽民：《全面建设小康社会，开创中国特色社会主义事业新局面——在中国共产党第十六次全国代表大会上的报告》，2002 年 11 月 8 日。

江泽慧：《加快研究编制自然资源资产负债表》，《人民日报》2015 年 5 月 19 日第 7 版。

《江西省生态文明先行示范区建设实施方案》，江西省人民政府网站，2018 年 8 月 16 日，http：//www. jiangxi. gov. cn/art/2014/11/21/art_ 18218_ 353921. html。

姜春云：《跨入生态文明新时代——关于生态文明建设若干问题的探讨》，《求是》2008 年第 21 期。

蒋大林等：《生态保护红线及其划定关键问题浅析》，《资源科学》2015 年第 9 期。

康沛竹、段蕾：《习近平的绿色发展观》，《新疆师范大学学报》（哲学社会科学版）2016 年第 4 期。

《〈开展领导干部自然资源资产离任审计试点方案〉出台》，《光明日报》2015 年 11 月 11 日第 4 版。

《来湖州安吉看"中国最美乡村生态博物馆群"》，浙江在线，

2018 年 5 月 17 日，http：//zj. cnr. cn/gedilianbo/20180517/t20180517_524236553. shtml。

陆韵：《乡村生态文化品牌的塑造与传播——以安吉县山川乡"浪漫山川"为例》，《湖州师范学院学报》2015 年第 11 期。

李干杰：《"生态保护红线"——确保国家生态安全的红线》，《求是》2014 年第 2 期。

李军：《走向生态文明新时代的科学指南——学习习近平同志生态文明建设重要论述》，中国人民大学出版社 2015 年版。

李景平：《两座山理论，历史性创新——读习近平〈之江新语〉记》，《环境经济》2015 年第 7 期。

李小燕、吴奕婷：《太湖之洲："两山理念"湖州样板》，《城乡建设》2018 年第 16 期。

林泽宇：《安吉竹产业：万顷竹海涌"金浪"》，安吉新闻网，2017 年 10 月 13 日，http：//ajnews. zjol. com. cn/ajnews/system/2017/10/13/030446065. shtml。

刘艳云：《湖州水文化建设与生态旅游开发研究》，《浙江旅游职业学院学报》2015 年第 3 期。

刘金荣：《湖州"1 + 1 + N"农技推广体系运行绩效评价研究》，《湖北农业科学》2015 年第 11 期。

娄伟：《中国生态文明建设的针对性政策体系研究》，《生态经济》2016 年第 5 期。

陆鼎言：《太湖溇港考》，《湖州入湖溇港和塘浦（溇港）圩田系统的研究成果资料汇编》2005 年 11 月。

陆韵：《生态文明视角下美丽乡村全域化景区建设模式研究——以安吉山川为例》，《安徽农学通报》2016 年第 23 期。

卢风：《论生态文化与生态价值观》，《清华大学学报》（哲学社会科学版）2008 年第 1 期。

卢风等：《生态文明新论》，中国科技出版社 2013 年版。

刘艾瑛：《政府引导　标准领跑》，《中国矿业报》2017 年 6 月 2 日第 A8 版。

刘剑虹、侯子峰：《"绿水青山就是金山银山"发展理念的科学内涵》，《光明日报》2018年5月9日第6版。

刘剑虹、尹怀斌：《把握人与自然和谐共生的丰富内涵》，《经济日报》2018年5月17日第13版。

刘思华：《当代中国的绿色道路：市场经济条件下生态经济协调发展论》，湖北人民出版社1994年版

刘思华：《对建设社会主义生态文明论的若干回忆——兼述我的"马克思主义生态文明观"》，《中国地质大学学报》（社会科学版）2008年第4期。

娄伟：《中国生态文明建设的针对性政策体系研究》，《生态经济》2016年第5期。

《绿水青山就是金山银山湖州共识》，《中国生态文明》2017年第6期。

《"绿水青山就是金山银山"理念提出15周年理论研讨会召开》，《人民日报》2020年8月16日第2版。

《马克思恩格斯选集》（第1卷），人民出版社1995年版。

马克思：《1844年经济学哲学手稿》，人民出版社2000年版。

马克思、恩格斯：《马克思恩格斯文集》（第9卷），人民出版社2009年版。

马跃明：《两山实践篇》，《今日浙江》2015年第21期。

闫慧敏、封志明、杨艳昭等：《湖州/安吉：全国首张市/县自然资源资产负债表编制》，《资源科学》2017年第9期。

马凯：《大力推进生态文明建设》，国家行政学院进修部《推荐生态文明建设》，国家行政学院出版社2013年版。

《美丽乡村建设国家标准浙江"制造"》，人民网，2015年2月4日，http://zj.people.com.cn/n/2015/0204/c228592-23790077.html。

聂春雷：《我国应设立生态文明日》，《中国生态文明》2015年第1期。

廉军伟：《点绿成金：绿色金融的"湖州模式"》，《决策》2017

年第 8 期。

庞旭瑞：《"湖州模式"对我国新农村建设的启示》，《中北大学学报》（社会科学版）2010 年第 2 期。

裴冠雄：《"两山"论：生态文化的内核及其重要作用》，《观察与思考》2015 年第 12 期。

彭筱军：《幸福不丹·幸福安吉》，上海远东出版社 2013 年版。

祁巧玲：《"两山"理念与实践　交融出怎样的智慧？——绿水青山就是金山银山湖州会议综述》，《中国生态文明》2017 年第 6 期。

钱志远、沈文泉：《湖颖之技甲天下——湖笔的起源和发展》，《今日浙江》2002 年第 Z1 期。

《青海省生态文明先行示范区建设实施方案》，青海省发改委网站，2014 年 11 月 13 日，http：//www. ndrc. gov. cn/dffgwdt/201411/t20141113_ 647880. html。

沈满洪：《"五水共治"的战略意义现实路径》，《浙江日报》2014 年 2 月 10 日第 6 版。

沈月娣：《余村所创造经验的典型意义与时代价值》，《光明日报》2019 年 1 月 4 日第 5 版。

世界环境与发展委员会：《我们共同的未来》，王之佳、柯金良译，吉林人民出版社 1997 年版。

舒川根：《浅谈湖州生态文明先行示范区建设》，《湖州日报》2015 年 1 月 12 日第 7 版。

徐思远、凌枫：《自然资源资产离任审计环境构建初探——以湖州试点经验为例》，《新会计》2017 年第 7 期。

寿嘉华：《走绿色矿业之路——西部大开发矿产资源发展战略思考》，《中国地质》2000 年第 12 期。

邵鼎：《湖州获批"中国制造 2025"试点示范城市》，《湖州日报》2017 年 5 月 3 日第 1 版。

唐洪雷、韦震、唐卫宁、居水木：《基于生态位理论的特色小镇协调发展研究——以湖州市特色小镇为例》，《生态经济》2018 年第 6 期。

滕琳:《从美丽乡村到美丽经济的路径转换研究——以浙江湖州为例》,《湖州师范学院学报》2018年第11期。

汪菁、刘孝斌:《经济经济、生态和文化协同发展视角下的竹产业发展路径研究——浙江安吉县竹产业发展的实践研究》,《统计科学与实践》2018年第9期。

王德胜:《践行"绿水青山就是金山银山"理念的样板地模范生——浙江省湖州市践行"绿水青山就是金山银山"理念的经验与启示》,《吉林日报》2018年12月5日第16版。

王凤才:《生态文明:生态治理与绿色发展》,《学习与探索》2018年第6期。

王宏斌、王学东:《近年来学术界关于生态文明的研究综述》,《中共杭州市委党校学报》2012年第2期。

王荣德:《新型城镇化进程中生态文明与智慧城市协同建设研究——以国家级生态文明先行示范区湖州市为样本》,《广西社会科学》2019年第8期。

王学谦:《湖州市循环经济产业链的模式与对策研究》,《经济论坛》2017年第9期。

王炜丽:《绿水青山总关情》,《湖州日报》2018年9月26日第A07版。

王炜丽:《湖州制定全国首批绿色金融地方标准》,人民网,2018年6月28日,http://zj.people.com.cn/GB/n2/2018/0628/c186327 - 31756038.html。

王炜丽:《湖州在全国率先发布〈生态文明示范区建设指南〉标准》,《湖州日报》2018年7月20日第A01版。

王治河:《中国和谐主义与后现代生态文明的建构》,《马克思主义与现实》2007年第6期。

魏建华、周亮:《习近平:宁可要绿水青山 不要金山银山》,中国青年报网,2013年9月7日,http://news.youth.cn/gn/201309/t20130907_ 3839400.htm。

温铁军、张孝德:《乡村振兴十人谈——乡村振兴战略深度解读》，江西教育出版社 2018 年版。

吴怀民等：《湖州桑基鱼塘生态系统保护的现状与规划》，《蚕桑通报》2017 年第 2 期。

《我国首份〈全国生态文明意识调查研究报告〉发布》，中央政府门户网站，2014 年 2 月 20 日，http：//www. gov. cn/jrzg/2014 – 02/20/content_ 2616364. htm。

习近平：《生态兴则文明兴——推进生态建设　打造"绿色浙江"》，《求是》2003 年第 13 期。

习近平：《干在实处　走在前列——推动浙江新发展的思考与实践》，中共中央党校出版社 2006 年版。

习近平：《之江新语》，浙江人民出版社 2007 年版。

习近平：《为建设世界科技强国而奋斗》，人民出版社 2016 年版。

习近平：《决胜全面建成小康社会　夺取新时代中国特色社会主义伟大胜利——在中国共产党第十九次全国代表大会上的报告》，《人民日报》2017 年 10 月 28 日第 1 版。

习近平：《推动我国生态文明建设迈上新台阶》，《求是》2019 年第 3 期。

《习近平：余村的明天会更美好》，新华网，2020 年 3 月 31 日，http：//www. xinhuanet. com/politics/leaders/2020 – 03/31/c_ 11257917 47. htm。

夏联合：《进一步树牢绿水青山就是金山银山发展理念》，《经济》2019 年第 5 期。

郇庆治：《生态文明建设的区域模式——以浙江省安吉县为例》，《贵州省党校学报》2016 年第 4 期。

郇庆治：《生态文明及其建设的十大基础理论》，《中国特色社会主义研究》2018 年第 4 期。

许军：《新乡贤统战：基层统战工作的整合拓展与全新模式——以浙江省县以下实践为案例》，《统一战线学研究》2018 年第 4 期。

徐坊：《厉害了"六连冠"！湖州农业现代化发展水平领跑全省》，浙江新闻，2019 年 11 月 25 日，https：//zj. zjol. com. cn/news.

html？ id＝1334307。

杨新立等：《湖州：安吉白茶登陆"华交所"》，《浙江日报》
2015 年 8 月 20 日第 10 版。

杨毅：《湖州市发布首个地方性绿色企业和项目认定评价方法》，
金融时报—中国金融新闻网，2018 年 4 月 18 日，https：//www. fi-
nancialnews. com. cn/gc/gz/201804/t20180418_ 136685. html。

严耕：《中国省域生态文明建设评价报告》，社会科学文献出版社
2014 年版。

严勇、周建华：《供给侧结构性改革背景下的生态文明建设"湖
州模式"研究》，《生态经济》2018 年第 11 期。

颜清阳：《国家生态文明先行示范区的实践经验与启示——以井
冈山市为例》，《中国井冈山干部学院学报》2017 年第 1 期。

尹怀斌：《从"余村现象"看"两山"重要思想及其实践》，《自
然辩证法研究》2017 年第 7 期。

尹怀斌、刘剑虹：《"两山"理念的伦理价值及其实践维度》，
《浙江社会科学》2018 年第 7 期。

俞可平：《科学发展观与生态文明》，《马克思主义与现实》2005
年第 4 期。

余连祥：《湖州以"千万工程"推进美丽乡村建设的实践》，《江
南论坛》2019 年第 4 期。

俞文明：《习近平在安吉调研时强调"推进生态建设、打造'绿
色浙江'"》，《浙江日报》2003 年 4 月 10 日第 1 版。

翟帅等：《绿色金融发展的生态优势与模式选择——以湖州为
例》，《生态经济》2019 年第 6 期。

张高丽：《大力推进生态文明努力建设美丽中国》，《求是》2013
年第 24 期。

张孝德：《生态文明立国论——唤醒中国走向生态文明的主体意
识》，河北人民出版社 2014 年版。

张孝德、余连祥：《新时代乡村生态文明十讲——从美丽乡村到
美丽中国》，红旗出版社 2020 年版。

张林华：《乡村价值体系重建的基本遵循——以德清县农村文化礼堂建设为例》，《江南论坛》2015 年第 10 期。

张九：《五大亮点彰显"中国乡村旅游第一市"风采》，《湖州日报》2018 年 10 月 27 日第 B06 版。

张琳杰：《贵州生态文明先行示范区建设创新路径与对策建议》，《当代经济》2017 年第 2 期。

张宜红：《江西建设国家生态文明先行示范区的路径与政策措施》，《区域经济》2015 年第 2 期。

张博卡：《习近平生态文明思想的形成脉络探析》，《世纪桥》2019 年第 7 期。

张韬、沈洁：《南太湖，凿开混沌见双青》，《浙江日报》2017 年 5 月 22 日第 10 版。

赵宏春、赵子军：《生态文明标准化建设从哪里开始》，《中国标准化》2015 年第 7 期。

《浙江湖州明晰环保权责　督考结合实现生态立市》，中国环保在线，2016 年 11 月 14 日，http：//www. hbzhan. com/news/detail/dy112346_ p1. html。

《浙江湖州发布全国首个生态文明示范带建设地方标准》，搜狐网，2018 年 10 月 18 日，https：//www. sohu. com/a/260332466_ 822829。

《浙江省美丽乡村建设行动计划（2011—2015 年）》（浙委办〔2010〕141 号）。

《浙江湖州市生态文明先行示范区建设方案》（发改环资〔2014〕962 号）。

郑栅洁：《加快建设国家生态文明先行示范区全力以赴打造美丽宁波升级版》，《三江论坛》2018 年第 9 期。

郑云华等：《"绿水青山就是金山银山"的湖州实践》，《环境教育》2017 年第 11 期。

中共安吉县委：《关于加强村庄环境长效管理工作的实施意见》（安委办〔2002〕25 号）。

中共安吉县委宣传部编：《照着这条路走下去》（中共浙江省委纪

念习近平同志发表"绿水青山就是金山银山"重要讲话座谈会材料，2015 年。

中共湖州市市委调研组：《绿水青山就是金山银山——来自湖州的探索与实践》，浙江人民出版社 2020 年版。

《中共中央、国务院关于加快推进生态文明建设的意见》（中发〔2015〕12 号）。

中共中央国务院印发《生态文明体制改革总体方案》，人民网，2015 年 9 月 22 日，http：//env. people. com. cn/n/2015/0922/c1010 - 27616769. html。

中共中央文献研究室：《习近平关于社会主义生态文明建设论述摘编》，中央文献出版社 2017 年版。

中共浙江省委宣传部编：《"绿水青山就是金山银山"理论研究与实践探索》，浙江人民出版社 2015 年版。

中共浙江省委宣传部编：《"绿水青山就是金山银山"理论研究与实践探索》，浙江人民出版社 2015 年版。

《中共湖州市委关于坚定不移践行"绿水青山就是金山银山"理念 奋力开创新时代高质量赶超发展新局面的决定》，《湖州日报》2018 年 7 月 30 日第 1 版。

中共长兴县委办公室、长兴县人民政府办公室《关于调整城区环境卫生责任区和路长地段、建立里弄长制和河长制并进一步明确工作职责的通知》（县委办〔2003〕34 号）。

中国人民银行、国家发改委、财政部：《浙江省湖州市、衢州市建设绿色金融改革创新试验区总体方案》（银发〔2017〕153 号）。

钟建林：《"绿水青山就是金山银山"理念在湖州的生动践行》，《浙江经济》2018 年第 5 期。

周生贤：《中国特色生态文明建设的理论创新和实践》，《求是》2012 年第 19 期。

周丽燕：《2017 年度中国生态文明建设十件大事发布》，人们政协网，2018 年 2 月 4 日，http：//www. rmzxb. com. cn/c/2018 - 02 - 14/1961802. shtml。

周昕：《唤醒"睡眠土地"上万亩》，湖州在线，2016 年 12 月 17 日，http：//huzhou. zjol. com. cn/ch21/system/2016/12/17/020944115. shtml。

朱婷：《自然资源资产负债表理论设计与实证》，《学术论文联合比对库》2016 年 9 月 29 日。

［美］蕾切尔·卡逊：《寂静的春天》，许亮译，北京理工大学出版社 2015 年版。

Morrison R. S. , "Building an Ecological Civilization", *Social Anarchism*：*A Journal of Theory & Practice*，2007（38）：1 – 18.

后　记

　　本书是张立钦教授主持的国家社科基金特别委托项目"全国生态文明先行示范区建设理论与实践研究：以湖州市为例"（16@ZH005）的系列成果之一。项目研究得到北京林业大学、国家行政学院、浙江农林大学、宁波大学、中国科学院地理科学与资源研究所、浙江大学中国农村发展研究院、湖州师范学院等高校和科研院所的指导。项目研究得到湖州市委、市人民政府的大力支持，特别是湖州市委生态文明建设办公室、湖州市委宣传部、湖州市发改委、湖州市生态环境局、湖州市自然资源和规划局、湖州市经济和信息化局、湖州市农业农村局、湖州市统计局等相关部门的大力支持。

　　本书是集体研究、集体写作的研究成果。张立钦教授主持、负责本书框架结构安排和定稿，曹永峰教授负责统筹协调、写作和统稿。在书稿写作中，尹怀斌、付洪良、陆建伟、刘亚迪、侯子峰、吴坚分别执笔参与撰写了第二章、第三章、第五章、第六章、第七章、第八章。

　　本书的写作，得到尹伟伦院士、张孝德教授、封志明研究员等专家教授的指导。本书参阅、借鉴了许多专家学者的研究成果，也参考了许多同行的相关资料和案例，在此一并向他们表示衷心的感谢。

　　本书的出版得到了中国社会科学出版社的大力支持，特别感谢刘晓红编辑的辛勤劳动，使本书得以早日出版。

2021 年 5 月于湖州师范学院